岩土工程新技术及工程应用丛书

基桩动力检测理论与实践

（第二版）

陈　凡　著

中国建筑工业出版社

图书在版编目（CIP）数据

基桩动力检测理论与实践 / 陈凡著. -- 2版.
北京：中国建筑工业出版社，2025. 7. --（岩土工程新
技术及工程应用丛书）. -- ISBN 978-7-112-31118-7

Ⅰ. TU473.1

中国国家版本馆 CIP 数据核字第 2025G3A105 号

本书是一本关于基桩动力检测技术的专著，理论性较强。全书共分七章。
主要内容包括：概述，基本理论，激振设备和测试仪器，瞬态低应变桩身完整
性测试与分析，短持续动力载荷试验，预制桩打桩应力预控与监控，短持续与
长持续动力载荷试验的相互融合。

本书可作为专门从事基桩质量检验的质检和研究人员深入学习的教材，也
可作为桩基工程勘察、设计与施工技术人员的参考读物。

* * *

责任编辑：杨　允
文字编辑：王　磊
责任校对：张惠雯

岩土工程新技术及工程应用丛书
基桩动力检测理论与实践（第二版）
陈　凡　著
*
中国建筑工业出版社出版、发行（北京海淀三里河路 9 号）
各地新华书店、建筑书店经销
霸州市顺浩图文科技发展有限公司制版
建工社（河北）印刷有限公司印刷
*
开本：787 毫米×1092 毫米　1/16　印张：16　字数：386 千字
2025 年 6 月第二版　　2025 年 6 月第一次印刷
定价：**68.00** 元
ISBN 978-7-112-31118-7
（44805）

版权所有　翻印必究

如有内容及印装质量问题，请与本社读者服务中心联系
电话：(010) 58337283　　QQ：2885381756
（地址：北京海淀三里河路 9 号中国建筑工业出版社 604 室　邮政编码：100037）

第二版前言

基桩动力检测技术从 20 世纪 70 年代末至 21 世纪初的快速发展期，到目前的相对成熟期，历经近半个世纪的大浪淘沙，目前被国内外广泛认可和应用的代表性试验方法所剩无几，它们是：瞬态低应变桩身完整性试验（LSIT）、动力载荷试验（DLT）和快速载荷试验（RLT）。

本书从 2018 年秋作者退休开始撰写第一版，到目前修订完善后的第二版，历时六年。期间，作者始终遵循"波动力学可以兼容静力学和刚体力学，但反之不行"的基本概念，恪守"统计学意义上的动测承载力准确性不可求，但概念意义上的方法正确性不可缺"的理念。在第一版中，除了对方法的原理、应用及其所需的知识拓展进行了较系统全面地介绍外，还结合工程应用中的成功、失败或争议案例，通过分析、公式推导论证或同类案例佐证，指出了现行的载荷试验类方法在原理上的不完备或与波动理论相抵触的情况；探讨了桩身受力和运动计算受打桩侧阻力影响的一般计算表达式，并借此尝试了避开经验土参数选取的延时法计算承载力新模式；提出了 RLT 在波动理论框架下的改进并与 DLT 相互融合的建议。

本书第二版是对第一版中探讨、尝试等内容的继续深入，是改正、完善等建议的具体实现。不过首先要声明，对速率效应耦合导致的桩周岩土动阻力发挥的机理认知及其力学性状的数学模拟，国内、国外都止步在 20 世纪"基于假设"的应用水平。容易理解，对于静力特性就已经极为复杂的岩土材料，但凡在速率效应研究上取得突破性进展，必将提高动力载荷试验成果的可信度。第二版的内容改变和增补工作基本发生在动力载荷试验方面，而同为以波动理论为基础的 LSIT 和 DLT（当然也包括 RLT），两类方法存在本质区别。前者因无需考虑锤与桩-土系统的相互作用变得相对简单，而后者锤是决定试验成效的关键，因为只有做到锤击能量对桩传递的充足、高效和无害，才能在桩身应力受控的条件下得到适宜的桩承载力发挥性状。不论是本书的第一版还是第二版，全书内容皆在统一的波动理论体系下展开，不过在理论体系框架下的应力波分析，第二版较第一版及目前国内外的文献、书籍和技术标准，增加了一个维度，即与传统的承载力计算方法（利用桩顶实测的激励和响应信号进行的桩-土相互作用分析）相比，锤作为新增分析维度，其运动状态、受力变化和能量传递效率，也在计算考虑之列，体现了锤-桩-土整个力学系统的相互作用。可以说，第二版对动力载荷试验内容的扩展源动力正出自于此，因为除桩顶的激励和响应是可测量外，锤作为刚体时其运动状态也是可测量。为使推出的计算公式或方法能与概念的阐述在波动理论体系下得到闭合，开展了简化理论模型的机理性模拟、数值建模计算的量值模拟以及结合工程实测案例的对比验证等以下四方面的工作：

一、引入锤芯的动量和动能测试参数，将传统的、基于实测信号的桩-土相互作用数值计算分析，拓展至锤-桩-土相互作用分析；

二、通过理论推导和简化计算模型的模拟验证，建立打桩岩土阻力发挥、桩身受力与运动计算的统一公式，使长持续和短持续两种动力载荷试验在一个理论体系下实现融合，以期消除两种试验方法由于原理上的抵触而造成对各自发展的制约；

三、提出了完全基于波动理论的承载力分析方法——延时法，以期规避既往方法在承载力计算建模时需要引入经验土参数而导致的结果随意性；

四、搜集现场原型桩对比试验数据，为涉及书中的原理性分析论证、不同计算方法比较提供对比和验证。

随着海洋石油平台和海上风电基础的大直径、超大直径钢管桩，以及大型-特大型桥梁、水工构筑物的大直径预应力管桩的大量应用，锤击沉桩施工中，涉及桩身极端应力控制的沉桩设备选型及其操控等桩的可打性问题日益凸显。尤其是桩尖穿越深厚软弱土层尚未进入硬层时，混凝土桩桩身拉应力控制，以及桩尖进入坚硬岩土层后，桩端压应力增强经常引发的钢桩桩身屈曲失稳。一直以来，依据波动理论预估桩身极端应力的手段似乎只有基于锤-替打-桩-土系统建模的波动方程分析。鉴于桩身出现极端拉、压应力的共性条件无非是桩端平面以上具有深厚软弱土覆盖层，或虽非软弱土层，但打桩扰动使桩侧土强度尽失。于是不失安全性，可忽略桩侧打桩阻力，通过锤-替打-桩的建模推导出计算桩顶初始撞击应力峰值的解析表达式。然后依据桩端未进入硬层的拉应力反射系数估值、锤重与桩重的比值，以及锤芯、替打和桩身纵波传播的等效时长和阻抗等，计算桩身净拉应力；或依据桩端进入硬层的岩土物理力学指标、敞口桩土塞形成的判断等，计算桩端压应力。

对于打桩桩身应力监测数据的分析，不计侧阻力影响的桩身应力简化计算模式存在低估桩身拉应力和高估桩身压应力的风险，第二版通过综合考虑入射行程和反射行程侧阻力波的影响，修正了简化计算模式。新建计算公式实现了原本打桩桩身应力和打桩阻力各自独立的计算模式在数学形式上的统一。上述关于打桩桩身应力预控与监控的内容均编排在第二版的新增一章。

最后，特别要感谢广东省建筑科学研究院、佛山市顺德区建设工程质量安全监督检测中心、珠海市建设工程质量监测站的大力支持，没有他们提供的宝贵试验数据做支撑，本书第二版是不可能完成的。

陈　凡

2024 年 10 月于中国建筑科学研究院有限公司

第一版前言

广义上的基桩动力检测已逾百年发展历史，众所周知用于锤击预制桩的上百个经验或半理论-半经验的动力打桩公式，我国 20 世纪 80 年代用于中小直径摩擦型桩承载力检测的经验方法——锤击贯入试桩法等。

意识到动力打桩属于应力波在桩身中传播的问题和提出波动方程差分求解桩-土相互作用的方法分别出现于 20 世纪 30 年代和 60 年代。得益于计算机技术的发展，现代基桩动力检测技术的形成与应用始于 20 世纪 80 年代初。在国外，基于实测桩身应力波的基桩动力检测技术在理论与试验研究、应力波信号测试采集与计算分析的成套软硬件研发、实际工程应用验证中取得了良好进展；同期在我国也掀起了基桩动力检测技术应用研究的热潮，至 20 世纪 90 年代初达到了高潮，用"百花齐放，百家争鸣"来形容再贴切不过了。现在，"基桩质量检测"能像地基基础工程的桩基专项设计或专项施工那样，成为单独分类（甚至还附带资格准入要求）的检测专项，与其中技术含量较高的基桩动力检测技术不无关系。

记得 2003 年初在编撰《基桩质量检测技术》一书时，曾根据我国建筑工程年用桩量超过 300 万根的粗略估计，发出了"如此大的用桩量"的感慨，原因是成桩质量抽检的数量与成桩总量成正比。十几年过去，桩的抽检量随用桩量的增加水涨船高，幸好没有变成天文数字。作者提供两个数据可见一斑：2019 年预应力管桩的产量近 4 亿延米；2018 年广东省地基检测（绝大部分为桩基）产值约 17 亿元。毋庸细算，我国是世界第一测桩大国当之无愧。

已形成近 40 年的现代基桩动力检测技术的工程应用，目前仍是以低应变桩身完整性检测和大变形条件下的承载力动力检测这两类方法为代表。动力检测技术的发展与完善无非是从理论和实用两方面，在保证检测成果可靠、符合岩土工程经验但不违背基本理论的前提下提高检测灵敏度。

而事实上，低应变法检测桩身缺陷的能力有逐步弱化的趋势。主观上，暂不议论采用一维波动理论判断桩身阻抗变化的实际难度。客观上，提高桩身缺陷探测灵敏度、浅部缺陷定位精度将受到三维尺寸效应以及测量系统高频响应能力的制约，如果坚信一维波动理论放之四海而皆准，测试中出现的"怪异现象"就无法解释。1992 年在荷兰召开的第四届应力波在桩基工程中应用的国际会议前，曾组织了高、低应变测试竞赛。低应变测试竞赛共 10 根桩，水平放置，除端部暴露外，桩身以及桩身预制的各种类型缺陷全部遮盖，其中在部分桩的桩身设有宽 10mm、截面积减小 50% 的缝隙缺陷，竞赛结果是无一参赛者测出。遗憾的是 12 年后的第七届国际会议又有论文谈及此例，却仍未能对此"怪异现象"做出正确的理论解释。可见"从理论到实践再到理论"不是随便说说那么简单；对桩身存在的闭合型微裂缝，同样有测不出的可能性，虽对桩身结构轴向承载力暂无影响，但可能触碰耐久性的话题。

也是在1992年国际会议前的高应变测试竞赛中，对某根桩，10家参赛机构除一家给出的承载力与静载试验接近外，其他则或高或低相差甚远，这其中还有不少机构使用同一公司出产的仪器和计算软件。无独有偶，1994年在北京的第一批全国工程桩动测资质考核中，类似上述"相差甚远"的情形再次重演。北京的资质考核期间，一些赴京参考的同行终考后顺便前来作者处造访。记得与某位同行闲聊时谈到了考试中抓阄抽到的某根灌注桩的高应变测试波形，并了解到：根据地质资料显示桩端持力层为强风化花岗岩，估计桩的极限承载力至少有××吨，因担心波形分析计算的承载力可能被低估，故最终还是按地质资料估计的单桩承载力交卷。谁曾想这根桩的静载和动测试验恰是本人亲自所为，之前静载试验的承载力比按地质条件估计的数值低了近200%，原因归咎为桩端沉渣过厚，且被之后的高应变动测波形的端阻力反射弱现象证实。

动力测桩虽属于岩土工程大家族，但和波动力学是嫡亲。通过动载试验获取桩的承载力即桩周岩土阻力，其基本考量是应力波沿桩身传播同时带动桩身产生运动，并激发出与运动量值相对应的桩周岩土阻（抗）力，这部分阻力通过平衡条件又继续对传播中的应力波进行衰减。桩的动力载荷试验不论对桩、还是对桩周岩土，其实都可看成波动力学问题，将桩身视为波传播的载体，其优势不言而喻，相对于物理力学性质极为复杂的桩周岩土介质，用混凝土制成的桩筒直就是一根"理想"弹性杆件。所以这种从桩身的应力波（入射波）来到应力波（反射波）回的做法，是桩承载力动测技术的根本力学特征。换句话说，动测桩波形不是随机信号，实测的激励和响应随时间变化起伏有明确的波动力学意义，因此首先要从实测波形上找寻和判断力学特征，而岩土工程的知识或经验只能用于辅助验证波形判断的合理性。

桩的承载力动测并非一组固定的测试操作。测试分析软硬件的功能与性能固然重要，但熟悉基桩动测原理并兼具桩基工程经验的人更重要。"桩的承载力是'看'出来的，不是'算'出来的"观点可能很激进，但换个场景类比似乎也有道理：患者到医院拍CT医学影像可由技师完成，而依据CT影像做出诊断结论或建议的一定是临床医生。CT影像虽是高科技，但也只是一种辅助手段。测桩之人的知识层次虽不敢妄称与临床医生深厚的医学知识和临床经验比肩，但对能力的培养也绝非孩童的"看图说话"那么简单。

动载施加过程中，由于桩身波传播（惯性）效应和桩周岩土阻力的速率（黏滞）效应，桩顶的位移峰值明显滞后于荷载峰值，而运动速度基本与加荷同步，这与单桩静载荷试验在加载过程中桩顶沉降单调不减的变化趋势不同。高应变法也称为短持续动载荷试验，其波形的分析思路、承载力计算公式的推导，均源自速度响应与荷载激励成正比的波动力学特征，于是在速度达到峰值时刻，将与速度相关的动阻力和该时刻与位移相关的静阻力的代数和视为实测的打桩总阻力。注意到速度峰值时刻的位移（速度积分）不为零，则动阻力与静阻力不相耦合只能算是一个美好愿望。联想单桩静载试验，既然静阻力与位移相关，顺理成章地认为动载试验发掘的与位移相关静阻力可与静载试验确定的单桩承载力等效，其实这又是一个隐含假定。动力载荷试验桩顶荷载或沉降达到最大所经历的时间仅为0.01～0.1s，与静载试验的加荷或变形速率完全不具可比性。但至今，这个隐含假定仍是动力测桩承载力的根本，不曾有人撼动，否则本书写到第 4 章，就应该没有下文了。那么如何考虑加荷或变形速率的不可比性带来的各种不确定性，岩土工程的专业背景起了作用。通过静动对比试验获取不同桩周岩土条件时的经验调整系数，期望通过经验调整后的静阻力与真实的静载承载力相当。字面上的动阻力只与桩身运动速度有关，而实际意义上的经验调整是将所有与静载试验承载力不符的影响因素，统统归结到动阻力项中。正如凯司法承载力计算公式，通过假定桩侧阻力在桩身应力波入射和反射两个半程中发挥的对称性，推导出与桩端运动速度成正比的桩端动阻力计算表达式，引入一个与土性相关的无量纲经验系数（又称阻尼系数）对桩端动阻力进行修正，并以此代表整桩的动阻力。从总阻力中扣除此动阻力得到的静阻力，就是经动力检测证明的桩承载力。可见，桩端动阻力经过一个仅与土性有关的系数调整后，摇身一变就成了整桩的动阻力。按岩土工程处理问题的习惯做法，似无不当，但从力学角度，可谓概念不清。此方法的优势是简单快捷，劣势除与位移不相关、概念欠清晰外，集所有调节功能于一身的阻尼系数成为劣势的主导。事实上，它对承载力的调节已超出岩土性状变异的范围，覆盖了力学意义上的各种不确定性。我国在凯司法应用实践中，较早地发现了承载力变异过大的情况，20 世纪 90 年代后期就对其适用范围进行了限制。

　　相比凯司法的概念表达和经验色彩，波形拟合法通过桩-土系统建模数值计算能获得与位移相关的承载力，桩-土系统建模及模型参数选取也受工程经验的影响因人而异，但毕竟参数调节的任意性在一定程度受到了波形相互拟合的制约。波形拟合法的核心是寻找与位移相关的静阻力，按照"重锤低击"原则，实现高锤击能量输入下的桩-土体系大变形，使桩周岩土静阻力得以发挥，同时又使与运动速度相关的岩土速率效应、与加速度相关的桩身惯性效应相对弱化，提高了分析计算静阻力的可靠性。

　　"重锤低击"原则是短持续高应变动力载荷试验向长持续动力载荷试验过渡的桥梁。猜测可能受潜在商业推广利益或冠名荣誉影响，ISO 国际标准特意将长持续动力载荷试验（之前称为静动法或准静态法）定名为快速载荷试验，以别于动力载荷试验。它与短持续动载试验的最本质区别是通过以下技术路线脱离了波动力学体系，让测试参数、分析方法更像是静载试验——荷载变化缓慢、持续时间延长，加速度响应幅值下降、波传播效应减弱使桩身运动更接近刚体，无需采用抽象繁复的波动力学分析、直接根据桩顶实测力和位移近似得到静阻力。不过，因为没有考虑波传播的延时，桩顶位移达到最大时刻，速度虽为零，但桩顶以下的桩身运动速度并不为零，凯司法希望扣除的动阻力不会完全消失，且此时刻包括桩顶在内的桩身加速度也不为零，还需对静阻力进行惯性效应补偿修正。更主要的是，没有摆脱凯司法的局限性，同样引进了一个与土性有关的承载力经验修正系数，使调整后的承载力具有随意性。

　　完全按 ISO 国际标准的快速载荷试验还未在我国开展，幸好可以通过高应变动测法的"重锤低击"原则与之接轨。但需要直面以下令人尴尬的现实——短持续与长持续两类动载试验在实施上的付出与检测成果采用者对承载力的信心（信任程度）明显不匹配。按待检桩承载力的大小，短持续方法对试验锤重强制要求不得低于预估承载力的 1%～2%，而长持续方法虽未强制但一般取为 5%～10%；利用静载试验得到的承载力和动载试验得到的打桩阻力叫做测定或确定（Determination），而国际上不论对短持续还是长持续动载检测，得到的承载力一般称为判定或评价（Assessment）。

桩的承载力动测方法，唯有经过不断的科学证实与证伪才能进步。建立在锤与桩-土体系匹配概念基础上的"重锤低击"原则，其有效性不仅被刚体力学和波动力学，也被长持续动载试验的应用成效逐一证实；凯司法应用之所以受限，关键在实际应用的效果和阻尼系数的力学意义两方面均被证伪。希望通过力学模型验证、能量比对分析、计算比较等细致工作，厘清短持续和长持续这两个并行的基桩承载力动力检测方法在原理以及测试、计算方面的差异，相互借鉴、取长补短，最终推动这两种动力检测方法的理论基础趋向统一、测试技术高度融合。

由于作者学识有限，书中难免存在不足之处，敬请读者谅解和指正。

陈　凡

2020 年 9 月于中国建筑科学研究院有限公司

目　　录

第1章　概　　述

1.1　动力试桩发展历史

动力打桩公式在打入式预制桩施工中的应用已逾百年历史，可以说，动力试桩技术的发展始于动力打桩公式。据不完全统计，这些公式，包括修正公式有百余个[1]，大多归类在牛顿刚体碰撞理论框架下，即依据机械能守恒定律，针对不同锤型、桩型并结合各国各地经验建立起来的。通过对预制桩在打桩收锤阶段或休止一定时间后的一些参数的简单测试，如桩的贯入度与回弹量、锤的落高与回跳高度等，结合与锤或土有关的经验系数，达到预测或评价单桩承载力的目的。

锤击对桩产生的瞬态作用将在桩身中引起应力波的传播，特别当锤击力脉冲波长与桩长相比逐渐减小时，桩身中的波传播现象即桩身不同截面的受力和运动状态的差异趋于显著，已非刚体力学所能描述。Poisson 和 Stokes 等对弹性波在固体介质中的传播现象研究始于 19 世纪中叶[2]，虽然这和以刚体力学基础上的动力打桩公式建立几乎同步[1,3]，但直到 1931 年 Isaacs[4] 意识到了打桩是一个波传播问题。限于当时电子测试技术发展水平，波动方程的定解问题——边界条件，无法通过测试来确定，从而使应力波理论在桩基工程中的实际应用要比应力波理论的出现晚了约一个世纪。

1960 年，Smith 针对打入式预制桩，提出了桩在冲击荷载作用时的力学行为可采用一维波动方程进行模拟的概念，建立了桩锤-桩-土系统的集中质量法差分求解模型[5]。该模型将桩锤、桩和土系统分别离散为：①桩锤系统由锤体、砧座（冲击块）、桩帽（桩盔）等刚性质量块和无质量的锤垫、桩垫弹簧组成；②桩离散为若干个桩段单元，每一单元用刚性质量块代替，每一刚性质量块间用无质量弹簧连接，该弹簧的刚度等于桩单元长度的竖向刚度；③作用于桩单元的桩周土弹、塑性静阻力分别由弹簧和摩擦键模拟，土的动阻力由粘壶模拟。从而提供了一套较为完整的桩-锤-土系统打桩问题的波动力学处理方法，建立了目前高应变动力检测数值计算方法的雏形，为应力波理论在桩基工程中的应用奠定了基础。二次世界大战一结束，时任美国 Raymond 公司❶的总工程师 Smith，为了将一维应力波理论应用于桩基工程，得知 IBM 公司生产计算机后，尝试用手算建立了基本求解思路，与 IBM 接洽并让其编写计算机程序。因此，他是一位将电子计算机应用于非军事工程领域的先驱者，其研发成果堪称是 20 世纪最著名的工程应用成就之一。当然，Smith 当年提出的波动方程模拟打桩过程的算法，因为直接对波动方程差分而显含二阶项，使得差分数值解的精度和稳定性不佳也是显见的[27]。

---

❶　世界上最早用离心机生产混凝土管桩的公司。

1960 年后，世界上部分国家开展了系列动力测试桩承载力的研究工作[6-9]，并于 20 世纪 80 年代形成了实用的高应变现场测试和室内波动方程数值计算方法[10-15,27]。采用低应变法检测桩身完整性的研究工作也在同期开展，其中基于稳态激振的机械阻抗法在 20 世纪 70 年代初已取得了进展[16-19]；而低应变瞬态时域反射波法早期研究虽然也在英、法等国开展，却有报道[20] 说其研究并不成功。不过 1980 年后，瞬态时域反射波法发展速度很快，在国际上基本成为低应变动力检测桩身完整性的主流[21-24]。

我国的基桩动力检测理论研究与实践始于 20 世纪 70 年代后期[1,25-26]，其中包括两部分内容：一是研究开发出具有中国特色的方法，如湖南大学的动力参数法、四川省建筑科学研究所和中国建筑科学研究院共同研究的锤击贯入试桩法、西安公路研究所的水电效应法、成都市城市建设研究所的机械阻抗法、冶金部建筑研究总院的共振法等；二是对国外刚开始流行的高应变动测技术进行尝试，如南京工学院等单位在渤海 12 号平台进行的钢管桩动力测试、甘肃省建筑科学研究所与上海铁道学院合作研制我国第一台打桩分析仪。这些早期的探索与实践加速了桩动测技术的推广普及，为我国在短期内达到桩动测技术的国际先进水平创造了有利条件。

20 世纪 80 年代，以波动理论为基础的高应变法进入了快速发展期，是当时国际上所有基桩承载力动测方法中研究最热门的一种，但其检测仪器及其分析软件非常昂贵，功能和分析操作较复杂。国内上海、福建、北京、天津、广东等地近 10 家单位相继从美国引进了打桩分析仪 PDA，其中少数单位还同时引进了信号拟合分析软件 CAPWAP[13]。此后几年间，几乎在国内所有用桩量大的地区，均开展了高应变法（也包括各种低应变法）的适用性、可靠性研究，动测设备的软硬件研制取得了长足进展[26]，如：获得了大量静动对比资料，取得了灌注桩承载力检测的经验；交通部第三航务工程局科研所研制出 SDF-1 型打桩分析仪，成都市城市建设科学研究院的 ZK 系列基桩振动检测仪，中国建筑科学研究院地基基础研究所推出了 FEIPWAPC 波形拟合分析软件[27]、FEI-A 桩基动测分析系统和 DJ-3 型试桩分析仪，中国科学院武汉岩土力学研究所推出了 RSM 基桩动测仪。

20 世纪 80 年代中至 90 年代初，与高应变法在我国发展情形类似，各种低应变法在理论体系、机理、仪器研发、现场测试和信号处理技术、工程桩或模型桩验证研究[26,28]等方面，取得了许多有价值的成果，也在丰富的工程实践中，积累了宝贵经验和教训。

但是，20 世纪 90 年代初发生的两段故事确实值得追忆和反思：

【故事一】 1992 年在荷兰海牙召开的第四届应力波理论在桩基工程中应用的国际会议开幕前，曾组织了高、低应变测试竞赛，共 12 家国外机构参加测试竞赛。按当时国际上高应变测试与分析软硬件的生产研发水平，成熟的国外仪器及分析软件生产商只有美国 PDI 和荷兰 TNO 两家。赛后，会议组织者公布了 250mm×250mm 预制桩的高应变承载力测试分析结果，除了一家的动测承载力与该桩静载试验结果接近外，其他机构给出的动测承载力离散很大，高者高估 50%，低者低估超过 3 倍，最高与最低相差 5 倍！低应变完整性测试竞赛共 10 根桩，水平放置，除端部暴露外，桩身以及桩身预制的各种类型缺陷全部遮盖，其中在部分桩的桩身设有宽 10mm、截面积减小 50% 的缝隙缺陷，竞赛结果是无一参赛者测出。可惜的是 12 年后的第七届国际会议又有文章论及此例，仍不能对此现象做出正确的理论解释。其实，如有适当的知识扩展，测不出缺陷的现象完全可用波传播的纵向尺寸效应来解释。

【故事二】1993—1994 年国家建设部组织了全国第一批工程桩动测单位资质考核，申请高应变承载力动测资质的单位近一百家。在北京考核基地内[51]，某根长 12.4m、直径为 800mm 的人工挖孔桩，桩端虽为密实砂层，但预埋了 50cm 厚的草笼，静载试验和高应变测试波形均表现出该桩承载力低下。有部分参考单位分组抽签时抽到了这根桩的动测信号。考试结果令人诧异：共 28 家单位采用信号拟合法分析，因不合理计入了端阻，23 家结果为静载承载力的 1.2～2.5 倍。顺带提及低应变法测桩的承载力：3 根桩底埋有草笼的桩承载力均被普遍高估，最高达 3.2～4.9 倍；而对 1 根扩底桩，97% 的单位低估了承载力。

上述故事揭示：出现误差很大的根本原因不在软硬件操作层面，而是参试机构缺乏对测试波形力学特征的概念性分析判断能力，仅能站在土建类专业的平台，按已知的地基条件与施工记载，经验性地估计"正常"桩的承载力。这好比去医院做腹部 CT 平扫，检查过程简单、快捷。如果将扫描影像对患者做些解释，他（她）可能和医生（也可能是技师）一样，看清低密度影及其空间位形应该不困难，但要得到临床诊断结论，只能由影像学医生出具，而且这个结论经常有"需进一步检查""不排除⋯⋯可能性"等建议性或非肯定的表述。事实上，不论是影像学科还是专科门诊的医生，他们都是临床医生。并非只有执行 CT 检查的影像学医生能看懂 CT 扫描图像，专科门诊医生也一样可以，只是对医学影像学科的知识掌握深度不如前者罢了。没有足够的知识储备和经历是不可能成为一名合格医生的，这个道理对从事工程桩动力检测的人也同样适用。

20 世纪 90 年代中后期，建工行业标准《基桩低应变动力检测规程》JGJ/T 93—95 和《基桩高应变动力检测规程》JGJ 106—97 的相继颁布，标志着我国基桩动测技术发展进入了相对成熟期。

以后，深圳、广东、上海、天津、湖北、辽宁等地也开始陆续编制地方标准，如《深圳地区基桩质量检测技术规程》SJG 09—99（2007 年、2020 年和 2024 年分别进行了修订）、广东省标准《基桩反射波法检测规程》DBJ 15—27—2000、天津市标准《建筑基桩检测技术规程》DBJ 29—38—2002 等。与此同时，包括基桩高、低应变动测方法在内的行业基桩综合检测方法标准体系也逐步建立，时至今日，已覆盖了我国的建工、公路、水运、铁路、电力等行业。由于中国的经济发展速度快、建设规模大，客观上的市场需求使国内从事桩动测业务的人员、机构、可执行的技术标准数量、所用仪器种类、动测验桩总量以及涉及的桩型，均居世界各国首位。

"高应变动测"一词源于美国 ASTM 试验方法标准[53]，是"桩的高应变动力载荷试验（High-Strain Dynamic Testing of Piles）"的简称，国际上则普遍使用动力载荷试验（Dynamic Load Test，简称 DLT）的称谓。它特指一维杆波动方程的框架下、旨在测试和分析计算桩承载力的动载试验方法，或形象地说就是桩在锤击荷载作用下的应力波测量方法。"高应变"顾名思义，是指桩在动（冲击）荷载作用下，应力波在桩身传播所引起的桩身应变（也即桩身的受力或变形）数量级与传统的单桩竖向抗压静载试验相当。自然，与"高应变法"相对的则是"低应变法（Low Strain Impact Integrity Testing of

Piles)"。在中国,"高应变检测"既包括了应力波测量,也涵盖了采用波动理论对应力波测量结果的分析与计算。在 ISO 的标准[54] 中,桩的动力载荷试验大类中包含了以下方法:

(1) 冲击载荷试验 (Dynamic Impact Testing),即习惯上的"高应变法"检测。

(2) 打桩公式 (Pile Driving Formulae):根据打桩锤击数 (贯入度) 和桩锤动能,利用刚体力学的打桩公式估算桩承载力的方法。

(3) 波动方程分析 (Wave Equation Analysis):利用波动方程分析软件对锤-替打-桩-土相互作用建模计算,模拟打桩系统和桩体的受力、运动以及因桩体运动被激发的桩周岩土阻力等变量随时间变化,实现设计阶段桩的可打性分析,建立沉桩施工过程的核查或控制标准。前者根据指定的桩型及其截面尺寸和桩长,选择适宜的沉桩设备并预示打桩桩身应力和锤击数随桩入土深度的变化;后者需配合沉桩过程监测,按以下两种情形:一是其他条件不变仅改变土阻力,二是考虑反复锤击引起的桩侧及桩端土强度、锤芯的冲程随桩尖入土深度的变化,给出两种改变情况下模拟的承载力与锤击数关系图表,以供施工过程核验。

(4) 多次锤击法 (Multi-Blow Dynamic Testing):通过渐增锤击能量实施多次锤击,根据桩顶记录的贯入度以及锤击力和加速度信号,估算桩承载力的方法,类似于始于我国 20 世纪 80 年代的锤击贯入试桩法。

上述四种方法的异同点是:分析计算方法 (理论与经验) 不同,但荷载作用的性质 (冲击) 和强度 (幅值的数量级) 是一样的。需要区分的是,作为有别于"单桩静载试验"方法类别的"桩的动载试验",在中国早已被习惯性地泛称为"基桩动力检测",或简称"基桩动测",且这一泛称还包括了低应变完整性检测。毫无疑问,由静动法 (Statnamic) 演变而来的燃爆式或落锤式快速荷载试验 (Rapid Load Test[55],简称 RLT) 也可顺理成章地包含在"基桩动测"的类别中,因为 RLT 的荷载作用时间虽然比高应变、低应变分别延长 1 个和 2 个数量级,但有效荷载持续时间也就在 100ms 左右,这恰是人的瞬时反应极限。我国传统单桩抗压静载试验采用慢速维持荷载法,变通时可采用快速维持荷载法[59],分级加荷的持荷时间从 2h 降到 1h。即使是美国的快速维持荷载法 (Quick Load Test),持荷时间也需 2.5min,整个试验历时比快速荷载试验慢了 10^5 倍,因此"Rapid Load Test"直译成"快速荷载试验"恐会引起歧义,而称之为"桩的长持续动载试验"可能更为贴切。笔者认为,若将"基桩动测"再划分子类,似乎按"高、低应变"划分更能突出方法的力学概念。结合我国基桩动测实践,广义的"高应变法"可以是曾经的锤击贯入试桩法、目前在用的波动方程动测法,以及日后需要发展的长持续动载试验三种方法。锤击贯入法属经验法,主要适用于中小直径的摩擦型桩,但目前已被波动方程动测法取代;波动方程动测法实际是我国目前最广泛采用的方法;长持续动载试验 (当时称为静动法[29-30]) 始于 20 世纪 80 年代末,从减少波传播效应、提高承载力检测结果可靠性角度上讲,是对波动方程动测法的合理改进[31],2003 版《建筑基桩检测技术规范》JGJ 106—2003 在高应变法一章的条文说明中有过积极表述。这就是高应变法倡导的"重锤低击"——禁止轻锤使用、对加大锤重上不封顶,又因波动力学可向下兼容静力学和刚体力学,因此长持续动载试验在建工领域的应用已不存在技术标准上的任何障碍。可惜的是,当时我国曾进口了一套检测能力达 8000kN 的静动法设备，但因试验所需配重和费用相对偏高，特别是试验以燃爆形式实施，包括试验用固体燃料的储运，会在直观上造成公共安全的忧虑，因此一直未在实际工程中得到应用。

低应变方法在 20 世纪的我国是多种方法并存、以反射波法的应用居多。进入 21 世纪，绝大多数检测机构已转向采用反射波法检测桩身完整性，后来由于《基桩低应变动力检测规程》JGJ/T 93—95 的废止，国内已经很难看到原规程中除反射波法和跨孔超声法以外的其他低应变方法的工程应用。出现这种情况不完全是因学术观点上的争议——低应变法能否可靠推定桩承载力，恐怕主要原因是反射波法的仪器和激振设备轻便，现场检测快捷，同时汲取了其他方法之精华，如将锤击激振方式（不同的锤型、锤重，不同软硬程度的锤头材料）和频域分析方法分别作为测试、辅助分析手段融合于反射波法中，使其得到不断充实和完善，大大提升了其实用性。

虽然，国际上动测法的主流目前仍是一维杆波动理论为基础的高、低应变两种方法，与我国状况相似，但这两种方法的成熟性是相对的。所谓动测法理论体系较为完备只有将桩视为一根自由的弹性杆件时才能成立，而考虑桩与土相互作用机理后，其复杂性不言而喻。当我们通过积累更多的对比资料和经验，可能会发现对机理的认知还相当肤浅，一些失败的例子说明我们可能夸大了动测法的一些功效。所以要特别强调机理明确、经验丰富可靠。如：反射波法判定桩身完整性的某些局限性、短波长窄脉冲时的横向尺寸效应[32,38-39] 以及较长波长宽脉冲时的纵向尺寸效应[56] 等。高应变法历经四十多年的发展与实践，已基本被岩土工程界认同，软硬件功能得到不断改善，并在大量实践中获得了宝贵经验，如 Alvarez 等[67] 发布的 46 根直径 $D=406\sim762$mm 螺旋灌注桩（我国称为长螺旋压灌桩）的动静对比试验统计结果表明，通过改善动测的锤击、测量、桩头加固等措施，动、静承载力对比的平均值为 1.01（静载极限承载力按沉降 $0.05D$ 确定，未达极限时取加荷最大值），变异系数仅为 11%，这与快速静载试验相较于慢速静载试验所获得的承载力变异幅度相当，显著低于打入式预制桩动静对比的离散性。说明打入式预制桩相较长螺旋灌注桩，存在更多的不确定因素——土强度的恢复或松弛时间效应、锤型的多样、土塞形成及其作用机理等。但也不可否认，长期应用实践除暴露出高应变法的局限性外，从基本原理、测试方法、分析用桩-土模型及其参数选取等几方面看，40 多年间未取得实质性进展的说法并非过分[31,54,56]。例如，从动力打桩公式到长、短持续动力载荷试验的普及，最基础、也是最受关注的研究工作都瞄准了桩的承载力静/动对比误差，换言之就是如何准确找到或扣除动载试桩比静载试桩多出来的那部分动阻力。从 1960 年开始，打桩动阻力的产生机制，几乎无一例外地采用形式基本类同的黏性阻尼模型来模拟，然而令人遗憾的是，至今还未找到阻尼模型描述的速率效应与不同土性之间存在土力学意义上的规律性[68]，也就是说，无法根据标准的室内土工试验或现场原位测试得到的土的物理力学指标，提供不同类型土的阻尼参数取值或误差可控的取值范围。

所以，应用技术层面的动测法功能完善固然重要，而事关动测法发展方向的原理性研究更具现实意义。任何一种动测法，包括几种动测方法搭配组合，尚不能在基桩质量检测中包打天下，只能是各种方法取长补短、共同发展。

1.2 按变形量级不同划分方法

1.2.1 按桩身应变量级划分

"高应变"与"低应变"从字义上理解，说的是桩在动力载荷作用下，桩身产生的应变量级。如果桩身产生的应变（变形）量级与单桩静载试验相当，则称其为"高应变"。

（1）高应变桩身应变量通常在 0.1‰～1.0‰ 范围内。对于普通钢桩，超过 1.0‰ 的桩身应变已接近钢材屈服台阶所对应的变形；对于混凝土桩，视混凝土强度等级的不同，桩身出现明显塑性变形对应的应变量约为 0.5‰～1.0‰。

（2）低应变桩身应变量一般小于 0.01‰。

显然，按以上狭义解释，类似于静动法一类的长持续动力载荷试验可划为"高应变"。

1.2.2 按位移大小划分

（1）短持续高应变动力载荷试验利用几十甚至几百千牛的重锤打击桩顶，使桩产生的动位移接近常规静载试桩的沉降量级，以便使桩侧和桩端岩土阻力大部分乃至充分发挥，即桩周土全部或大部产生塑性变形，直观表现为桩出现贯入度。不过，对于嵌入坚硬基岩的端承型桩、超长的摩擦型桩，不论是静载还是高应变试验，欲使桩下部及桩端岩土进入塑性变形或大变形状态，至少从设计理念上讲似乎不大可能。

（2）低应变动力试桩采用几牛至几百牛重的手锤、力棒或上千牛重的铁球锤击桩顶，或采用几百牛出力的电磁激振器在桩顶激振，桩-土系统处于弹性状态，桩顶位移比高应变低 2～3 个数量级。

（3）长持续动力载荷试验的锤重（配重）将得到大幅增加，桩产生的动位移更接近常规静载试桩、桩周岩土阻力发挥更充分且其发挥状态更接近静载试验。短持续高应变动力载荷试验的"重锤低击"原则从适度应用到充分体现，实质是该方法向静动法一类的长持续动力载荷试验的合理演变。

1.2.3 高应力（应变）水平时混凝土材料的应力-应变关系非线性

众所周知，钢材和在很低应力或应变水平下的混凝土材料具有良好的线弹性应力-应变关系。混凝土是典型的非线性材料，随着应力或应变水平的提高，其应力-应变关系的非线性特征趋于显著。打入式混凝土预制桩在沉桩过程中已历经反复的高应力水平锤击，混凝土的非线性大体上已消除，因此高应变检测时的锤击应力水平只要不超过沉桩时的应力水平，其非线性可忽略。但对灌注桩，锤击应力水平较高时，混凝土的非线性（$d\sigma/d\varepsilon \neq$ 常数）会使通过应变式力传感器测量并按低应变水平模量换算得到的力值偏高，直观表现是力与速度信号在起始峰时比例失调、力信号尾部不归零（混凝土出现塑性变形），所得的一维纵波波速比低应变法测得的波速低。更深层的问题是桩身中传播的不再是线性弹性波，一维弹性杆的波动方程蜕变为拟线性波动方程。而在工程检测时，一般不深究这一问题，以使实际工程应用得以简化，而对于混凝土非线性造成的换算力值虚假放大，也可通过实测锤芯动量的变化予以校正。

1.3 按主要检测功能不同划分方法

1.3.1 以检测单桩轴向抗压承载力为主要目的的动力载荷试验

包括桩的短持续（高应变）动力载荷试验和长持续动力载荷试验（即 DLT 和 RLT）两类方法，后者在桩周岩土阻力发挥的直观性和充分性上优于前者。短持续动载试验还兼有桩身完整性、桩身应力测试等功能。动力载荷试验（Dynamic Load Test）是相对静力载荷试验（Static Load Test 简称 SLT）而言的，属于荷载性质不同的单桩实荷试验。

1.3.2 仅以检测桩身质量为目的的瞬态低应变桩身完整性试验

1. 低应变反射波法

习惯上也将瞬态低应变桩身完整性动测的方法简称为"低应变法"或"反射波法"。它本质上仍是一种荷载水平低、作用持续时间更短的动力载荷试验。为避免与针对承载力检测的动力载荷试验混淆，不妨采用"低应变桩身完整性试验"的称谓。

2. 声波透射法

也称跨孔超声波法。虽未纳入本书的"基桩动力检测"讨论范畴，但毕竟列入过《基桩低应变动力检测规程》JGJ/T 93—95。在此，不妨简述一下声透法与低应变法的异同：

（1）声透法对桩身缺陷探测的灵敏度和可信度高，但仅能用于沿桩身轴向有预埋管（或钻孔）的情况。

（2）超声波传播的力学描述属于三维问题。

（3）声透法属于直达波法。通过向桩身介质发射声波并在一定距离上接收被混凝土物理特性调制（波的反射、折射和绕射影响）后的声波，根据接收声波到达的历时长短、幅值大小以及波形畸变程度，经单测线分析或多测线统计分析，确定混凝土介质中与缺陷关联的异常及异常程度。

对于低应变试验，瞬态激励产生的机械波（亦称为声波）波长比声透法的波长（分米级的超声波）长了至少一个数量级，相对于混凝土粗细骨料的不均匀，波的绕射现象显著（长距离传播幅度衰减相对小）；但毕竟波的传播距离长，途中不仅受桩身材料物理力学特性和桩的截面几何尺寸（统称为桩身阻抗）变化的调制，还受桩周岩土阻力的影响。但这还只是单向传播的"直达波"，当其传至明显阻抗变化截面处（至少是桩底）时将掉头变成反射波，它在原路返回途中将再次受到调制。如此可以看出反射波法比直达波法更具复杂性和不确定性。

1.4 按理论支撑体系不同划分方法

1.4.1 以波动理论为基础的动测法

短持续高应变动力荷载试验和低应变桩身完整性试验均以一维波动理论为基础。但在基本理论应用的侧重面有差别：

（1）低应变动测法主要关注桩身阻抗变化引起的速度响应相对"入射速度波"的变化，将"入射速度波"称为"入射波"不会引起歧义。由于激励脉冲能量小、波长短，桩周岩土介质（也包括桩身材料自身）对入射和反射速度波的衰减，横、纵尺寸效应引起的波形畸变，不同阻抗变化截面的二次或多次反射、入射的相互交织等，均可降低缺陷检出灵敏度，甚至导致误、漏判。

（2）高应变动测法需同时测量激励和速度响应，以激励水平作为衡量速度响应相对大小的参照。记桩身 $x(0 \leqslant x \leqslant L)$ 深度位置的激励和响应分别为 $F(x, t)$、$V(x, t)$，桩身阻抗为 $Z(x)$，若能将 t 时刻的实测激励 $F(x, t)$ 称为入射（下行）力波 $F_d(x, t)$，则必须使如下恒等式

$$F(x,t) \equiv \frac{F(x,t)+Z(x) \cdot V(x,t)}{2} + \frac{F(x,t)-Z(x) \cdot V(x,t)}{2} = F_d(x,t) + F_u(x,t)$$

中的反射（上行）力波 $F_u(x,t) = \dfrac{F(x,t)-Z(x) \cdot V(x,t)}{2} \equiv 0$，相当于桩变成了长度 $L \to \infty$ 的半无限长等阻抗自由杆，否则反射力波 $F_u(x, t) \neq 0$。上式的数学意义很简单，但隐含的力学意义很重要：桩身任意深度 x 处的 $F(x, t)$，由沿 x 正向的 $F_d(x, t)$ 和沿 x 负向的 $F_u(x, t)$ 两个相同量纲的行波分量组成。同理对速度响应亦有类似表达式 $V(x, t) = V_d(x, t) + V_u(x, t)$ 和类似表述。

习惯上，选择桩顶初始入射波出现峰值的时刻作为起始时间，其后陆续返回至桩顶的反射力（或速度）波，不仅携带了与初始峰值入射波沿桩身自上而下激发的桩周岩土动、静阻力或遇到的桩身截面阻抗变化的信息，还携带了滞后的峰值位移激发的桩周岩土静阻力信息。因为充分识别并合理地计算与位移相关的土阻力，乃是桩的高应变承载力动测的根本目的，而位移响应由弱到强达到最大值时，恰是运动速度从峰值跌至零的那一刻，故将此时与运动速度无关的土阻力视为静阻力。这与根据单桩竖向抗压静载试验的桩顶荷载-沉降曲线确定桩承载力的理念相接近。

1.4.2 基于刚体力学和静力学的动力检测方法

这里指长持续动力载荷试验。它对凡是采用动力载荷来检测桩承载力的方法所产生的积极影响可概括为——土阻力充分激发靠的是高能量引起的大变形，并与短持续高应变动力载荷试验倡导的"重锤低击"原则完全契合。随着荷载起升时间的延缓特别是有效作用持续时间的延长，桩与桩周岩土间的相对变形增大、桩身的波传播现象以及加速度明显减弱，使得原本需要波动力学数值计算方法才能解决的桩承载力问题，能被刚体力学＋静力学的简化计算方法近似代替。笔者认为，这种计算方法的"近似替代"确是长持续动载试验的方法特点，它降低了基于波动理论的动载试验因知识扩展跨度较大导致的应用复杂性，例如波传播现象抽象不直观、数值计算建模及模型参数选取有随机性、计算结果有多解性。但这并非亮点，因为从概念上讲，波动力学可以兼容静力学和刚体力学，但反过来不行。

1.5 动力检测方法的技术能力定位

1.5.1 低应变动测法

低应变法适用于检测混凝土桩的桩身完整性，判定桩身缺陷的程度及位置。它属于快速普查桩的施工质量的一种半直接法。

1. 关于桩身完整性

在现行的建筑基桩检测技术规范中，桩身完整性定义为：反映桩身截面尺寸相对变化、桩身材料密实性和连续性的综合定性指标；桩身缺陷定义为：在一定程度上使桩身完整性恶化，引起桩身结构强度和耐久性降低，出现桩身断裂、裂缝、夹泥（杂物）、空洞、蜂窝、松散等不良现象的统称。注意，桩身完整性没有采用严格的定量表述，对不同的桩身完整性检测方法，具体的判定特征各异，但为了便于采用，应有一个统一分类标准。所以，桩身完整性类别是按缺陷对桩身结构承载力的影响程度，统一划分为四个类别：

（1）Ⅰ类——桩身完整。

（2）Ⅱ类——桩身有轻微缺陷，不会影响桩身结构承载力的发挥。

（3）Ⅲ类——桩身有明显缺陷，对桩身结构承载力有影响。一般应采用其他方法验证其可用性，或根据具体情况进行设计复核或补强处理。

（4）Ⅳ类——桩身存在严重缺陷，一般应进行补强处理。

连续性包含了桩长不够的情况。因动测法只能估算桩长，桩长明显偏短时，给出断桩的结论是正常的。如需准确测定桩长，可采用钻芯法。

在描述桩身完整性定性指标之一的桩身截面尺寸变化时，如灌注桩的缩颈、扩径，对其含义的正确理解应该是桩身截面尺寸发生了"相对变化"，例如桩顶部位形成"大头"，桩头以下恢复至正常截面尺寸的桩在测试波形上表现为缩颈，而非"相对缩颈"，除非测试前将桩头设定为衡量截面尺寸变化的基准。实际工程检测时，桩径是否减小可能会参照以下条件之一：

（1）按设计桩径；

（2）根据设计桩径，并针对不同成桩工艺的桩型按施工质量验收标准考虑桩径的允许负偏差；

（3）考虑充盈系数后的平均施工桩径。

显然，灌注桩是否缩颈必须有一个参考基准，将桩浅部可视的桩头尺寸作为基准应该不具备可操作性，这主要不是因为不规则桩头三维尺寸量测问题，关键是波传播三维尺寸效应使桩头三维尺寸"精准"量测失去意义。过去，在动测法检测并采用开挖验证时，说明动测结论与开挖验证结果是否符合通常是按条件（1）。但严格地讲，应按施工验收规范，即条件（2）才是合理的，但因为低应变动测法不能对缩颈严格定量，于是才定义为"相对变化"。

2. 尚不能对桩身缺陷类型定性和对桩身缺陷程度定量

桩身缺陷有三个指标，即位置、类型（性质）和程度。缺陷程度对桩身完整性分类是第一位重要的（如建筑桩基的使用功能多数为竖向承压桩）。动测法检测时，不论缺陷的类型如何，其综合表现均为桩的阻抗变小，即完整性动力检测分析的仅是阻抗变化，阻抗的变小可能是任何一种或多种缺陷类型及其程度大小的综合表现。所以，对于桩身不同类型的缺陷，低应变测试信号中主要反映出桩身阻抗减小的信息，缺陷性质往往较难区分。例如，混凝土灌注桩出现的缩颈与局部松散、夹泥、空洞等，只凭测试信号就很难区分。因此，对缺陷类型进行判定，应结合地基、施工情况综合分析，或采取钻芯、声波透射等其他方法。需要指出，尽管利用实测信号拟合法分析能给出定量的结果，但由于桩的尺寸效应、测试系统的幅频、相频响应非线性、高频波的弥散（频散）、滤波等造成的实测波形畸变，以及桩侧土阻尼、土阻力和桩身阻尼的耦合影响，信号拟合法还不能达到准确定量的程度。

所以，根据低应变动测的阻抗减小既不能判断缺陷的具体类型，也不能对桩身缺陷程度做定量判定；当高应变动测法用于灌注桩完整性检测时也如此。这比较符合目前动测法的技术水平。

对于灌注桩扩径而表现出的阻抗变大，应在分析判定时予以说明，因扩径对桩的承载力有利，不应作为缺陷考虑。

3. 其他影响桩身完整性检测判定的因素

（1）低应变法的力学模型是一维线弹性杆件。基于静力学的直观理解是受检桩应有足够大的长细比，而基于波动力学则是瞬态脉冲中有效高频分量的波长比桩的横向尺寸大一个数量级，且桩身截面尺寸不宜出现巨大突变。另外，一维理论要求应力波在桩身中传播时平截面假设成立，所以，对薄壁钢管桩和类似于 H 型钢桩的异形桩，低应变法不适用，因此施工质量验收标准没有针对钢桩采用低应变法检测的要求。

（2）由于受桩型（如截面多变）、桩周岩土性状、激振方式、桩的尺寸效应、桩身材料阻尼等因素的影响，桩过长（或长径比较大）或桩身截面阻抗多变或变幅较大引起的应力波多次反射，往往测不到桩底反射或很难正确判断桩底反射位置，从而无法评价整根桩的完整性。另外，检测结果分析判定的准确性与操作人员的技术水平和实践经验有很大关系。因此，对该方法寄予过高的期望是不适宜的。比如在现行的基桩检测方法标准中，不会要求检测桩的有效长度、推定桩身混凝土强度等级和区分缺陷的类型。

1.5.2　短持续（高应变）动力载荷试验

短持续动力载荷试验的主要功能之一是判定单桩轴向抗压承载力是否满足设计要求。它是单桩竖向抗压静载试验的补充，属于半直接法。

这里所说的承载力是指：在桩身强度满足桩身结构承载力的前提下，桩周岩土对桩的抗力（静阻力）。所以要得到极限承载力，应使桩侧和桩端岩土阻力充分发挥，否则不能得到承载力的极限值，只能得到承载力检测值。由于高应变法检测的能力定位、试验成本控制、重型锤击设备运输安装的场地限制，锤重选择只能做到满足技术标准强制规定的低限，锤击荷载的持续时间较短，试桩产生的桩顶动位移一般小于静载试验，特别是对于具有缓变型桩顶荷载-沉降曲线的桩（如大直径灌注桩、扩底桩和超长桩）表现得更为明显，一般难以得到桩的承载力极限值。所以，该方法较少用于为设计提供依据的前期试桩，而多用于工程桩验收检测。另外，由于该方法受桩型、地基和施工条件变异、操作人员的素质和经验等因素影响，检测分析结果的准确性还不能与静载试验相媲美。因此，对设计等级高的桩基工程，如在建工行业，只能作为静载试验的补充，以弥补静载试验抽检数量少、代表性差的不足。

高应变法检测桩身完整性的可靠性比低应变法高，只是与低应变法检测的快捷、廉价相比，在带有普查性的完整性检测中应用尚有一定困难。但由于其激励能量和检测有效深度大的优点，特别在判定桩身水平整合型缝隙、预制桩接头等缺陷时，能够在查明这些"缺陷"是否影响竖向抗压承载力的基础上，合理判定缺陷程度。

高应变检测技术是从打入式预制桩发展起来的，试打桩和打桩监控属于其特有的功能，是静载试验无法做到的。由于预制桩截面恒定、材质均匀，可以直接通过桩顶附近的应力波测量，准确地测得桩身最大拉应力和压应力、桩身完整性系数和桩锤传递给桩的能量，进而控制打桩过程的桩身应力和减少打桩破损率，为合理选择沉桩设备参数和确定桩端持力层以及停锤标准提供依据。因此，对锤击预制桩进行打桩过程动力监测，是高应变法的一个独特优势，它为锤击预制桩的信息化施工提供了一个较为理想的监控手段。目前在水上、陆地软土地区超长桩沉桩施工中应用得较为普遍。

1.5.3 长持续动力载荷试验

长持续动力载荷试验的功能是判定单桩轴向抗压承载力是否满足设计要求，模拟桩的荷载-沉降特性，如假定荷载-沉降曲线为双曲线型。与高应变法一样，也属于半直接法。国内目前尚无针对该方法的试验方法标准，但并不影响其应用，因为波动力学兼容刚体力学和静力学，当然也与短持续高应变动测法倡导的"重锤低击"原则兼容。

"重锤低击"原则的利用能从两个方面提升高应变法承载力检测结果的可靠性：一是通过延长荷载作用时间使桩周岩土阻力发挥更充分、显现更直观；二是部分或完全规避了抽象的波动力学建模分析计算给最终结果带来的不确定性。国外通过将加荷设备锤（配）重在传统高应变检测最低锤重的基础上提高了3～5倍甚至更多，实现了冲击荷载作用的时间从短持续变为长持续（快速荷载试验）、承载力分析计算方法从复杂抽象到简便直观（静力学和刚体力学）的跨越。客观地讲，这种突越式的锤重大幅提高付出的代价并没有换来实质性的收效——仍不具备静载试验"确定"单桩承载力的效力，目前在国际上仍与短持续高应变法的"评价"地位等同。大力倡导在短持续动载检测中贯彻"重锤低击"原则，其目的不应该是为了媲美"快速荷载试验"而刻意去满足最短荷载持续时间、最低锤重要求，因为试验设备能力仅按预估单桩承载力单一条件选配也欠全面。设备投入大，即使按满足"快速荷载试验"要求采用较重的锤，都未必能保证桩身不发生明显的波传播效应，比如桩很长或锤与桩-土系统不匹配。所以，在满足短持续高应变试验要求的前提下适当增加锤重，即使不进行抽象繁复的波动理论分析计算，桩的承载性状也基本能根据测试波形直观识别，正所谓量力而为。的确，短持续至长持续跨越的落锤轻重、荷载作用时间长短的区间都很宽，给"重锤低击"效能的发挥留下了充足的发展余地。理论性较强的高应变法与直观性较强的快速载荷试验相结合，取长补短，应该是单桩承载能力动力检测技术的发展方向。

1.6 动力检测在桩基分项工程验收中的作用

按照现行标准《建筑工程施工质量验收统一标准》GB 50300 的划分，地基与基础工程属于分部工程，桩基工程属于子分部工程。桩基础是由基桩和连接于桩顶的承台（有时也包括与承台相连的梁、板）构成的基础。施工质量验收时，一般是对组成整个桩基础的全部或部分基桩进行验收检测，所以基桩检测工作是成桩（分项工程）施工质量验收中的一个环节。在现行标准《建筑地基基础工程施工质量验收标准》GB 50202 中，对桩的质量检验标准分为主控项目和一般项目，桩的承载力和桩身完整性均列为主控项目。考虑到桩的承载力和桩身完整性抽样检测结果的离散性比桩身材料的力学、化学性能的检验离散性大，影响桩动测结果准确性的不确定因素较多，分项工程验收合格不仅需要检验批的主控项目和一般项目质量经抽样检验合格，同时还需要完整的施工记录、质量检查记录。所以，在现行的基桩检测技术标准中，没有要求承载力和桩身完整性检测给出是否合格的结论。对于单桩承载力只给出是否满足设计要求的结论。而对于桩身完整性，由于其判定指标本身就非严格定量化的，建筑工程类桩基的设计一般不给出桩身完整性"不合格"的具体桩数比例要求，可理解为不允许检验批中出现"坏桩"，这里所说的"坏桩"是指桩身完整性的Ⅲ类或Ⅳ类。一旦出现"坏桩"，一般采取以下几种措施：通过验证检测证实桩的可用性；直接补强、补桩；设计复核并确认（如不进行补桩或补强，而对基础或上部结构进行加强）。这些措施的采用是以确保结构正常使用与安全为前提。施工质量验收标准具有行业属性，公路桩基施工质量验收对桩身完整性检测合格与否的表述则更为直接——每桩完整性类别不得差于Ⅱ类。

与静载试验和钻芯等直接方法相比，动测法主要特点是检测速度快、费用低和检测覆盖面广。如采用低应变方法的抽检比例一般占总桩数的 20% 以上，可降低直接法小比例抽测漏检的概率，并得出桩基础中所有基桩整体施工质量的粗略估计。它已成为桩身施工质量检测中应用最为普及的方法。

与桩基施工质量验收相关的检测要求因行业而异。公路、铁路桥梁桩基的承载功能与以竖向承载为主的建筑桩基不同，且以大直径桩居多，施工质量验收时桩身完整性检测是必检项目，且每桩必测。而按现行标准进行建筑桩基分项工程验收时，除桩身完整性是抽样必检项目，单桩承载力检验排在了各验收主控项目的首位，必须进行一定抽样数量的单桩承载力静载或高应变动载检测，且当桩基设计等级为甲级时，指定只得采用静载试验方法。因此，应该将对桩的承载力动测方法使用限制看作是激励有志者们去探究动力载荷试验技术提升的动力，扎实有效地提高桩承载性状动测的直观性和可靠性。从把握了基桩承载力动测由短持续向长持续发展的大方向上说，算是一种机遇。

第2章 基本理论

2.1 一维波动方程及其解答

2.1.1 杆的纵向波动（振动）方程

考虑一材质均匀、截面恒定的弹性杆，长度为 L，截面积为 A，弹性模量为 E，质量密度为 ρ。取杆轴为 x 轴。若杆变形时平截面假设成立，受轴向力 F 作用，将沿杆轴向产生位移 u、质点运动速度 $V = \dfrac{\partial u}{\partial t}$ 和应变 $\varepsilon = \dfrac{\partial u}{\partial x}$ 等运动。这些动力学和运动学量只是 x 和时间 t 的函数。由于杆具有无穷多的振型，则每一振型各自对应的运动量分布形式都不相同。

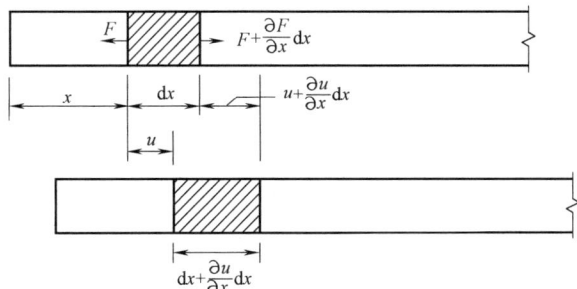

图 2-1 杆单元的位移

由图 2-1，杆 x 处的单元 $\mathrm{d}x$，如果 u 为 x 处的位移，则在 $x + \mathrm{d}x$ 处的位移为 $u + \dfrac{\partial u}{\partial x}$ $\mathrm{d}x$，显然单元 $\mathrm{d}x$ 在新位置上的长度变化量为 $\dfrac{\partial u}{\partial x}\mathrm{d}x$，而 $\dfrac{\partial u}{\partial x}$ 即为该单元的平均应变。假设桩身材料本构关系符合胡克定律，应力与应变之比等于弹性模量 E，可写出：

$$\frac{\partial u}{\partial x} = \frac{\sigma}{E} = \frac{F}{AE} \tag{2-1}$$

式中：σ——杆 x 截面处的应力。

将式（2-1）两边对 x 偏微分，得：

$$AE = \frac{\partial^2 u}{\partial x^2} = \frac{\partial F}{\partial x} \tag{2-2}$$

根据牛顿第二定律，$\mathrm{d}x$ 单元左、右两侧作用力的合力等于该单元的质量 $\rho A \mathrm{d}x$ 乘以加速度$\partial^2 u / \partial t^2$：

$$\frac{\partial F}{\partial x}\mathrm{d}x = \rho A\,\mathrm{d}x\,\frac{\partial^2 u}{\partial t^2} \tag{2-3}$$

合并式（2-2）和式（2-3），得：

$$\frac{\partial^2 u}{\partial t^2} = \left(\frac{E}{\rho}\right)\frac{\partial^2 u}{\partial x^2} \tag{2-4}$$

定义 $c = \sqrt{\dfrac{E}{\rho}}$ 为位移波、速度波、应变或应力波在杆中的纵向传播速度，得到如下一维线性波动方程：

$$\frac{\partial^2 u}{\partial t^2} - c^2\,\frac{\partial^2 u}{\partial x^2} = 0 \tag{2-5}$$

以下有两点需要说明：

（1）对于实际桩而言，平衡方程式（2-3）左边的不平衡力中既包含了惯性力的影响，也计入了单元的土阻力影响，只是考虑微元 $\mathrm{d}x$ 的平衡时没有显含土阻力罢了。另外，当采用数值求解实际桩的波动问题时，一般假设土阻力的产生有赖于其相邻桩段的运动位移和质点运动速度，也就是说，土阻力的产生是被动的，只有先计算出桩段的运动量值，才有可能算出与桩段相邻的土阻力值，通过静力平衡，扣除该单元的土阻力后，再将该桩段力值传递给下一个桩段。

（2）一维杆的纵波传播速度与三维介质中的纵波传播速度不同，三维纵波波速的表达式为 $c_\mathrm{P} = \sqrt{\dfrac{1-\nu}{(1-2\nu)(1+\nu)}} \cdot c$（式中，$\nu$ 为介质材料的泊松比），相当于声波透射法中定义的声速，当 $\nu = 0.20$ 时，$c_\mathrm{P} = 1.054c$；$\nu = 0.30$ 时，$c_\mathrm{P} = 1.160c$。

2.1.2 杆的纵向波动（振动）方程解答

1. 分离变量法求解波动方程

分离变量法是一种试算法，如估计波动方程式（2-5）的非零解具有如下形式：

$$u(x,t) = U(x) \cdot G(t) \tag{2-6}$$

显然，上式中的函数 $U(x)$ 和 $G(t)$ 不能恒为零。将式（2-6）代入波动方程得：

$$\frac{1}{U}\,\frac{\mathrm{d}^2 U}{\mathrm{d}x^2} = \frac{1}{c^2}\,\frac{1}{G}\,\frac{\mathrm{d}^2 G}{\mathrm{d}t^2} \tag{2-7}$$

由于上式左、右两边分别与 t 和 x 无关，所以只能等于一个常数，令其等于 $-\left(\dfrac{\omega}{c}\right)^2$ 并代入式（2-7），得以下两个常微分方程：

$$\frac{\mathrm{d}^2 U}{\mathrm{d}x^2} + \left(\frac{\omega}{c}\right)^2 U = 0 \tag{2-8}$$

$$\frac{\mathrm{d}^2 G}{\mathrm{d}t^2} + \omega^2 G = 0 \tag{2-9}$$

它们的通解分别为：

$$U(x)=A\sin\frac{\omega}{c}x+B\cos\frac{\omega}{c}x \tag{2-10}$$

$$G(t)=C\sin\omega t+D\cos\omega t \tag{2-11}$$

上两式中，$\omega(=2\pi f)$ 为角频率；A、B、C 和 D 为任意常数，分别由边界条件和初始条件确定。

（1）杆的两端自由

此时，应力在杆两端必须为零。因为应力等于 $E\dfrac{\partial u}{\partial x}$，则杆两端必须满足应变为零的边界条件：

$$\frac{\partial u}{\partial x}\Big|_{x=0}=A\frac{\omega}{c}(C\sin\omega t+D\cos\omega t)=0 \tag{2-12}$$

$$\frac{\partial u}{\partial x}\Big|_{x=L}=\frac{\omega}{c}\Big(A\cos\frac{\omega L}{c}-B\sin\frac{\omega L}{c}\Big)(C\sin\omega t+D\cos\omega t)=0 \tag{2-13}$$

因为式（2-12）和式（2-13）必须对任何时刻 t 都成立，故由式（2-12）得 $A=0$，同时为保证振动的存在，B 只能为有限值，则由式（2-13）得：

$$\sin\frac{\omega L}{c}=0 \quad 或 \quad \frac{\omega L}{c}=\pi,2\pi,3\pi,\cdots,n\pi \tag{2-14}$$

式（2-14）即为杆的振动频率方程。相应的固有振动频率为：

$$\omega_n=n\pi\frac{c}{L} \quad 或 \quad f_n=n\frac{c}{2L} \quad (n=1,2,3,\cdots) \tag{2-15}$$

利用初始条件 $u(x,t)\big|_{t=0}=0$，得到方程式（2-5）在杆两端自由和零初始条件下的纵向振动位移特解为：

$$u_n=u_0\cos\frac{n\pi}{L}x\cdot\sin\frac{nc\pi}{L}t \quad (n=1,2,3,\cdots) \tag{2-16}$$

上式表明：两端自由杆的纵向振动为具有 n 个节点、幅度为 u_0 的余弦波形式，$\cos\dfrac{n\pi}{L}x$ 是与第 n 阶固有频率对应的振型函数，其前三阶振型曲线见图 2-2。按线性叠加原理，两端自由杆在任一位置 x、任一时间 t 的纵向振动（波动）位移的通解显然为 $\displaystyle\sum_{n=1}^{\infty}u_n(x,t)$。

（2）杆的一端自由、一端固定

此时的边界条件为：

$$\frac{\partial u}{\partial x}\Big|_{x=0}=0 \text{ 和 } u\big|_{x=L}=0$$

导出频率方程为：

$$\cos\frac{\omega}{c}L=0 \quad 或 \quad \frac{\omega}{c}L=\frac{\pi}{2},\frac{3\pi}{2},\frac{5\pi}{2},\cdots,\frac{(2n-1)\pi}{2} \tag{2-17}$$

相应的固有振动频率和一端自由、一端固定条件下杆的纵向振动位移特解分别为：

$$\omega_n=\frac{(2n-1)\pi}{2}\cdot\frac{c}{L} \quad 或 \quad f_n=\frac{(2n-1)}{2}\cdot\frac{c}{2L} \quad (n=1,2,3,\cdots) \tag{2-18}$$

$$u_n = u_0 \cos \frac{(2n-1)\pi}{2L} x \cdot \sin \frac{(2n-1)c\pi}{2L} t \quad (n=1,2,3,\cdots) \tag{2-19}$$

上式表明：一端自由、一端固定杆的纵向振动也是 n 个节点的余弦波形式，其前三阶振型曲线见图 2-3。

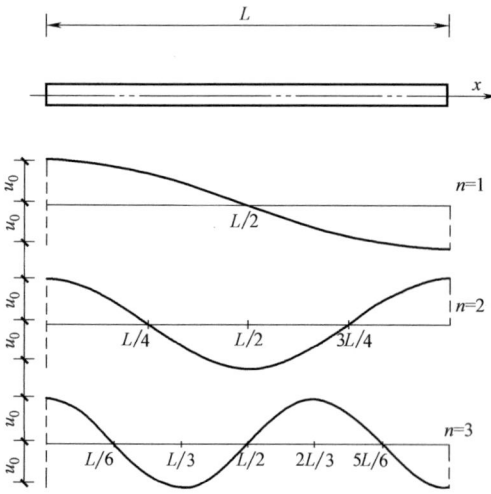

图 2-2　两端自由杆的前三阶振型曲线　　　　图 2-3　一端自由、一端固定杆的前三阶振型曲线

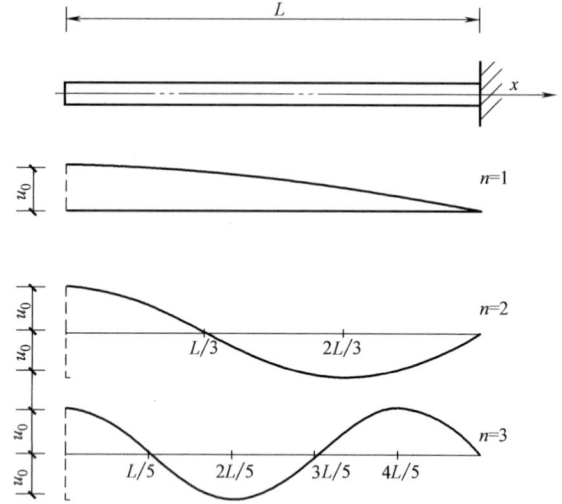

2. 采用行波理论求解波动方程

当沿杆 x 方向的弹性模量 E、截面积 A、波速 c 和质量密度 ρ 不变时，采用行波理论求解波动方程式（2-5），不难验证下式为波动方程的达朗贝尔通解：

$$u(x,t) = W(x-ct) + W(x+ct) = W_d + W_u \tag{2-20}$$

上式中，$W(x-ct)$ 和 $W(x+ct)$ 为任意函数，且分别等于 W_d 和 W_u。

考虑 $u = W(x-ct)$ 位移波形分量，其值可由变量 $x-ct$ 即 t 和 x 的同步变化确定。设 $c=5000$，假如 t 和 x 变化总能使位移波形函数 $W(x-ct)$ 的幅值和形状保持不变，比如 $u \equiv W_d(100)$，当 t 和 x 按如下数字序列变化时，则显示波形函数 W_d 以波速 c 沿 x 轴正向传播：

$t=0$ 时 $x=100$，$t=0.002$ 时 $x=110$，$t=0.004$ 时 $x=120$，…

同样可以证明波形函数 W_u 以波速 c 沿 x 轴负向传播。W_d 和 W_u 分别称为下行波和上行波。W_d 和 W_u 形状不变且各自独立地以波速 c 分别沿 x 轴正向和负向传播的特性是解释应力波传播规律的最直观方法，见图 2-4。同时，因方程式（2-5）的线性性质，可单独研究上、下行波的特性，利用叠加原理求出杆在 t 时刻 x 位置处的合力、速度、位移。

用 ε_d、ε_u 分别代表下行和上行应变波，用 V_d、V_u 分别代表下行和上行速度波。对式（2-20）作变换 $\xi = x-ct$ 和 $\zeta = x+ct$，并将 $W_d = W(\xi)$ 和 $W_u = W(\zeta)$ 分别对 x 和 t 求偏导数，即：

$$\varepsilon_d = \frac{\partial W(\xi)}{\partial x} = \frac{\partial W(\xi)}{\partial \xi}\frac{\partial \xi}{\partial x} = W'_d \quad \text{与} \quad V_d = \frac{\partial W(\xi)}{\partial t} = \frac{\partial W(\xi)}{\partial \xi}\frac{\partial \xi}{\partial t} = -c \cdot W'_d \tag{2-21}$$

$$\varepsilon_u = \frac{\partial W(\zeta)}{\partial x} = \frac{\partial W(\zeta)}{\partial \zeta}\frac{\partial \zeta}{\partial x} = W'_u \quad \text{与} \quad V_u = \frac{\partial W(\zeta)}{\partial t} = \frac{\partial W(\zeta)}{\partial \zeta}\frac{\partial \zeta}{\partial t} = c \cdot W'_u \tag{2-22}$$

图 2-4 下（右）行波和上（左）行波的传播

比较上述两式，得：

$$V_d = -c \cdot \varepsilon_d \tag{2-23}$$

$$V_u = c \cdot \varepsilon_u \tag{2-24}$$

上两式表明：上、下行应变波或力波的幅值绝对值大小分别与其引起的上、下行速度波幅值成正比。这组简洁公式是今后讨论应力波问题的基础。记 $Z = \rho cA$ 为弹性杆的波（声）阻抗或简称阻抗，且当杆在全长 L 范围内材质均匀、截面恒定时，阻抗 $Z = mc/L$（式中，m 为杆的质量）。用 F_d、F_u 分别代表下行和上行力波，根据 $\varepsilon = \sigma/E = F/EA$，将上两式相加：

$$Z \cdot V = Z \cdot (V_d + V_u) = F_u - F_d \tag{2-25}$$

借用图 2-4 的模式不难验证：若下（右）行力波 F_d 和上（左）行力波 F_u 的幅值相等且同号，则在 F_d 和 F_u 两波迎头相遇的杆截面处，式（2-25）将给出质点运动速度 $V = V_d + V_u = 0$ 的结论，而轴力 F 的幅值增加了，其值等于 $F_d + F_u$。

为了将一维杆波动理论方便地用于桩的动力检测，本书考虑在实际桩的动力检测时，施加于桩顶的荷载为压力，故按习惯定义位移 u，质点运动速度 V 和加速度 a 以向下为正（即 x 轴正向），桩身轴力 F 或应力 σ 以受压为正。对于低碳钢，$c = 5120\mathrm{m/s}$，屈服极限对应的变形约为 1‰，即 $\varepsilon = 1000\mu\varepsilon$，则质点运动速度 $V = 5.12\mathrm{m/s}$。

上行力波 F_u 和下行力波 F_d 无法直接测量，但可通过杆件上实测的力信号 F 和速度信号 V 按 $F_d = \dfrac{F + Z \cdot V}{2}$ 与 $F_u = \dfrac{F - Z \cdot V}{2}$ 两式换算得到。显然 F 实际是 F_d 和 F_u 的代数和：

$$F \equiv F_d + F_u \tag{2-26a}$$

同样可以将质点运动速度 V 进行分解，即：

$$V = V_d + V_u \tag{2-26b}$$

式中：

$$\begin{cases} V_d = \dfrac{1}{Z} \cdot \dfrac{F + Z \cdot V}{2} \\ V_u = -\dfrac{1}{Z} \cdot \dfrac{F - Z \cdot V}{2} \end{cases}$$

显然有：

$$\begin{cases} F_d = Z \cdot V_d \\ F_u = -Z \cdot V_u \\ F = Z \cdot V_d - Z \cdot V_u \end{cases} \tag{2-26c}$$

3. 采用特征线法求解波动方程

（1）特征线关系推导

两个自变量的标准二阶偏微分方程的一般形式为：

$$a_{11} \frac{\partial^2 u}{\partial t^2} - 2a_{12} \frac{\partial^2 u}{\partial t \partial x} + a_{22} \frac{\partial^2 u}{\partial x^2} + \xi\left(t, x, u, \frac{\partial u}{\partial t}, \frac{\partial u}{\partial x}\right) = 0 \tag{2-27}$$

上式中，a_{11}、a_{12} 和 a_{22} 不同时为零。称

$$a_{11} dx^2 - 2a_{12} dt\, dx + a_{22} dt^2 = 0 \tag{2-28}$$

为方程（2-27）的特征方程[33]，特征方程的积分为此方程的特征曲线。根据判别式 $\Delta = a_{12}^2 - a_{11} a_{22}$ 的符号将方程式（2-5）分类，显然有 $\Delta = c^2 > 0$，即波动方程式（2-5）为双曲型偏微分方程。于是在自变量 x-t 平面内，存在两族实特征线 $\varphi_1(x,t) = c_1$ 和 $\varphi_2(x,t) = c_2$。将波动方程式（2-5）与特征方程式（2-28）对比，可得到这两族实特征线的常微分方程：

$$\left(\frac{dx}{dt}\right)^2 = c^2$$

即特征线方程组

$$dx = \pm c \cdot dt \tag{2-29}$$

式（2-29）等号右边的正号、负号分别对应的特征线称为右行特征线和左行特征线，代表了波（亦称扰动或波阵面）在 x-t 平面（x 由左向右为正）上沿右行、左行特征线的传播轨迹，这两个波分量也分别称为右行波和左行波（对桩而言分别就是下行波、上行波），dx/dt 即为特征曲线的切线斜率或特征方向。下面来验证能满足式（2-29）实特征曲线族上 ε 和 V 之间的相容关系。假设 ε 和 V 是式（2-29）特征线上的全微分，则有：

$$d\varepsilon = \frac{\partial \varepsilon}{\partial x} dx + \frac{\partial \varepsilon}{\partial t} dt \tag{2-30}$$

$$dV = \frac{\partial V}{\partial x} dx + \frac{\partial V}{\partial t} dt \tag{2-31}$$

参照式（2-23）的形式，令：

$$dV = \pm c \cdot d\varepsilon \tag{2-32}$$

如果方程式（2-32）是满足 $dx = \pm c \cdot dt$ 两条特征线的相容方程，则应使用下式：

$$dV \mp c \cdot d\varepsilon = \frac{\partial V}{\partial x} dx + \frac{\partial V}{\partial t} dt \mp c\left(\frac{\partial \varepsilon}{\partial x} dx + \frac{\partial \varepsilon}{\partial t} dt\right) \tag{2-33}$$

等号右边恒等于零。分别利用连续方程以及波动方程式（2-5）的另一种变换形式：

$$\begin{cases} \dfrac{\partial V}{\partial x} = \dfrac{\partial \varepsilon}{\partial t} \\[2mm] \dfrac{\partial V}{\partial t} = c^2 \dfrac{\partial \varepsilon}{\partial x} \end{cases}$$

并代入式（2-33），不难验证式（2-33）等号右边确实恒等于零。可将式（2-32）按习惯改写成如下形式：

$$d\sigma = \pm \rho c \cdot dV \tag{2-34a}$$

或

$$dF = \pm Z \cdot dV \tag{2-34b}$$

不难看出，式（2-34）是以 dt 或 dx 为步长的一种差分格式，只要 dx 长度范围内的波速 c、弹性模量 E、质量密度 ρ、截面积 A，亦即阻抗 Z 恒定即可。这样，求解二阶偏微分波动方程式（2-5）的问题就等价地转化为求解特征线方程组式（2-29）和满足特征线关系的相容方程组式（2-34），共两组 4 个一阶常微分方程的问题，使求解得以简化。注意到采用特征线等时差分数值解，因避免了对二阶偏微分波动方程直接差分求解时的 dt^2 和 dx^2 高阶项，计算精度和解的稳定性大大提高。目前，信号拟合程序都采用特征线的等时差分模式[13,14,27]，但为方便波动方程分析的锤和替打建模计算，仍有采用集中质量模型的差分算法[12]。

（2）初值与边值问题

虽然特征线法为求解双曲型偏微分方程提供了一个简便手段，但波动方程的最终定解问题必须通过初始条件和边界条件确定。设长度为 L 的杆在端部 $x=0$ 处受到冲击，杆端力 $F_0(\tau)$ 随时间变化是已知的，于是问题归结为在初始条件

$$V(x,0) = F(x,0) = 0 \quad (0 < x \leqslant L) \tag{2-35}$$

及边界条件

$$F(0,t) = F_0(\tau) \quad (t \geqslant 0) \tag{2-36}$$

下求解特征线方程组式（2-29）和相容方程组式（2-34）。

由图 2-5 可见，从 AOx 区域任一点 $B(x,t)$ 出发的两条特征线分别交 Ox 轴于 B_1 和 B_2。由式（2-34b）有：

沿 BB_1（$dx = c \cdot dt$ 右行方向）：$F(x,t) - Z \cdot V(x,t) = F(x_{B_1}, t_{B_1}) - Z \cdot V(x_{B_1}, t_{B_1})$

沿 BB_2（$dx = -c \cdot dt$ 左行方向）：$F(x,t) + Z \cdot V(x,t) = F(x_{B_2}, t_{B_2}) + Z \cdot V(x_{B_2}, t_{B_2})$

由初始条件（2-35）可解出：

$$F(x_B, t_B) = V(x_B, t_B) = 0$$

类似有：

$$F(x_M, t_M) = V(x_M, t_M) = 0$$
$$F(x_N, t_N) = V(x_N, t_N) = 0$$

即在 AOx 区域中的任一点 (x, t) 都能使

$$F(x,t) = V(x,t) = 0$$

显然，在 OA 特征线（即 $x = c \cdot t$）所覆盖的 AOx 区域中，解的数值由区间 $[0, L]$ 上的初始条件完全决定，任意改变 AOx 区域外的数值，解在该区域中

图 2-5 $x\text{-}t$ 平面特征线图

不会受任何影响。即在 $t = x/c$ 时刻之前，杆的 x 截面将一直保持静止。

对于 AOt 区域，最初始的边界扰动沿 OA 右行特征线传播，而 OA 线下方 AOx 区域的值仅受 $t = 0$ 初始条件影响且是已知的，即该区域内任意一点都有 $F = V \equiv 0$，且在 O 点有 $F(0, 0) = Z \cdot V(0, 0)$，则 OA 线上 E_1 点的值可由 O 点处的 F 和 V 值以及 AOx 区域中的任意一点、比如 B_1 点计算，不难验证：

$$F = V|_{沿 OA 线} = 0$$

于是，D_1 点的 V 值可由下式计算：

$$V(0, t_{D_1}) = V(x_{E_1}, t_{E_1}) - \frac{1}{Z}\left[F(0, t_{D_1}) - F(x_{E_1}, t_{E_1})\right]$$

而内点 D_2 的 V 和 F 值可根据边值点 D_1 和初值点 E_2 的两个已知值，通过以下两个方程联立求解计算：

$$Z \cdot V(x_{D_2}, t_{D_2}) - F(x_{D_2}, t_{D_2}) = Z \cdot V(x_{D_1}, t_{D_1}) - F(x_{D_1}, t_{D_1})$$

$$Z \cdot V(x_{D_2}, t_{D_2}) + F(x_{D_2}, t_{D_2}) = Z \cdot V(x_{E_2}, t_{E_2}) + F(x_{E_2}, t_{E_2})$$

可见，AOt 区域中的 F 和 V 值可由 OA 线上的初值和 Ot 轴上的边值共同确定。

这样，求解杆端受冲击的单值解问题，就归结为求解 AOx 区域中的初值问题和 AOt 区域中初值与边值的混合问题。

通过以上特征线法求解波动方程的初值和边值问题，可以清晰地看出这个方法的优越性——简洁、明了、实用。避免了解析解和数值解可能引起的概念抽象化而难于结合工程桩检测实际，也告诉了读者如何利用特征线的图解方法和特征线上的相容方程进行计算。在以后的章节将多次用到这一方法，以便使读者既能感觉到"解析解"的存在，又有量的概念。

2.2　应力波的相互作用和在不同阻抗界面上的反射、透射

2.2.1　应力波的相互作用

考虑一根长为 L 的等阻抗杆，在杆 $x = 0$ 和 $x = L$ 的两端同时作用两个矩形压力脉冲：

$$\begin{cases} F(0, t) = F_0(\tau) \\ F(L, t) = F_L(\tau) \end{cases} \quad (0 \leqslant t \leqslant \tau)$$

$$F(0, t) = F(L, t) = 0 \quad (t > \tau)$$

由图 2-6 可知，在 $t < \dfrac{L}{2c}$ 时，两相对行进的压力波尚未相遇。下面分析 $t \geqslant \dfrac{L}{2c}$ 时的情况。

根据式（2-34b），$x = L/2$ 处的力值 F 和速度值 V 可由下面两式求解：

$$\begin{cases} F-F(0,0)=-Z\cdot[V-V(0,0)] \\ F-F(L,0)=Z\cdot[V-V(L,0)] \end{cases}$$

注意到 $V(0,0)=F(0,0)/Z=F_0(\tau)/Z$，$V(L,0)=-F_L(\tau)/Z$，解出：

$$\begin{cases} F=F_0+F_L \\ V=(F_0-F_L)/Z \end{cases}$$

当 $F_0(\tau)=F_L(\tau)$ 时，两相对传播并迎头相遇的压力波在杆区间 $[L/2-c\cdot\tau/2,L/2+c\cdot\tau/2]$ 范围内叠加，使力加倍、速度为零。我们发现，当考虑波的相互作用时，所得结果与牛顿第三定律的结果完全不同。

如果其他条件不变，设：

$$F_0(\tau)=-F_L(\tau)$$

可得到：

$$\begin{cases} F=0 \\ V=2F_0/Z \end{cases}$$

即两相对行进相遇的同幅异号力波在上述杆段内叠加结果使速度加倍、力为零。

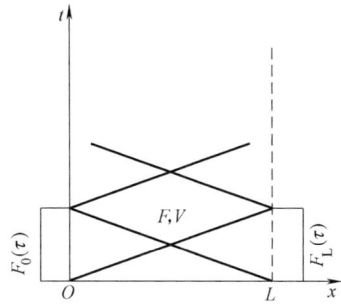

图 2-6 两迎头相遇的压力波

2.2.2 应力波在杆不同阻抗界面处的反射和透射

在前面的讨论中，尚未涉及杆阻抗变化对波传播性状的影响，阻抗变化与杆的截面尺寸、质量密度、波速、弹性模量等因素或某一因素变化有关。假设图 2-7 所示的杆 L 由两种不同阻抗材料（或截面面积）的杆 L_1 和 L_2 组成，当应力从波阻抗 Z_1 的介质入射至阻抗 Z_2 的介质时，在两种不同阻抗的界面上将产生反射波和透射波，用脚标 I、R 和 T 分别代表入射、反射

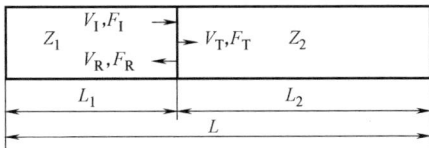

图 2-7 两种阻抗材料的杆件

和透射。假设入射压力波 F_I 是已知的，显然有 $V_I=F_I/Z_1$。参照式（2-34b）的差分格式，界面 L_1 处的力 F 和速度 V 满足下列两式：

$$F-F_I=-Z_1\cdot(V-V_I) \quad \text{（界面左侧，反射——上行）}$$

$$F=Z_2\cdot V \quad \text{（界面右侧，透射——下行）}$$

求解上述两式，得：

$$F=\frac{2Z_2}{Z_1+Z_2}F_I=\frac{2Z_1Z_2}{Z_1+Z_2}V_I$$

$$V=\frac{2}{Z_1+Z_2}F_I=\frac{2Z_1}{Z_1+Z_2}V_I$$

若杆件浅部无阻抗变化，上式中 V_I 相当于低应变法锤击时桩顶测量到的起始速度峰值，而 V 为 L_1 界面处的速度值，非桩顶测量值。当 L_1 为等阻抗自由杆且在时间 $2L_1/c$ 前锤击已结束时，在杆（桩）顶测量到的 L_1 界面反射速度峰值是该界面反射速度 V_R 的 2 倍。

按习惯将界面处的力波和速度波分解为界面左侧的入射和反射（下行和上行）以及界面右侧的透射（下行）三个波分量。因界面上力 F 和速度 V 应分别满足牛顿第三定律

$$F_I + F_R = F_T = F$$

和连续条件

$$V_I + V_R = V_T = V$$

记完整性系数 $\beta = Z_2/Z_1$，反射系数 $\zeta_R = (\beta-1)/(1+\beta)$，透射系数 $\zeta_T = 2\beta/(1+\beta)$，可得下列公式：

$$F_R = \zeta_R \cdot F_I \tag{2-37}$$

$$V_R = -\zeta_R \cdot V_I \tag{2-38}$$

$$F_T = \zeta_T \cdot F_I \tag{2-39}$$

$$V_T = (1/\beta) \cdot \zeta_T \cdot V_I \tag{2-40}$$

$$1 + \zeta_R = \zeta_T \tag{2-41}$$

下面对式（2-37）～式（2-41）进行讨论：

（1）因 $\zeta_T \geqslant 0$，故透射波与入射波同号。当界面左侧同时出现左行反射波引起的左行透射波时，左行透射系数 ζ_T 按 $\beta = Z_1/Z_2$ 计算，界面处力值等于界面两侧右行和左行透射波幅值。

（2）$\beta = 1$，即 $Z_2/Z_1 = 1$，反射系数 $\zeta_R = 0$，透射系数 $\zeta_T = 1$，$F_T = F_I$，入射力波波形除随时间改变位置外，其他不变，相当于应力波不受任何阻碍地沿杆正向传播。

（3）$\beta > 1$，即波从小阻抗介质传入大阻抗介质。因 $\zeta_R \geqslant 0$，故反射力波与入射力波同号，若入射波为下行压力波，则反射的仍是上行压力波，与后继到来的入射压力波叠加起增强作用；因反射波与入射波运行方向相反，则反射力波引起的质点运动速度 V_R 与入射波的 V_I 异号，显然与后继到来的入射下行压力波引起的正向运动速度叠加有抵消作用；又因 $\zeta_T \geqslant 1$，则透射力波的幅度总是大于或等于入射力波。特别地，当 $\beta \to \infty$ 即 $Z_2 \to \infty$ 时，相当于刚性固端反射，此时有 $\zeta_R = 1$ 和 $\zeta_T = 2$，在该界面处入射波和反射波叠加使力幅度增加一倍，而入射波和反射波分别引起的质点运动速度在界面的叠加结果使速度为零。按第 2.2.1 节的讨论，将固定端作为一面镜子，反射波是入射波的正像。

（4）$\beta < 1$，即波从大阻抗介质传入小阻抗介质。因 $\zeta_R \leqslant 0$，故反射力波与入射力波异号，若入射波为下行压力波，则反射的是上行拉力波，与后继到来的入射压力波叠加起卸载作用；因反射波与入射波运行方向也相反，则反射力波引起的质点运动速度 V_R 与入射波的 V_I 同号，显然与后继到来的入射下行压力波引起的正向运动速度叠加有增强作用；又因 $\zeta_T \leqslant 1$，则透射力波的幅度总是小于或等于入射力波。特别地，当 $\beta \to 0$ 即 $Z_2 = 0$ 时，相当于自由端反射，此时有 $\zeta_R = -1$ 和 $\zeta_T = 0$，在该界面处入射波和反射波叠加使力幅度变为零，而入射波和反射波分别引起的质点运动速度在界面的叠加结果使速度加倍。这时，自由端也相当于一面镜子，只是反射波是入射波的倒像。

2.2.3 应力波在杆两端面处的反射

1. 应力波在自由端、固定端的反射

实际工程桩的桩底支承条件一定介于完全自由与刚性固定之间。而自由杆在这两种极

端条件下的反射情况已在第 2.2.2 节的第（3）和第（4）款中作为特例讨论过。这里只是将 $x=L_1$ 杆的某一变阻抗界面换成了 $x=L$ 杆端部。但在实际动测桩时，我们更关心在 $x=0$ 杆的顶端接收到的 $x=L$ 杆底端反射回来的信息。下面给出了杆顶端 $x=0$ 处的力边界条件如下：

$$\begin{cases} F(t)=F_0(\tau) & (0{\leqslant}t{\leqslant}\tau) \\ F(t)=0 & (t{>}\tau) \end{cases}$$

$F_0(\tau)$ 是时间宽度为 τ、幅度为 F_0 的窄矩形压力脉冲，$c{\cdot}\tau$ 远小于 L。记 $t=0$ 初始脉冲 F_0 引起的杆顶端速度和位移幅值分别为 $V_0=F_0/Z$ 和 $u_0=\tau{\cdot}V_0$。

（1）杆 $x=L$ 底端自由情况（图 2-8）：经过时间 L/c 后，入射力波到达 $x=L$ 自由端，为满足力恒为零条件，必须有一个能抵消入射压力波影响的拉力波与之叠加，该拉力波的力幅值为 F_0、质点运动速度幅值为 V_0。此反射拉力波引起的质点运动速度方向仍向下（正向）。当 $t=2L/c$ 时，拉力波返回到桩顶。按力边界条件 $F(t{>}\tau)\big|_{x=0}=0$，此时杆顶相当于自由端。根据第 2.2.2 节第（4）款的讨论，返回的拉力波在杆顶自由端反射时将变号，即再次向下入射为质点运动方向向下的压力波……如此以 $2L/c$ 为周期，周而复始地循环。注意：应力波在自由端入射和反射产生的总效果可理解为两个独立的下行波和上行波叠加，即在同一时刻、同一端面相遇处，为各自的力幅（值）和相应质点运动速度幅（值）的代数和。对于第一次反射波，在距杆底端面 $c{\cdot}\tau/2$ 以内区域，力幅为 $-F_0$、速度幅为 V_0 的上行反射波与力幅为 F_0，速度幅为 V_0 的下行入射波产生叠加，使在距桩端 $c{\cdot}\tau/2$ 区段内的力幅等于零而速度幅加倍，产生这种端部叠加效果的总历时等于 $\tau/2-(-\tau/2)=\tau$。而在杆区段 $[c{\cdot}\tau/2, L-c{\cdot}\tau/2]$ 内，第一次的反射波以力幅为 $-F_0$、速度幅为 V_0 独立地向杆顶面传播，并不会产生叠加效果。类似的讨论对杆顶部变为自由端后的情形也成立。于是应力波多次在底端和顶端产生叠加的区域分别为距底端和顶端 $c{\cdot}\tau/2$ 的长度，时间范围分别是：

底端　　　　$(2n-1){\cdot}\dfrac{L}{c}-\dfrac{\tau}{2}<t<(2n-1){\cdot}\dfrac{L}{c}+\dfrac{\tau}{2}$　　$(n=1,2,3,\cdots)$

顶端　　　　$n\dfrac{2L}{c}-\dfrac{\tau}{2}<t<n\dfrac{2L}{c}+\dfrac{\tau}{2}$　　　　$(n=1,2,3,\cdots)$

图 2-8 不仅绘出了 $x=0$ 处，同时也绘出 $x=L/2$ 和 $x=L$ 处的速度与位移时程曲线。

（2）杆 $x=L$ 底端刚性固定情况（图 2-9）：经过时间 L/c，入射压力波到达 $x=L$ 固定端。为满足固定端运动（质点运动速度和位移）恒为零的条件，必须有一个能产生质点运动速度向上的波来抵消入射压力波产生的质点运动速度向下的影响，该波只能是反射压力波，其幅值为 F_0，质点运动速度的幅值为 V_0 且方向向上（负向）。当 $t=2L/c$ 时，压力波返回到杆顶。按前面的讨论，返回的压力波在杆顶自由端反射时将变为拉力波，即再次向下反射为质点运动方向向上（负向）的拉力波……如此以 $2L/c$ 为周期、符号交替变化、周而复始地循环。

图 2-9 绘出了 $x=0$ 和 $x=L/2$ 的速度与位移时程曲线，由于 $x=L$ 处速度与位移恒为零，所以该处只给出了力的时程曲线。

图 2-8　杆 $x=L$ 底端自由情况

图 2-9　杆 $x=L$ 底端刚性固定情况

2. 应力波在自由端、固定端反射的典型试验

（1）拉断石膏杆试验：如图 2-10 所示，一根长约 30cm 的石膏杆由两根丝线水平悬吊，在杆右端放置电极，充电后电极瞬时放电可产生持续极短的压力脉冲。在引爆电极的同时，启动超高速摄影机，拍下石膏杆的断裂过程。当入射压力脉冲到达杆左端时，将向右反射拉力波，而石膏的抗拉强度远低于其抗压强度，当拉力波与后继到来的入射压力波叠加使杆截面上的净拉应力超过石膏的动态抗拉强度时，则在离杆左端不远处出现第一个断裂面。因为第一个断裂面的产生将成为后继到来的入射压力波的全反射自由面，当然在第一个断裂面尚未形成前也会有部分反射拉力波通过，接下来依次由左向右形成第二个断裂面、第三个断裂面……石膏杆断裂情况见图 2-10。

图 2-10　拉断石膏杆试验

（2）拉断钢丝试验：如图 2-11 所示，带支盘的钢丝上端固定，由低到高调整穿心锤落距 h_0，锤下落撞击支盘，拉力波由支盘撞击端沿钢丝向上传播，并在固定端处拉应力加倍。钢丝拉断的位置总是在固定端处。

图 2-11　拉断钢丝试验

2.2.4　波动方程法动力测桩的实质

在本节上述讨论中，已多次提到入射波、反射波和透射波，这里有必要重申一下它们和下行波（右行波）、上行波（左行波）的关系。为此，考察恒等式（2-26a）右边：

（1）由图 2-7 可知，当初始入射波 F_I 自左向右（设为 x 方向）传播尚未到达阻抗变化界面前，即当 $t<L_1/c_1$ 时，杆轴任意 x 断面上有：

$$F_d=\frac{F+Z_1\cdot V}{2}=\frac{F_I+Z_1\cdot V_I}{2}=F=Z_1\cdot V=F_I=Z_1\cdot V_I \qquad (x\leqslant L_1)$$

$$F_d=\frac{F+Z\cdot V}{2}\equiv0 \qquad (L_1<x\leqslant L_1+L_2)$$

$$F_u=\frac{F-Z\cdot V}{2}\equiv0 \qquad (0\leqslant x\leqslant L_1+L_2)$$

显然，初始入射波 F_I 在杆阻抗恒定段 L_1 传播时，即在 $x\leqslant L_1$ 扰动段，下行波就是入射波；对 $x>L_1$ 段其实也如此，不过是在入射波尚未到达的非扰动段有 $F=V=0$，使 F_d 和 F_u 全部为零而已。

（2）当 $t\geqslant L_1/c_1$ 时，入射波到达阻抗变化界面将产生反射和透射，反射力波 F_R 沿阻抗为 Z_1 的杆 x 轴左方向（负向）传播，透射力波 F_T 沿阻抗为 Z_2 的杆 x 轴右方向（正向）传播。将式（2-37）和式（2-38）的结果分别代入式（2-26）恒等式右边的第一项的下行波表达式和第二项的上行波表达式，得：

$$F_d=\frac{F+Z_2\cdot V}{2}=\frac{2Z_1Z_2}{Z_1+Z_2}V_I=\zeta_T\cdot F_I=F_T \qquad (沿\ x>L_1\ 方向右行)$$

$$F_u = \frac{F - Z_1 \cdot V}{2} = \frac{Z_1(Z_2 - Z_1)}{Z_1 + Z_2} \cdot V_I = \zeta_R \cdot F_I = F_R \qquad (沿\ x \leqslant L_1\ 方向左行)$$

由此可见，当入射波 F_I 沿半无限长等阻抗自由杆正向下行传播时，以下两式

$$F_u = F_R = 0$$
$$F_d = F_T = F_I$$

恒成立。意味着输入的应力波下行传播后一去不复返，这不是动测桩所希望的情况。对于实际工程桩动测，唯一希望是在桩顶给桩以入射波（输入激励），使入射波在下行过程中遇到桩截面或界面阻抗变化和桩周岩土阻力作用以反射波的形式上行返回至桩顶，通过对桩顶部测量的应力波信号提取反射波或上行波信息，并与入射波或下行波相比较，达到检测桩身完整性和承载力之目的。至此，可以明确地讲，就动测桩的实质而言，最受关注的信息就是反射波，而反射波就是上行波（有些论著中也采用其他称谓）。

2.3 波形频域分析

在前面两节中，我们从时间域的角度详细讨论了一维弹性杆的波动或振动问题。20世纪 60 年代随着快速傅里叶变换（FFT）的出现和其后计算机技术的发展，为傅里叶分析的实际应用创造了条件，现已成为研究分析振动和波动现象的重要手段。本节不打算将众多在基桩动力检测中应用的频域分析方法一一罗列，因为目前绝大多数基桩动测仪器均具备基本的频域分析功能，同时也不打算重复烦琐的傅里叶变换公式的数学推导，有兴趣的读者可阅读有关专著[34]。

2.3.1 傅里叶变换——傅里叶级数法

动态测试信号一般分为周期性和非周期性两类，其中周期性信号又可分为简谐周期信号和复杂周期信号两种。简谐周期信号如下：

$$y_T(t) = A_0 \sin(2\pi f t + \varphi) = A_0 \sin\left(\frac{2\pi t}{T} + \varphi\right) = A_0 \sin\left(\frac{2\pi c t}{\lambda_0} + \varphi\right)$$

式中：A_0、f、T、φ——分别为振幅、频率、周期（$=1/f$）和相位角；

$\qquad\qquad \lambda_0$——波长（$= c \cdot T$），如 $c = 5000 \mathrm{m/s}$，$T = 1 \mathrm{ms}$，则 $\lambda_0 = 5 \mathrm{m}$。

复杂周期信号可用下式表示：

$$y_T(t) = y_T(t + nT) \quad (n = 1, 2, 3, \cdots)$$

当 $y_T(t)$ 在区间 $[0, T]$ 上绝对可积时，$y_T(t)$ 可按傅里叶级数公式展开：

$$y_T(t) = \frac{a_0}{2} + \sum_{n=1}^{\infty} \left(a_n \cos \frac{2\pi n}{T} t + b_n \sin \frac{2\pi n}{T} t\right) \tag{2-42}$$

上式中，系数 a_0、a_n 和 b_n 分别由下列三式求出：

$$a_0 = \frac{2}{T} \int_0^T y_T(t) \mathrm{d}t$$

$$a_n = \frac{2}{T} \int_0^T y_T(t) \cos \frac{2\pi n}{T} t \, \mathrm{d}t \quad (n = 1, 2, 3, \cdots)$$

$$b_n = \frac{2}{T} \int_0^T y_T(t) \sin \frac{2\pi n}{T} t \, \mathrm{d}t \quad (n=1,2,3,\cdots)$$

令 $a_n = A_n \sin\varphi_n$，$b_n = A_n \cos\varphi_n$，$f = 1/T$，代入式（2-42）得：

$$y_T(t) = \frac{a_0}{2} + \sum_{n=1}^{\infty} A_n \sin(2\pi n f t + \varphi_n) = \frac{a_0}{2} + \sum_{n=1}^{\infty} A_n \sin\left(\frac{2\pi n c}{\lambda_0} t + \varphi_n\right) \tag{2-43}$$

式中：A_n、φ_n——分别为傅里叶级数频谱的幅值（$= \sqrt{a_n^2 + b_n^2}$）和相位值$\left(= \arctan \dfrac{a_n}{b_n}\right)$。

可见，傅里叶级数频谱属于离散谱。对应于不同频率 $n \cdot f$（$n=1$，2，3，$\cdots$）的频谱幅值和相位，只需由傅里叶系数 a_n 和 b_n 确定。如果记：

$$\omega_n = \frac{2\pi n}{T}$$

并利用欧拉公式：

$$\mathrm{e}^{\pm i\omega_n t} = \cos\omega_n t \pm i\sin\omega_n t$$

上式中，$i^2 = -1$。

代入式（2-42），得复数形式的傅里叶级数公式：

$$y_T(t) = \sum_{n=-\infty}^{\infty} C_n \mathrm{e}^{i\omega_n t} \tag{2-44}$$

式中：C_n——复数形式的傅里叶系数，由下式计算：

$$C_n = \frac{1}{T} \int_0^T y_T(t) \cdot \mathrm{e}^{-i\omega_n t} \, \mathrm{d}t \quad (n=0, \pm 1, \pm 2, \cdots)$$

2.3.2 傅里叶变换——傅里叶积分法

动力试桩时获得的瞬态波形一般为非周期信号，信号的频谱分析需采用傅里叶积分法。考虑离散频率的角频率差：

$$\omega_{n+1} - \omega_n = \frac{2(n+1)\pi}{T} - \frac{2n\pi}{T} = \frac{2\pi}{T} = \Delta\omega_n$$

则式（2-44）可改写成：

$$y_T(t) = \frac{1}{2\pi} \sum_{n=-\infty}^{\infty} \left[\int_0^T y_T(t) \cdot \mathrm{e}^{-i\omega_n t} \, \mathrm{d}t \right] \cdot \mathrm{e}^{i\omega_n t} \Delta\omega_n$$

考虑 $T \to \infty$ 时的极限，离散变量 ω_n 接近于连续变量 ω，即 $\Delta\omega_n \to \mathrm{d}\omega$；$y_T(t)$ 接近于 $y(t)$，且当 $y(t)$ 在区间 $[-\infty, \infty]$ 上为绝对可积函数时，上式的无限和变为 $-\infty$ 到 ∞ 范围的无穷积分。将上式右边方括号的积分表达式记为 $Y(\omega)$，则上式化为以下两式：

$$Y(\omega) = \int_{-\infty}^{\infty} y(t) \cdot \mathrm{e}^{-i\omega t} \, \mathrm{d}t \tag{2-45}$$

$$y(t) = \frac{1}{2\pi} \int_{-\infty}^{\infty} Y(\omega) \cdot \mathrm{e}^{i\omega t} \, \mathrm{d}\omega \tag{2-46}$$

上两式是以复数形式表示的一个傅里叶变换对，其中式（2-45）代表 $y(t)$ 的傅里叶变换或傅里叶积分，而式（2-46）代表 $Y(\omega)$ 的傅里叶逆变换。可见，傅里叶级数是傅里叶积分的一个特例，傅里叶积分的频谱属于连续谱。

2.3.3 离散傅里叶变换（DFT）

实际工程桩动测时，要对时域模拟信号进行数字化，即模/数（A/D）转换。这一过程其实是对连续的时域信号进行了离散化处理，因为不可能处理无限长信号，故采样点数是有限的。又由于式（2-45）表示的是一连续谱，为适合计算机处理，需将其表示为离散化的变换形式。设时域信号采样时间长度为 T，采样时间间隔为 Δt，采样点数为 N（且 N 为偶数，一般取 2 的整次幂），利用下列变量替换形式：

$$T = N \cdot \Delta t$$

$$f_n = \frac{n}{N \cdot \Delta t} \quad (n = 0, 1, 2, \cdots, N-1)$$

$$t = k \cdot \Delta t \quad (k = 0, 1, 2, \cdots, N-1)$$

则与式（2-45）和式（2-46）相对应的有限离散傅里叶变换对如下：

$$Y(f_n) = \frac{1}{N} \sum_{k=0}^{N-1} y(k \Delta t) \cdot e^{-i \frac{2\pi nk}{N}} \ (n = 0, 1, 2, \cdots, N-1) \tag{2-47}$$

$$y(k \Delta t) = \sum_{n=0}^{N-1} Y(f_n) \cdot e^{i \frac{2\pi nk}{N}} \quad (k = 0, 1, 2, \cdots, N-1) \tag{2-48}$$

式（2-47）就是时域数字信号频谱分析的基本公式，式（2-48）逆变换可用于数字信号的低通、高通或带通滤波。注意，这一变换对实际上将时域信号和频域信号变为具有 N 个时间采样点和 N 个频率采样点的周期函数，它们分别是式（2-45）和式（2-46）的近似，代表时域或频域信号的一个周期。由上述讨论可见离散傅里叶变换和傅里叶级数法的相似之处：为了实现有限离散傅里叶变换，实际应用时仍是将瞬态非周期信号近似为一个复杂周期信号。

参照式（2-43），本节的理解要点是：对于实际动测桩所得到的波形信号，可认为该信号是由许多具有不同频率（周期或波长）、相位和幅值的谐波组成。

对于有限离散傅里叶变换，运算中的乘法次数为 N^2。为节约计算时间，在实际信号频谱分析中，普遍采用快速傅里叶变换（FFT），运算次数降至 $2N \log_2 N$。如 $N = 1024$ 和 $N = 4096$，运算次数分别减小到原来的 1/50 和 1/170 左右。另外，计算机运算次数少了，计算精度提高了。图 2-12 给出了一根等截面自由杆的时域波形和经 FFT 运算得到的频谱曲线。

图 2-12　时域波形及其频谱

2.4 基于一维波动理论的桩-土相互作用数值解

2.4.1 土阻力波

在第 2.2 节中已叙述了入射应力波在杆阻抗变化界面处的反射和透射，并与下、上行波建立了联系。下面讨论入射应力波在杆深度 i 界面遇到土阻力 R_i 作用时的应力波反射和透射情况。根据图 2-13，利用力平衡条件

$$F_i - F_{i+1} = R_i$$

和式（2-26a）～式（2-26c）的关系，即：

$$F_{d,i} + F_{u,i} - F_{d,i+1} - F_{u,i+1} = R_i \tag{2-49}$$

或等价有：

$$F_{d,i} - F_{d,i+1} - Z \cdot (V_{u,i} - V_{u,i+1}) = R_i \tag{2-50}$$

$$F_{u,i} - F_{u,i+1} + Z \cdot (V_{d,i} - V_{d,i+1}) = R_i \tag{2-51}$$

利用连续条件：

$$V_i = V_{i+1}$$

即

$$V_{d,i} + V_{u,i} = V_{d,i+1} + V_{u,i+1}$$

由式（2-50）和式（2-51）两式相减，得：

$$F_{d,i} - F_{u,i} - F_{d,i+1} + F_{u,i+1} = 0 \tag{2-52}$$

再由式（2-49）和式（2-52）两式分别相加和相减，得：

$$F_{u,i} = F_{u,i+1} + \frac{1}{2} R_i \tag{2-53}$$

$$F_{d,i+1} = F_{d,i} - \frac{1}{2} R_i \tag{2-54}$$

可见，下行入射波通过 i 界面时，由于 R_i 的阻碍，将在该界面处分别产生幅值各为 $R_i/2$ 的向上反射压力波和向下传播的拉力波。

算例：设在桩顶入射一个幅值为 100kN 的压力波 $F_{d,i}$ 通过 i 界面，$R_i = 20$kN。因 $F_{u,i+1} = 0$，则反射的土阻力波波幅 $F_{u,i} = 10$kN，通过 i 界面后的下行（透射）压力波波幅 $F_{d,i+1} = 90$kN。在 i 界面上、下两侧的力幅值分别为 $F_i = F_{d,i} + F_{u,i} = 110$kN 和 $F_{i+1} = F_{d,i+1} + F_{u,i+1} = 90$kN。

图 2-13 土阻力作用

2.4.2 桩模型[27]

按特征线差分格式的要求，将桩划分成 N 个单元，见图 2-14。每个桩单元的截面积、弹性模量和波速均可不等，以便模拟桩身阻抗不规则的情况。单元的长度按等时原则划分，即应力波通过每个单元所需的时间相等。

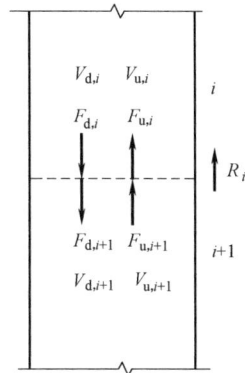

图 2-14 桩模型

桩单元的侧壁摩阻力 R_i 作用在与其相邻桩单元的界面处,第 $N+1$ 个土阻力 R_{N+1} 代表桩端阻力 R_b。

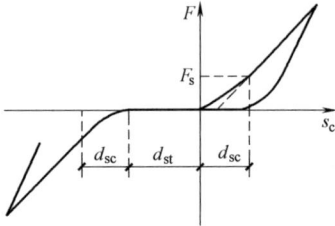

图 2-15 拉-压裂隙模型

为模拟接桩或桩身裂隙,可在桩单元相邻界面设置桩身拉-压裂隙模型。由图 2-15 可知,加载时,若相邻两单元间的相对位移 s_c 小于压缩裂隙宽度 d_{sc},可按图 2-15 考虑裂隙处压力 F 与相对位移 s_c 呈抛物线变化或考虑压力 $F=0$;当 s_c 超过 $d_{sc}(F \geqslant F_s)$ 时,裂隙闭合,F 与 s_c 呈线性变化。卸载时,F 与 s_c 呈线性变化,但卸载刚度增加 $1/C_s^2$ 倍($0 < C_s \leqslant 1$,称为恢复系数);当 F 下降至 F_s 后,F 与 s_c 又按抛物线变化。F 随位移减少至零后,将一直保持到 s_c 的绝对值等于拉伸裂隙宽度 d_{st},此间将没有拉应力通过单元界面;当 s_c 的绝对值大于 d_{st} 后,裂隙处的 F 与 s_c 变化趋势正好是压缩裂隙工作的反对称形式。除局部轻微裂隙外,较大的裂隙存在使该断面不能承受任何拉应力,相当于 $d_{st} \to \infty$。

对于敞口管桩或 H 形桩,土塞的形成使桩在贯入时产生较大的排土量,即出现闭塞效应。为了近似模拟这一特性,可把土塞的土质量等量地折算成相邻桩单元的附加质量。

2.4.3 土模型

桩的波动问题求解,涉及桩与土相互作用问题。当采用波动理论数值求解时,为简化计算,通常假定土的阻力分为静阻力和动阻力两个不相关项,即静阻力和动阻力分别只与其相邻桩单元的运动位移和速度有关,则用下式表示土阻力:

$$R_T = R_s + R_d \qquad (2-55)$$

式中:R_T——土的总阻力;

$\quad\quad R_s$——土的静阻力;

$\quad\quad R_d$——土的动阻力。

图 2-16 给出了桩身轴力分布与静阻力发挥示意图。

图 2-16 桩身轴力分布与静阻力发挥示意

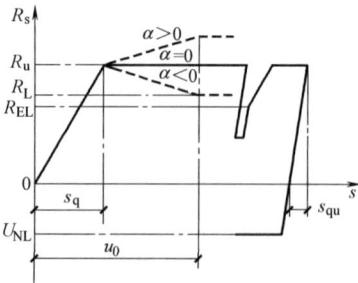

图 2-17 土的静阻力模型

1. 黏-弹-塑土阻力模型

土的静阻力 R_s 与桩单元位移 u 有关,其模型见图 2-17。图 2-17 中:R_u 为土的极限阻力,s_q 和 s_{qu} 分别为加载与卸载最大弹性变形值,R_u/s_q 和 R_u/s_{qu} 分别为加载和卸载时土的弹簧刚度;α 为土的加工硬化系数($\alpha > 0$)或加工软化系数($\alpha < 0$),$\alpha = 0$ 表示当加载位移超过 s_q 后,土阻力不再随位移增加而增加,即所谓理想弹-塑性情况,这也是目前绝大多数数值分析软件所采用的基本模型。R_L 为土的残余强度

（只有在 $\alpha<0$ 时）；u_0 为达到残余强度所需的位移，位移超过 u_0 后，α 变为零。R_{EL} 为重加载水平，当土弹簧按卸载刚度 R_u/s_{qu} 卸载后又重新加载，且静阻力 R_s 超过 R_{EL} 时，土的弹簧刚度又变为 R_u/s_q。U_{NL} 为卸载弹性限，即负向极限强度；在桩端，由于土弹簧不能承受拉力，则 U_{NL} 恒为零。

这里需要对 R_u、s_q 和 α 三个主要土参数的物理力学意义作补充说明：

土的极限侧摩阻力或极限端阻力 R_u 与土性、土类、土层埋深、成桩方式甚至桩的直径等诸多因素有关。土的应力-应变关系是非线性的，数值求解时假设为理想弹-塑性或双线性，主要是为了简化模型，减少参数，便于计算。而在桩的一维波动计算程序中，直接与土的抗剪强度指标挂钩的做法还存在着实用上的困难或不便。R_u 一般根据单桩竖向抗压静荷载试验并结合当地经验确定，当然最好的办法是通过分层侧摩阻和端阻测试来确定。在不具备静载试验数据时，可借鉴当地同条件下积累的静载试验资料；在无资料可借鉴时，可参考地方标准或行业的专业技术标准进行估算，如查承载力表。

土的最大弹性变形值 s_q 同样与土性、土类、土层埋深甚至桩的横截面尺寸等诸多因素有关。对于土层均匀或较为简单、桩长较短的摩擦型桩，s_q 可根据静载试验 Q-s 曲线的陡降起始点所对应的沉降确定，但对于长桩、端承型桩或大直径桩，它们的 Q-s 曲线一般是缓变型的，最好的办法是通过分层摩阻加沉降杆测试来解决。桩侧、桩端土 s_q 值变化范围很大[1,25-27]，如硬黏土中桩侧阻力充分发挥所需的桩土间相对位移 5~6mm，砂土 4~10mm；但也有人认为相对位移 10~20mm 时才可能使桩侧阻充分发挥。作为特例，对于结构性很强的黄土，1~2mm 的位移就可使桩侧阻充分发挥。对于桩端 s_q 值，其取值范围目前尚难明确给出，因为桩端土的破坏模式比桩侧土复杂。还有就是桩的 Q-s 曲线一般以缓变型居多，桩的承载力按变形控制，此时桩端阻力一般不会充分或较充分发挥。

土的加工硬化或软化系数 α 的引入实际是对桩侧土非线性特征的一种近似模拟，不过目前成熟的经验并不多。对于密实砂、硬黏土、超固结土和高灵敏度黏性土，可能在较小剪切变形时即达到峰值强度，随后产生加工软化，历经较大变形后达到低于峰值强度的残余强度；通常对于松砂或一般黏性土，其剪切变形曲线常表现为加工硬化，虽历经较大的变形，却不会出现峰值，见图 2-18。

图 2-18 剪应力-位移曲线

2. 桩端缝隙模型

水下钻孔灌注桩出现桩底沉渣，预制桩由于挤土效应上浮。模拟这些情况的一般做法是在桩端设置一定厚度的缝隙 G_{ap}。当桩端沉降量小于 G_{ap} 时，桩端的静、动阻力均为零。不过，对于未曾上浮或受过上拔的灌注桩，真正的缝隙就不会存在。为此，可以采用另外一种非线性桩端缝隙模型（图 2-19），以便考虑沉渣在压缩过程中的非线性：当桩端沉降小于 G_{ap} 时，端阻力-位

图 2-19 桩端缝隙模型

移曲线呈抛物线，超过后呈线性变化。通常，灌注桩的桩端常选在较好的持力层上，且有一定嵌固深度，可以认为沉渣的压实是在一维应变条件下完成的，而端阻力与沉降的抛物线变化能近似反映这一特征。

3. 土的动阻力模型

最基本的土的动阻力模型采用这样的定义——土的动阻力与相邻桩单元的质点运动速度成正比，即：

$$R_d = J_c \cdot Z \cdot V \tag{2-56a}$$

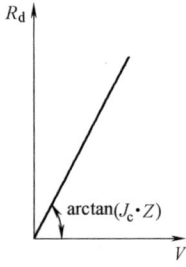

式中：J_c——凯司（CASE）无量纲阻尼系数，这种定义形式与有阻尼振动时的速度阻尼是一致的，见图 2-20。

图 2-20　土的动阻力模型

式（2-56a）关于动阻力的表达式与文献 [11] 中的高应变凯司法承载力计算公式对动阻力的定义形式相同。不过在凯司法中，J_c 只与桩的主要受力土层类别有关。至于为何采用这种定义形式，一方面出于计算简便的考虑，另一方面，就像土工试验搓土条确定塑限含水率那样，这种定义已习惯性地沿用多年。

值得说明的是，一旦凯司形式的阻尼系数给定，土的动阻力只与桩的运动速度有关。有时，这种定义就不尽合理。例如，当桩端下沉量小于缝隙 G_{ap} 时，桩端的静、动阻力本来均应很小（真实的缝隙存在时则全为零），因缺乏桩端阻力，桩端的运动速度比无缝隙时高，即动阻力比无缝隙时来得大，显然与设置桩端缝隙的本意相违背。因此，在有些数值计算程序中，桩端动阻力 R_d 按以下非线性公式计算[28]：

$$R_d = J_c \cdot Z \cdot V \cdot \frac{R_s}{R_u} \tag{2-56b}$$

它与基于史密斯（Smith）阻尼 J_s[5] 的桩身第 i 单元或节点土阻力 $[R_T]_i$ 的计算公式一致：

$$\left[\frac{R_T}{R_s}\right]_i = 1 + [J_s \cdot V]_i$$

即用式（2-55）代替上式左边的分子 R_T。因静阻力 R_s 随位移（速度 V 的积分）而变化，为方便计算将其按极限静阻力 R_u 设为定值，则 Smith 形式的 i 单元动阻力计算公式简化为：

$$[R_d]_i = [J_s \cdot R_u \cdot V]_i$$

显而易见，式（2-56a）的 CASE 动阻力与式（2-56b）的 Smith 动阻力相比，不同之处在于后者使动阻力的发挥产生滞后；J_c 和 J_s 的换算关系为 $J_{s,i} = Z_i \cdot J_{c,i}/R_{u,i}$。

2.5　锤与桩-土系统相互作用问题的简化——锤与桩相互作用

2.5.1　锤与桩的匹配

1. 广义阻抗概念

采用同一落锤且落距不变，对不同直径或不同承载力的桩进行短持续 DLT（即高应变动力检测）时，可能出现三种情况：锤不反弹，轻微反弹，强烈反弹。

锤不反弹的情况对应于桩的截面尺寸相对小、承载力相对低；锤反弹情况则一般与直径大、承载力高的桩相对应，特别当桩的直径很大或桩的承载力很高时，锤将强烈反弹。本章第 2.2 节的内容已阐明，当应力波从阻抗很大的介质传入阻抗很小的介质中时，其作用类似于软垫缓冲，反之相当于刚壁硬碰。桩贯入岩土层中时，岩土阻力的作用广义上讲也是增加了桩的阻抗，因为广义阻抗的概念为驱动量与流动量的比值。当驱动（外力）一定时，被驱动物体的阻抗越大，物体所产生的流动（运动）就越小，反之亦然。就采用动力载荷试验检测桩的承载力而言，如果没有足够的外力驱动来克服桩的广义阻抗的阻碍作用，就不能使桩产生足够大的运动，即无法充分地发挥桩周岩土阻力。我们感兴趣的广义阻抗（但不限于）为如下三项：

（1）桩身截面力学阻抗（或称波阻抗）直接对桩身运动速度的抵抗作用；

（2）近似与桩身运动速度成正比的打桩动阻力对桩身运动速度的抵抗作用；

（3）只与桩身运动位移相关的打桩静阻力对桩身运动位移的抵抗作用。

第（1）和（2）两项同属速度阻抗，且阻抗作用的影响随速度同步发生；与（1）和（2）项速度类阻抗相比，（3）项位移阻抗作用的产生将有时间滞后，而且桩的静载 Q-s 曲线形态较多为刚度递减的双曲线，位移阻抗具有先强后弱的非线性特征。在桩底或桩下部嵌固段的反射波未到达桩顶前，三项阻抗作用中的（1）项影响是第一位的，因为混凝土材料的阻抗高于桩周岩土。因此，对广义阻抗的作用研究可简化为桩身截面力学阻抗的作用研究。本节试图通过不同阻抗杆件撞击现象的分析，加深读者对锤与桩-土体系匹配概念的理解。也希望通过应力波知识的正确运用，对打桩、锤击试桩中出现的宏观现象进行合理解释。

2. 两等阻抗杆的撞击

设长度为 L_1、阻抗为 Z_1、波速为 c_1 的杆 1，以 V_0 的初始速度撞击处于静止状态的杆 2。杆 2 的长度为 L_2，阻抗为 Z_2，波速为 c_2，且 $Z_1=Z_2=Z$（但 $c_1>c_2$，$\rho_1<\rho_2$），见图 2-21（a）。由于杆 1 和杆 2 皆为等阻抗自由杆，参照式（2-34b），时间步长 $\mathrm{d}t$ 取 L_1/c_1 与 L_2/c_2 的较小者（当 $c_1=c_2$ 时，取 L_1 与 L_2 较短者作为长度步长 $\mathrm{d}x$），有：

$$\begin{cases} F_1(t \leqslant L_1/c_1) = -Z \cdot [V_1(t \leqslant L_1/c_1) - V_0] & （对杆 L_1） \\ F_2(t \leqslant L_1/c_1) = Z \cdot V_2(t \leqslant L_1/c_1) & （对杆 L_2） \end{cases}$$

利用平衡条件 $F_1=F_2$ 和连续条件 $V_1=V_2$，解得 $t \leqslant L_1/c_1$ 时：

$$\begin{cases} F_1 = F_2 = Z \cdot V_0/2 \\ V_1 = V_2 = V_0/2 \end{cases}$$

即压力波分别沿杆 L_1 和 L_2 的左向、右向传播。注意 $x=-L_1$ 为自由端，有 $F_1(-L_1, t \geqslant 0) \equiv 0$。当 $t \geqslant L_1/c_1$ 时，应力波到达杆 L_1 左端自由端，开始反射卸载拉力波，使速度加倍，但方向向左，恰好与杆 L_1 初始向右的撞击速度 V_0 方向相反，从而使原运动状态完全抵消。直到 $t=2L_1/c_1$ 及其以后，整个杆 L_1 处于静止的零应力状态，撞击过程结束；而杆 L_2 中有一个力和速度幅值分别为 $Z \cdot V_0/2$ 和 $V_0/2$ 的压力波向右传播，压力脉冲宽度为 $2L_1/c_1$。特别当 $L_1/c_1=L_2/c_2$ 时，杆 L_2 将以 V_0 的速度整体飞出，即杆 L_2

完全获得了杆 L_1 的动量或动能。将此种情况称为阻抗匹配。日常生活中，两等重量玻璃球对心碰撞情形与此类似。另外，为了在杆 L_2 上获得较宽的压力脉冲，可通过增加撞击杆 L_1 的长度来解决。

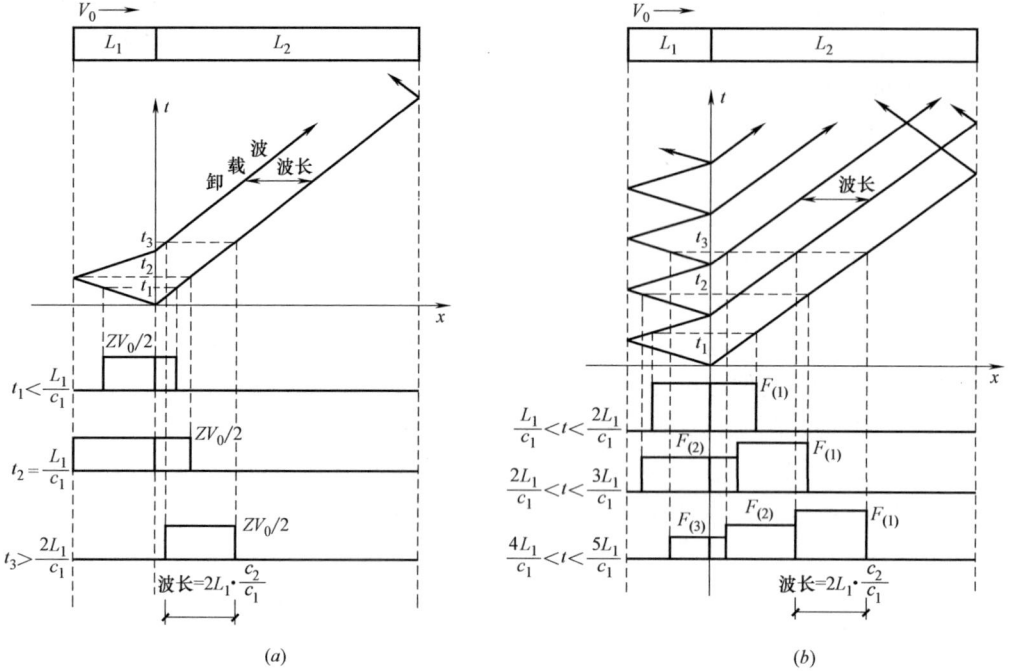

图 2-21　两杆撞击
(a) Z_1 等于 Z_2；(b) Z_1 大于 Z_2

3. Z_1 小于 Z_2 的两杆撞击

与两等阻抗杆撞击的讨论相仿，在 $t \leqslant L_1/c_1$ 时，可得到沿杆 L_1 和杆 L_2 分别传播的左行和右行压力波的力和速度幅值分别为：

$$F_1 = F_2 = \frac{Z_1 Z_2}{Z_1 + Z_2} \cdot V_0 \tag{2-57}$$

$$V_1 = V_2 = \frac{Z_1}{Z_1 + Z_2} \cdot V_0 \tag{2-58}$$

假设两杆的阻抗变化是由截面积变化引起的，若 $A_1/A_2 = 0.5$，则应力幅值比 $\sigma_1/\sigma_2 = 2$；另外与两等阻抗杆撞击情况相比，在两杆中传播的压力波力幅和速度幅均下降了。

当 $L_1/c_1 \leqslant t < 2L_1/c_1$ 时，应力波到达短杆 L_1 左端自由端，向右反射卸载拉波，此时虽然受杆 L_1 左端零应力边界条件影响有 $F_1 = 0$，但整个杆 L_1 在 $t = 2L_1/c_1$ 时的运动速度

$$V_1 = \frac{Z_1 - Z_2}{Z_1 + Z_2} \cdot V_0 \tag{2-59}$$

却小于零，杆 L_1 以小于 V_0 的速度向左弹回，撞击结束。极端情况下，当 $Z_1/Z_2 \to 0$ 时，杆 L_1 将以 $-V_0$ 的速度完全弹回。上述情况与小玻璃球对心撞击大玻璃球的现象类似，

称为阻抗不匹配。

4. Z_1 大于 Z_2 的两杆撞击

利用式（2-57）和式（2-58），假设两杆的阻抗变化是由截面积变化引起的，若 $A_1/A_2=2$，则应力幅值比 $\sigma_1/\sigma_2=0.5$；另外与两等阻抗杆撞击情况相比，在两杆中传播的压力波的力幅和速度幅均提高了。

同样当 $L_1/c_1\leqslant t<2L_1/c_1$ 时，应力波到达短杆 L_1 左端自由端，向右反射卸载拉力波，但按式（2-59），整个杆 L_1 在 $t=2L_1/c_1$ 时的运动速度大于零，则将发生第二次撞击。而且，当沿杆 L_2 右行的压力波到达其右端自由端的反射卸载波尚未返回撞击界面时，这一撞击过程将以 $2L_1/c_1$ 为时间间隔一直继续下去，见图 2-21（b），图中带括号的数字表示撞击次数。以下是按照特征线法公式（2-34b）的递进计算结果：

（1）$t=L_1/c_1$ 时，两杆第 1 次撞击的力和质点运动速度仍分别由式（2-57）和式（2-58）计算，结果为 $F_{1,(1)}=F_{2,(1)}=\dfrac{Z_1Z_2}{Z_1+Z_2}\cdot V_0$ 和 $V_{1,(1)}=V_{2,(2)}=\dfrac{Z_1}{Z_1+Z_2}\cdot V_0$；

（2）$t=2L_1/c_1$ 时，杆 L_1 中 $F_1=0$，V_1 作为杆 L_1 对杆 L_2 第 2 次撞击时的整体初始速度，由式（2-59）给出；杆 L_2 获得的第 1 次撞击矩形脉冲宽度（波长）为 $\dfrac{2L_1}{c_1}\cdot c_2$，脉冲的力和速度幅值仍由式（2-57）和式（2-58）给出；

（3）$t=3L_1/c_1$ 时，联立求解以下两式：

$$F_{1,(2)}\left(\frac{3L_1}{c_1}\right)-F_1\left(\frac{2L_1}{c_1}\right)=-Z_1\left[V_{1,(2)}\left(\frac{3L_1}{c_1}\right)-V_1\left(\frac{2L_1}{c_1}\right)\right]$$

$$F_{2,(2)}\left(\frac{3L_1}{c_1}\right)=Z_2\left[V_{2,(2)}\left(\frac{3L_1}{c_1}\right)-V_{2,(1)}\left(\frac{2L_1}{c_1}\right)\right]$$

得到第 2 次撞击在两杆接触范围 $L_1\sim\dfrac{L_1}{c_1}c_2$ 内的力和速度为：

$$F_{1,(2)}\left(\frac{3L_1}{c_1}\right)=F_{2,(2)}\left(\frac{3L_1}{c_1}\right)=\frac{Z_1Z_2(Z_1-Z_2)}{(Z_1+Z_2)^2}\cdot V_0 \tag{2-60}$$

$$V_{1,(2)}\left(\frac{3L_1}{c_1}\right)=V_{2,(2)}\left(\frac{3L_1}{c_1}\right)=\frac{Z_1(Z_1-Z_2)}{(Z_1+Z_2)^2}\cdot V_0 \tag{2-61}$$

（4）$t=\dfrac{4L_1}{c_1}$ 时，杆 L_1 中 $F_1=0$，对杆 L_2 第 3 次撞击的初始速度为 $\dfrac{(Z_1-Z_2)^2}{(Z_1+Z_2)^2}\cdot V_0$，杆 L_2 获得的第 2 次撞击矩形脉冲宽度（波长）为 $\dfrac{2L_1}{c_1}\cdot c_2$，脉冲的力和速度幅值仍由式（2-60）和式（2-61）给出；

（5）$t=\dfrac{5L_1}{c_1}$ 时，第 3 次撞击在两杆接触范围内 $L_1\sim\dfrac{L_1}{c_1}c_2$ 的力和速度为：

$$F_{1,(3)}\left(\frac{5L_1}{c_1}\right)=F_{2,(3)}\left(\frac{5L_1}{c_1}\right)=\frac{Z_1Z_2(Z_1-Z_2)^2}{(Z_1+Z_2)^3}\cdot V_0$$

$$V_{1,(3)}\left(\frac{5L_1}{c_1}\right)=V_{2,(3)}\left(\frac{5L_1}{c_1}\right)=\frac{Z_1(Z_1-Z_2)^2}{(Z_1+Z_2)^3}\cdot V_0$$

(6) $t=\dfrac{2(n-1)L_1}{c_1}$ 时，杆 L_1 对杆 L_2 第 n 次撞击时的初始速度为 $\dfrac{(Z_1-Z_2)^{n-1}}{(Z_1+Z_2)^{n-1}}\cdot V_0$；

(7) $t=\dfrac{(2n-1)L_1}{c_1}$ 时，第 n 次撞击在两杆接触范围内 $L_1\sim\dfrac{L_1}{c_1}c_2$ 的力和速度为：

$$F_{1,(n)}\left(\frac{(2n-1)L_1}{c_1}\right)=F_{2,(n)}\left(\frac{(2n-1)L_1}{c_1}\right)=\frac{Z_1Z_2(Z_1-Z_2)^{n-1}}{(Z_1+Z_2)^n}\cdot V_0$$

$$V_{1,(n)}\left(\frac{(2n-1)L_1}{c_1}\right)=V_{2,(n)}\left(\frac{(2n-1)L_1}{c_1}\right)=\frac{Z_1(Z_1-Z_2)^{n-1}}{(Z_1+Z_2)^n}\cdot V_0$$

卸载波在 $2L_2/c_2$ 时返回撞击端，杆 L_2 以大于第 n 次撞击速度的非均匀速度向右飞出。

特别当 $\dfrac{L_1}{c_1}=\dfrac{L_2}{c_2}$，且 $t=\dfrac{2L_1}{c_1}$ 时，杆 L_2 以 $\dfrac{2Z_1}{Z_1+Z_2}\cdot V_0>V_0$ 的速度整体向右飞出，而杆 L_1 以 $\dfrac{Z_1-Z_2}{Z_1+Z_2}\cdot V_0<V_0$ 的整体速度在后追赶，即杆 L_2 只部分获得了杆 L_1 的动量或动能。这种情况与大玻璃球对心撞击小玻璃球的现象类似，小球比大球跑得快。不过无需担心，这种情形只对应于桩几乎没有土阻力的情况，在动力载荷试验中很少出现，但在软土地基锤击沉桩施工中确实会遇到溜桩情况——全桩长范围尚处于软土中的预制桩，受桩锤撞击后的整桩（相当于小球）下沉速度超过了锤对桩追赶撞击的速度，锤体（相当于大球）与桩体暂时脱离，锤受重力作用加速下落，最终追上了下沉速度逐渐减慢的桩并对其实施二次打击。这应该是"大球撞小球"力学现象的实际工程佐证。当然，没有人会将以检测桩承载力为目的的桩动载试验去针对溜桩场合。溜桩现象可能偶发于桩接头脱焊、上浮、桩身中浅部断裂等质量事故中。此外，从桩-锤-土匹配的角度讲解的"重锤低击"原则，主旨是尽量提高锤击传递给桩的能量，使桩-土系统产生足够大的变形，而溜桩现象无疑属于大变形情况，但稍后的计算结果却给出"非最佳能量传递"的结论。

假设 L_2/c_2 远大于 L_1/c_1，表 2-1 给出了不同 Z_1/Z_2 比值时前 6 次撞击杆 L_2 中的力波幅值（Z_2V_0）分布结果。

前 6 次撞击时的力波幅值（Z_2V_0）沿杆 L_2 分布　　　　　　表 2-1

$\dfrac{Z_1}{Z_2}$	$F_{(6)}$	$F_{(5)}$	$F_{(4)}$	$F_{(3)}$	$F_{(2)}$	$F_{(1)}$
0.5	—	—	—	—	—	0.3333
1	—	—	—	—	—	0.5000
2	0.0027	0.0082	0.0247	0.0741	0.2222	0.6667
4	0.0622	0.1037	0.1728	0.2880	0.4800	0.8000
8	0.2530	0.3253	0.4182	0.5377	0.6914	0.8889
16	0.5034	0.5705	0.6465	0.7327	0.8304	0.9412

由表 2-1 并结合高应变试桩具体情况可见，锤阻抗的增加不会引起桩身锤击力（应力）成正比的增加，理论上 Z_1/Z_2 由 1 变到无穷大，锤击力幅值最多增加 1 倍，同样的结论也适用于桩身速度的增幅情况。当 $Z_1/Z_2 > 1$ 时，沿杆 L_1 传播的应力波由表 2-1 中的 1，2，3，…，n 个宽度为 $2L_1 \cdot c_2/c_1$ 的系列幅值递减脉冲组成。随着 Z_1/Z_2 的增加，后继脉冲的幅值衰减变缓，意味着杆 L_2 中的荷载作用持续时间延长，传递给桩的有效能量和引起桩的位移显然是随时间增加了。

2.5.2 撞击能量和动量的传递

杆 L_1 对杆 L_2 撞击后，杆 L_2 获得的撞击能量和杆 L_1 作为刚体锤时的动量变化分别由以下两式计算：

$$E_{tr} = \int F \cdot V \cdot dt \tag{2-62}$$

$$m_r \cdot \Delta V_r = \int F \cdot dt \tag{2-63}$$

式中：E_{tr}——桩锤实际传递给桩身的能量；

$m_r \cdot \Delta V_r$——刚体锤 L_1 的动量变化，其中 m_r、ΔV_r 分别为刚体锤的质量和速度改变量。

从获取能量的角度说，在锤-桩-土体系匹配（$Z_1 = Z_2$）的条件下，增加锤的落高对固定的阻抗匹配情况可使传递给桩的能量提高。例如，锤落距提高一倍，相应的撞击初速度 V_0 提高 $\sqrt{2}$ 倍，因力的计算公式中也包含了 V_0 项，力也提高了 $\sqrt{2}$ 倍；又因为阻抗匹配，速度和力的作用时间不变，则 E_{tr} 确实提高 2 倍；但位移是速度的积分，仅提高 $\sqrt{2}$ 倍。轻锤（$Z_1 < Z_2$ 不匹配）情况下，锤因反弹不可能使能量完全传递，高落距带来的高桩身应力（包括反射拉应力）引起桩的破损。另外，与桩承载力相关的桩周岩土阻力发挥直接与位移相关，锤落距不变、在匹配的基础上进一步增加锤阻抗（锤重）时，桩身的力和速度虽增幅缓慢，但各自的持续时间明显延长，使位移成倍增加。下面利用表 2-1 的数据，挑选三种情况进行比较。首先，假定杆 L_1 和杆 L_2 的质量密度相同 $\rho_1 = \rho_2 = \rho$，波速相同 $c_1 = c_2 = c$，于是杆的阻抗变化只与横截面积的变化成正比，即 $\dfrac{Z_1}{Z_2} = \dfrac{A_1}{A_2}$。撞击杆 L_1 所具有的最大动能 $E_k = \dfrac{1}{2}\rho A_1 L_1 V_0^2 = \dfrac{1}{2} m_r V_0^2$。

（1）采用表 2-1 第一行数据，$A_1 = \dfrac{1}{2}A_2$，因两杆仅发生一次撞击，用式（2-62）在 $[0, 2L_1/c]$ 积分区间计算杆 L_2 在第 1 次撞击所获得的能量 $E_{tr,1} = \dfrac{2}{9}\rho A_2 L_1 V_0^2$，并据此得到能量传递比 $C_r = \dfrac{E_{tr,1}}{E_k} = \dfrac{8}{9} \approx 89\%$，说明杆 L_2 未完全获得杆 L_1 的撞击动能。

用式（2-63）右边的冲量积分计算杆 2（桩）对杆 1（锤）的作用力冲量为 $\dfrac{1}{3}\rho_2 c_2 A_2 V_0 \cdot \dfrac{2L_1}{c_1} = \dfrac{4}{3} m_r V_0$，反算杆 L_1（锤）于时间 $\dfrac{2L_1}{c}$ 撞击结束后的末速度 $V_{end} =$

$-\dfrac{1}{3}V_0$。

（2）采用表 2-1 第二行数据，$A_1 = A_2$，因两杆仅发生一次撞击，用式（2-62）在 $[0, 2L_1/c]$ 积分区间计算杆 L_2 所获得的撞击能量 $E_{\text{tr},1} = \dfrac{1}{2}\rho A_2 L_1 V_0^2$，并据此得到能量传递比 $C_r = \dfrac{E_{\text{tr},1}}{E_k} = 100\%$。用式（2-63）计算杆 L_2（桩）对杆 L_1（锤）的作用力冲量为 $m_r V_0$，反算撞击结束后杆 L_1（锤）的末速度 $V_{\text{end}} = 0$。说明在"匹配"的条件下，撞击能量和动量均能毫无损失地传递。

（3）采用表 2-1 第三行数据，$A_1 = 2A_2$，与 $L_1 \ll L_2$ 时两杆将发生多次撞击的情况不同，下面将通过改变杆 L_2 的长度，分两种情况计算有限次撞击时杆 L_2（桩）获得的撞击能量和动量：

【情况 1，$L_2 = L_1$】因一次撞击后杆 L_2 飞离，式（2-62）的积分区间仍为 $[0, 2L_1/c]$，杆 L_2（桩）获得的撞击能量 $E_{\text{tr},1} = \dfrac{8}{9}\rho A_2 L_1 V_0^2$，相应的能量传递比 $C_r = \dfrac{E_{\text{tr},1}}{E_k} = \dfrac{8}{9} \approx 89\%$。杆 L_2（桩）对杆 L_1（锤）的作用力冲量为 $\dfrac{2}{3}m_r V_0$；时间 $\dfrac{L_1}{c}$ 后，由杆 L_1（锤）左端开始反射的卸载波使其具有向右的运动速度 $\dfrac{1}{3}V_0$，而来自杆 L_2 右端（桩端）的反射卸载波却使杆 L_2（桩）具有比杆 L_1（锤）更快的同向（向右）运动速度（其值为 $\dfrac{2}{3}V_0$）。

这预示着时间达到 $\dfrac{2L_1}{c}$ 时，两个相对方向传播的卸载波在撞击端相遇，使两杆脱离接触，即杆 L_2 的左端（撞击端）变成了自由端，必然进一步引起自由端处的速度再加倍，从而出现杆 L_1（锤）以 $V_{\text{end}} = \dfrac{1}{3}V_0$ 缓慢向右运动、而杆 L_2（桩）以 $\dfrac{4}{3}V_0$ 的速度向右（同向）快速飞离的溜桩现象。上述结论是波动理论的计算结果，采用动量守恒定律分析的结论也如此。

【情况 2，$L_2 = 3L_1$】三次撞击后杆 L_2 飞离，在第 1 次撞击结果的基础上再追加 2 次撞击，杆 L_2 获得的撞击能量以及能量传递比如下列两式的计算结果：

$$E_{\text{tr},1\sim3} = E_{\text{tr},1} + \int_{\frac{2L_1}{c}}^{\frac{6L_1}{c}} F \cdot V \cdot \mathrm{d}t = \dfrac{728}{729}\rho A_2 L_1 V_0^2 = \dfrac{364}{729}m_r V_0^2$$

$$C_r = \dfrac{E_{\text{tr},1-3}}{E_k} \approx 99.86\%$$

三次撞击过程中，杆 L_2（桩）对杆 L_1（锤）的力冲量积分值等于 $\dfrac{26}{27}m_r V_0$，$\dfrac{6L_1}{c}$ 撞击结束时，杆 L_2（桩）自左向右的桩身运动速度为 $\left(\dfrac{4}{9} \sim \dfrac{20}{27}\right)V_0$，但杆 L_1（锤）的末速

度已接近静止 $\left(V_{\text{end}} = \frac{1}{27}V_0\right)$，可认为此溜桩现象相对轻微。需要说明，由于两杆撞击一次产生的矩形脉冲波长为 $2L_1 \cdot c_2/c_1 = 2L_1$，且 $L_2 = 3L_1$，故撞击后的任意时刻，沿 L_2 桩身全长的受力和运动状态将不均匀。按动量定理，可由作用于 i 桩段（$i = 1, 2, \cdots, 6$）的力 $F_{(i)}$ 之和得到冲量，即 $\int \left(\sum_{i=1}^{n} F_{(i)}\right) \cdot \mathrm{d}t = \sum_{i=1}^{n} \int F_{(i)} \cdot \mathrm{d}t$；按动量守恒定律计算杆 L_1（锤）的末速度 V_{end} 时，则需按同一时刻各桩身段的运动速度乘以该桩段的质量，将分段 L_2 桩体的动量累加得到桩的整体动量。

对比可见，$Z_1 > Z_2$ 情况下两杆撞击只有在 $L_1 \ll L_2$ 时才能实现能量的无损失传递。出现溜桩现象时，虽然锤受重力作用仍可追赶上桩并实施二次打击，但作为动力检测，因一般信号的采样时长对短持续动载试验即高应变试验（DLT）约为 100ms，对长持续动载试验即快速载荷试验（RLT）约为 500ms，锤二次追赶撞击时的信号可能落在了采样时长以外，或即便落在采样时长以内，该二次撞击的冲击力幅值以及能量会相对较低，据此来分析计算桩承载力的实用意义已很有限。因此，不论是长持续、还是短持续动载试验，关注点应放在锤与桩的第一次接触撞击上。

最后，说明一下引入动量传递概念的初衷。对已施工完成桩的落锤式动力载荷试验，通常在锤-桩之间不会设置厚重的替打组合体（由锤垫、砧座、桩帽、桩垫等全部或部分组成），利用动量定理和动量守恒定律，可分别将桩顶实测的作用力冲量和运动速度与落锤的运动状态直接建立定量关系，且不涉及组成并影响锤-桩-土系统力学行为的桩、土材料本构关系。相关的应用将陆续在本书第 5 章和第 7 章介绍。

2.5.3 刚体撞击弹性杆

这是一种极端情况。钢材质锤的波阻抗（ρc）比混凝土桩的波阻抗高约 $4 \sim 5$ 倍。因此可将锤假设为刚体，质量为 m_r，撞击初速度为 V_0，对于长度为 L、截面积为 A 的混凝土弹性杆有：

$$F = \rho c A \cdot V$$

对锤体利用牛顿第二定律，有：

$$F + m_r \frac{\mathrm{d}V}{\mathrm{d}t} = 0$$

得到一阶齐次常微分方程如下：

$$\frac{\mathrm{d}V}{\mathrm{d}t} + \frac{\rho c A}{m_r} V = 0$$

由该方程的解得到桩身撞击力 F 的表达式：

$$F = ZV = ZV_0 \cdot \exp\left(-\frac{Z}{Z_r} \cdot \frac{c_r}{L_r} t\right) = ZV_0 \cdot \exp\left(-\frac{m_p}{m_r} \cdot \frac{c}{L} t\right) \tag{2-64}$$

上两式中，m_r 为锤的质量，$Z = \rho c A$、$m_p = \rho A L$ 分别代表杆（桩）的阻抗和质量。

显然 $m_p/m_r \to 0$ 时，$V \to V_0$，桩顶力值不随时间变化，相当于一个幅值为 ZV_0、持续时间为无限长的阶跃脉冲，亦即静载作用。m_r 渐小使荷载脉冲呈指数形式迅速衰减，这和

图 2-22 $t<2L/c$ 时不同 α_{rp} 的桩顶撞击力曲线

表 2-1 所示的趋势吻合，见图 2-22 中的实线。如果假定锤和桩的材质相同，取作为锤的弹性杆长度 $L_r=L/8$、$Z_r/Z=4$，则换算可知 $m_r=m_p/2$。取表 2-1 与 $Z_r/Z=4$ 对应行的 6 次撞击力阶跃（$F_{(1)}$，$F_{(2)}$，$\cdots$，$F_{(6)}$）数值并用虚线也绘于图 2-22。如此对比可知：只要锤与桩的质量比 $\alpha_{rp}=m_r/m_p$ 一定，不论锤是 $Z_r/Z\geqslant 1$ 的弹性杆还是刚体，锤对桩撞击产生的力冲量相等。

图 2-22 示例还说明，使用小锤高落距虽然可获得较高的冲击应力和速度峰值，但对具有一定轴心抗压强度的材料而言，所能承受的锤击压应力是有限的；由于脉冲宽度变窄，位移增幅也是有限的，且大大增加了桩身中的波传播效应，造成动载试验承载力分析时的不确定性增大。这就是为什么短持续高应变动力载荷试验要强调"重锤低击"的原则。

需要说明，"重锤低击"是相对"轻锤高击"而言的，因此两者的能量、动量传递的差异比较一定是基于等势能（或冲击动能）条件。图 2-22 已证明，具有相同质量 m_r 的弹性杆或刚体对半无限长自由桩撞击所产生的冲量相等。这对普遍存在的矮锤、长桩情况下锤与桩相互作用的描述，使用质量比要比使用阻抗比直观。例如，设撞击杆（锤）与被撞击杆（桩）的材料特性和截面阻抗相同，锤的高度是桩的 50%，即 $\alpha_{rp}=0.5$。撞击后桩身的最大压力和拉力分别为 $0.5\times ZV_0$ 和 $-0.5\times ZV_0$。现锤的阻抗增大 1 倍，按等势能条件比较以下两种情况：

$\alpha_{rp}=0.5$ 维持不变、相当于 $Z_r/Z=2$、锤的高度降为桩长的 25%，按等势能条件锤的撞击初速度仍为 V_0，计算的桩身最大压力和拉力分别为 $0.667\times ZV_0$ 和 $-0.642\times ZV_0$。

$\alpha_{rp}=1$，锤重增大 1 倍，相当于 $Z_r/Z=2$、锤的高度为桩长的 50%，按等势能条件锤的撞击初速度应降为 $V_0/\sqrt{2}$，计算的桩身最大压力和拉力分别为 $0.471\times ZV_0$ 和 $-0.314\times ZV_0$。

如此，重锤低击对控制桩身应力的效果，一目了然。

至此，本节用应力波理论，对重锤低击的概念进行了完整诠释。

2.6 尺 寸 效 应

日常生活中，可看到阳光是通过窗户直线入射到房间里，这是因为光波的波长与窗户的开口尺寸相比很小（若障碍物尺寸逐渐减小到接近可见光波长时，将产生渐强的狭缝或小孔衍射现象）；而当窗户打开时，我们可以在大厅的任何角落听到窗外的声音，这是因为声波的波长与窗口尺寸相近，是波产生了绕射作用的结果。低应变检测和声波透射法检测中，我们常说低频波（波长长）衰减小，而高频波（波长短）衰减快。

2.6.1 研究尺寸效应的意义

低应变反射波法的理论基础是一维弹性杆纵波理论。采用一维弹性杆纵波理论的前提是激励脉冲频谱中的有效高频谐波分量波长 λ_0 与被检基桩的半径 R 之比应足够大，即：

$$\frac{\lambda_0}{R} \geqslant 10 \tag{2-65}$$

否则平截面假设不成立，即"一维纵波沿杆传播"的问题转化为应力波沿具有一定横向尺寸柱体传播的三维问题。例如，谐波波长 $\lambda=4\mathrm{m}$，满足式（2-65）的条件为桩的直径不大于 0.8m。

另外，激励脉冲的波长与沿纵波传播方向的桩身某一尺度 x' 相比又必须比较小，即：

$$\frac{\lambda_0}{x'} \ll 2 \tag{2-66}$$

否则桩身 x' 尺度范围内的运动更接近刚体，波动性状不明显，从而无法准确探测具有较小纵向尺寸范围内的桩身缺陷程度和浅部缺陷的深度。

显然桩的横向、纵向尺寸（缺陷纵向尺寸和缺陷最浅深度）与激励脉冲波长的关系本身就是矛盾，这种尺寸效应在大直径桩（包括管桩）和浅部严重缺陷桩的实际测试中尤为突出。

关于"纵波"沿柱体传播的尺寸效应研究，波赫汉默、瑞利、考尔斯基和琼斯等人相继做过较详细的报道[2,36]。早期的学者们利用无限的正弦波系列，研究其沿半无限长钢圆柱传播特性。在圆柱侧表面应力为零的边界条件下，导出频率方程并指出：不同波长的正弦波在半径一定的柱体中或一定波长的正弦波在不同半径的柱体中均以不同的相速 c' 传播。值得一提的是，瑞利考虑杆的横向运动（惯性效应），利用能量的方法，得到如下近似方程：

$$\frac{c'}{c} = 1 - \nu^2 \pi^2 \left(\frac{R}{\lambda_0}\right)^2$$

显然当 $\lambda_0/R \to \infty$，$c' \to c$，即相速度就是一维杆的纵波波速。当然，这个近似解对 λ_0 接近或小于 R 时不适用。

事实上，当比值 λ_0/R 很小时柱体中的运动主要集中在柱的顶面，并且随深度的增加很快减小，好像在半无限体中的表层瑞利波一样。当 λ_0/R 降至 1.17 时，圆柱顶面 $r=R$ 处的纵向位移和 $r=0$ 处的纵向位移之比为 -1。这种分布不匀的位移场、应力场的形状就像橡皮土强夯后周边隆起的夯坑那样。

2.6.2　时域信号中存在的一维纵波波速测不准现象

在反射波法的测试中，力棒或手锤激励脉冲的形状较接近钟形（高斯曲线）脉冲。我们先定义钟形力脉冲的宽度及其所对应的特征波长，如图 2-23 所示。将相当于钟形力脉冲最大幅度 10% 的两点之间时间差定义为该钟形力脉冲的宽度 T_P，并将 T_P 与介质的一维纵波波速的乘积定义为该脉冲的特征波长，即 $\bar{\lambda}=c \cdot T_\mathrm{P}$。手锤力脉冲作为假想集中力作用于桩顶圆心时，即使不熟悉波动力学，我们仅根据静力学知识也能知道在桩顶将产生形如图 2-24 所示的半球面应力场，平截面假设是不成立的。如果以波动力学的视角，图

2-24 中的半球面则代表着以不同传播速度向四周传播的压缩波（P 波，也称为纵波）和剪切波（S 波）的轨迹（波阵面），两种波也统称为体波。不仅如此，在桩的顶面，也有 P 波、S 波以及接下来谈及的桩顶以下浅层出现的次生表面波（R 波）四散传播。在激励之后很短的时间内，体波波阵面未到达桩侧表面而保持半球面状。随时间的增加，球的半径也逐渐增大。当桩的直径足够大，激励脉冲足够窄（$\bar{\lambda}$ 足够短），则在沿桩顶面传播的波运行至周边之前，情形与半无限体类似，离开波源的体波扰动将在桩顶自由表面产生次生的弹性表面波，也就是瑞利波（R 波）。压缩波、剪切波和瑞利波的传播速度分别为：

P 波波速

$$c_P = \sqrt{\frac{1-\nu}{(1-2\nu)(1+\nu)} \cdot \frac{E}{\rho}} = c \cdot \sqrt{\frac{1-\nu}{(1-2\nu)(1+\nu)}}$$

S 波波速

$$c_S = c \cdot \sqrt{\frac{1}{2(1+\nu)}}$$

R 波波速

$$c_R = K \cdot \sqrt{\frac{1}{2(1+\nu)}} \cdot c = K \cdot c_S$$

图2-23　钟形力脉冲及其频谱

图 2-24　集中力在桩顶产生的波场

上述式中，E、ν、ρ 分别为介质的弹性模量、泊松比和质量密度；K 为由材料特性 ν 决定的常数。如果记 $\xi = \dfrac{1-2\nu}{2(1-\nu)}$，则 K 可由下面的方程确定：

$$K^6 - 8K^4 + (24 - 16\xi)K^2 + 16\xi - 16 = 0$$

对于混凝土，一般取 $\nu = 0.2$，数值解上述方程得 $K = 0.9110$。

根据小理查特等[37] 提出的研究成果，由初始激励所激发的应力波中，R 波占有大部分能量，S 波次之，P 波所携带的能量最小。各波在由圆心敲击点以不同的波速传向实心桩顶面周边的途中，幅值都将衰减，但衰减速率以 R 波最慢。在实际测试中，距圆心敲击点不同距离 r 上的点测得的初始质点运动速度峰值不同，到达的时刻也有先有后。对于管桩也是同样，不过从平均速度的效果上看，各波是沿桩顶部位的管壁圆环中心线 $(R_1 + R_2)/2$ 的外侧某一环线向两个相反方向传播（式中 R_1 和 R_2 分别为管桩的外壁和内壁半径）。若记敲击点处产生最大速度峰值的时刻为 t_0，对于圆柱体，在与圆心距离为 r 的圆周上速度达到最大值的时刻基本满足：

$$t \approx t_0 + \frac{r}{c_R} \qquad (2\text{-}67)$$

而对管桩基本满足：

$$t \approx t_0 + \frac{\theta \pi R_1}{180 c_R} \qquad (2\text{-}68)$$

式中：θ——敲击点与传感器接收点间的管壁圆弧所对应的圆心角。

　　这里需要特别指出，位于圆柱顶面外围接近周边的点，其速度峰值会不同程度地受到由周边反射回来的应力波以及可能被激励出的更高阶径向振型影响；而对于管桩，波在顶面管壁的反射与相互作用就更为复杂。所以，t 与 r 或与 θ 之间的线性关系是近似的。通过有限元计算，下面分别绘出了距敲击点不同位置处圆柱体和管桩顶面的速度峰值滞后情况（图 2-25、图 2-26）。通过现场实测比较，证实与计算结果有良好的一致性[32,38-39]。

　　由图 2-25 和图 2-26 可以发现，尽管在敲击很短时间内桩顶面各点的速度响应幅值不同、各峰滞后时间各异，且后继波形不同程度地叠加有高频谐波（后面将深入讨论），但 $2L/c$ 时刻反射回桩顶的速度峰值不仅同幅，而且是同一时刻。事实上，由于桩长一般比桩径大很多，波传到桩的下部时，可视该波阵面为一平面，当由桩底反射回桩顶时，使桩顶面各点同时接收到反射信号，且幅值相等。有鉴于此，在实际工程桩测试时，锤击点总会与传感器接收点有一定距离，接收点测到的入射速度峰总比锤击点处的速度峰时间滞后。按入射峰-桩底反射峰确定的一维纵波波速将比真实的高；反过来，若已知正确的波速，则确定的缺陷位置将比实际的浅。这种时间滞后从锤击点起由近及远地线性增加，特别对大直径桩或直径较大的管桩将趋于明显。

图 2-25　圆柱体顶面不同半径上的速度曲线

图 2-26　管桩顶面管壁不同夹角处的速度曲线

举例：

（1）ϕ1200mm 灌注桩，正确波速 $c = 4000$m/s，测点置于 $r = 2R/3 = 0.4$m，$L = 10$m。取 $\nu = 0.2$，$c_R = 2352$m/s，得到不正确的波速约为 4141m/s，比正确值高 3.5%；若 $L = 20$m，则比正确值高 1.7%。

（2）ϕ600mm×100mm 管桩，正确波速 $c = 4000$m/s，测点置于夹角 $\theta = 135°$ 处，$L = 10$m。得到不正确的波速接近 4256m/s，比正确值高 6.4%。

　　注意上述分析针对的是等截面桩。当桩身截面尺寸改变时，因一维理论只能考虑波的直线传播，不能计及波在变截面处的绕射而使波传播路径延长的情况，即测定的一维纵波波速又比真实的偏低。

2.6.3　高频干扰

1. 高频干扰的强弱与 $\bar{\lambda}/R$ 有关

同一个锤击振不同直径的桩时，桩径越大，得到的脉冲宽度越窄。这一现象已在本章第 2.5 节得到理论证明。在以手锤敲击的大直径桩低应变测试中，常出现一种与测量系统频率特性无关的高频干扰，桩径越大脉冲宽度越窄时尤其严重，其幅值随时间衰减较慢，对缺陷反射包括桩底反射有一定的掩盖作用。下面我们试着用 P 波、S 波和 R 波在桩顶表面传播的能量分配、衰减特性以及周边反射特性，说明三种波对桩顶质点纵向运动速度的影响。

（1）作为体波的 P 波和 S 波沿桩顶面传播时振幅以 r^{-2} 衰减，遇周边桩侧表面后反射向桩心。由于 P 波导致的顶面质点运动方向是平行于波阵面的水平和竖向推拉运动，且其本身所占激励能量很小（7%），所以体波对质点运动速度的影响主要来自 S 波。

（2）R 波振幅以 $r^{-1/2}$ 的衰减规律沿顶面传播，遇周边桩侧表面的 R 波反射情况在理论上研究可能还不充分。一种观点是 R 波在周边犄角处将反射体波并通过犄角沿桩侧表面向下传递 R 波，情况比较复杂[2]。而且还有一点至今尚未定论：向犄角侧壁入射的 R 波是否有一部分能量又沿顶面反射回来？这部分能量到底有多少？犄角处反射的体波（这部分反射的体波可能又在桩顶附近的桩侧表面来回反射）和通过犄角沿桩侧表面向下传递的 R 波所占能量又是多少？确实，R 波不可能只沿桩顶表面传播，否则无法解释测桩时的确有不少的能量传到了桩底，并最终以一维平面应力波的形式反射回桩顶。暂且不谈 R 波到达桩顶侧表面后的传播特性及所携带的能量多少，鉴于初始激励的 R 波在半无限体表面传播的幅值衰减缓慢，所携能量占总激励能量的 67%，可确认它对桩顶面质点纵向速度的影响不容忽视。

由此可见，影响桩顶面质点纵向运动速度的首要因素是由周边来回反射的 S 波。而 S 波、P 波和 R 波在桩顶面的耦合作用将激励出桩的径向振型。实际测试中，桩径远远没有大到能将沿顶面运行的各种波分离的程度，P 波在不规则边界上反射还可衍生出 S 波，故桩顶面上的波动是极其复杂的，各种运行在桩顶面的波的叠加将以某一个或多个振型的形式出现。由于桩的几何尺寸和材料常数是不变的，各种波在周边的反射规律也即径向振动振型是固有的，各种波的周边反射信息定会依据所占能量大小的不同在相应的径向振型中体现出来。这就使得估计因尺寸效应而产生的干扰波频率成为可能。虽然目前尚不清楚 R 波在侧壁边界的反射特性，但对实心圆形截面桩，桩顶的一阶径向振型频率 f_T 可按下式估算：

$$f_{R(假想)} \leqslant f_T \leqslant f_S$$

式中

$$f_S = \frac{c_S}{2R} \tag{2-69}$$

$$f_{R(假想)} = \frac{c_R}{2R} \tag{2-70}$$

实际在工程测试中，虽无法证明 f_R 的存在，但 f_S 和 f_R 两者的差别不大，因而在频域中并不体现为两个独立的高频峰，而只出现一个介于 f_S 和 $f_{R(假想)}$ 之间的一个高频峰 f_T。

类似地，管桩的一阶径向振型频率可由下式估算：

$$f_T = \frac{c_S + c_R}{2\pi(R_1 + R_2)} \approx f_S \approx f_{R(假想)} \tag{2-71}$$

图 2-25 和图 2-26 已很清楚地显示了对应一阶径向振型频率的干扰波存在（但图 2-26 中 90°测点的干扰波频率比其他测点处的干扰波频率高 1 倍，相当于二阶振型频率）。如果激励脉冲更窄，可能还会激励出更高阶振型频率的干扰波。图 2-27 给出了半径 $R = 0.5\text{m}$ 的圆柱体在同幅不等宽力脉冲作用下的有限元计算出的柱顶速度响应曲线，其干扰波频率 $f_T = 2148\text{Hz}$，介于理论计算的 $f_R = 2008\text{Hz}$ 和 $f_S = 2205\text{Hz}$ 之间，且随激励脉冲变窄，高频干扰渐强。图 2-28 给出了 $T_P = 1\text{ms}$ 宽脉冲时不同半径圆柱体的柱顶速度响应曲线，由图 2-28 可知：随着半径的增加，f_T 减小，高频干扰渐强。这种高频干扰随 $\bar{\lambda}/R$ 的减小而渐强的情况可用图 2-29 的工程实例说明。管桩在 90°点的计算例子见图 2-30，所给出的结果与图 2-27 类似。不过按式（2-71）计算得到的 $f_T = 1225\text{Hz}$，而图 2-30 计算曲线的高频干扰波频率为 2350Hz，这是因为 90°点处对于奇数（1，3，5，…）阶振型相当于驻点，它只对偶数阶振型敏感（图 2-26）；再由图 2-31（b）也可看出 45°点处的干扰波幅较强，但一阶干扰频率比 90°点处小 1 倍。两个频率分别为 2800Hz 和 5600Hz。

图 2-27 不同宽度力脉冲作用下的圆柱顶响应

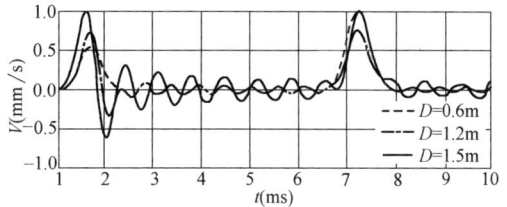

图 2-28 不同直径圆柱体的柱顶响应

2. 高频干扰的强弱也与传感器安装位置有关

上述计算与实测的干扰波结果不仅与 $\bar{\lambda}/R$ 有关，还与传感器安装位置有关。计算表明：

图 2-29 不同宽度力脉冲作用下 1.3m 直径人工挖孔扩底桩实测波形（无护壁，桩侧为可塑-硬塑黄土，桩端在卵石层）

图 2-30 $\phi800\text{mm}\times110\text{mm}$ 管桩在不同宽度力脉冲作用下 90°点的计算桩顶响应

图 2-31 不同宽度力脉冲作用下 $\phi 400\text{mm} \times 95\text{mm}$ 管桩的实测波形

(a) 宽脉冲；(b) 窄脉冲（45°点波形畸变较明显，干扰波频率为 2800Hz）

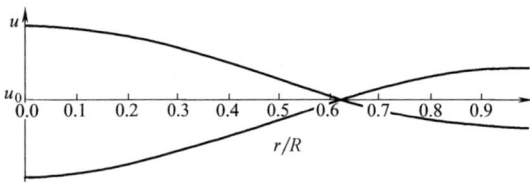

图 2-32 圆柱顶面各点相对于 $2R/3$ 点处的干扰振幅包络

（1）对于圆柱体，瞬态集中力作用在圆心处，虽然在距圆心不同距离的点上所感受到的一阶高频干扰频率一样，但速度振幅不同（图 2-25），高频干扰振幅的最小点约在距圆心 $2R/3$ 处。图 2-32 是以 $2R/3$ 处位移振幅 u_0 作基准（0dB 点）的顶面各点振幅包络线，从中可看出敲击结束后不同 r 处的振幅相对变化情况。图 2-33 是一根 $L = 53$ m，$\phi 1200\text{mm}$ 的灌注桩（桩顶以下 2.5m 的护筒直径为 1.4m）在同一脉冲激励下，在距桩顶中心 $R/3$ 和 $2R/3$ 处测得的速度波形对比。从波形图和频谱图都可清晰看出 $2R/3$ 处所受到的高频干扰较 $R/3$ 处小。需要说明的是，高频干扰振幅最小点并不是精确存在于 $2R/3$ 处；因为实际的桩身也不可能是形状规则、质地均匀的圆柱，$\bar{\lambda}/R$ 较小时还能激发出更高阶的径向振型，一阶与高阶振型叠加使 $2R/3$ 处不是"驻点"，即传感器即便置于 $2R/3$ 处，所得信号也同样会受到较强的高频干扰波的影响。所幸的是常规试验中激励脉冲不会很窄，高频分量有限，高阶振型被激发的问题并不突出。

（2）对于管桩，90°点对奇数阶振型不敏感，而在常规试验中只要激励脉冲不是很窄，二阶及其以上径向高阶振型就不会被激发出来。当然，若激励脉冲较宽，一阶振型也不会被激励出来。所以，该点为较理想的传感器安装点。图 2-34 和图 2-35 分别给出了 $\phi 800\text{mm} \times 110\text{mm}$ 管桩在不同夹角、不同脉冲宽度条件下的计算和实测频谱。

图 2-33 桩顶 $R/3$ 和 $2R/3$ 处速度响应比较

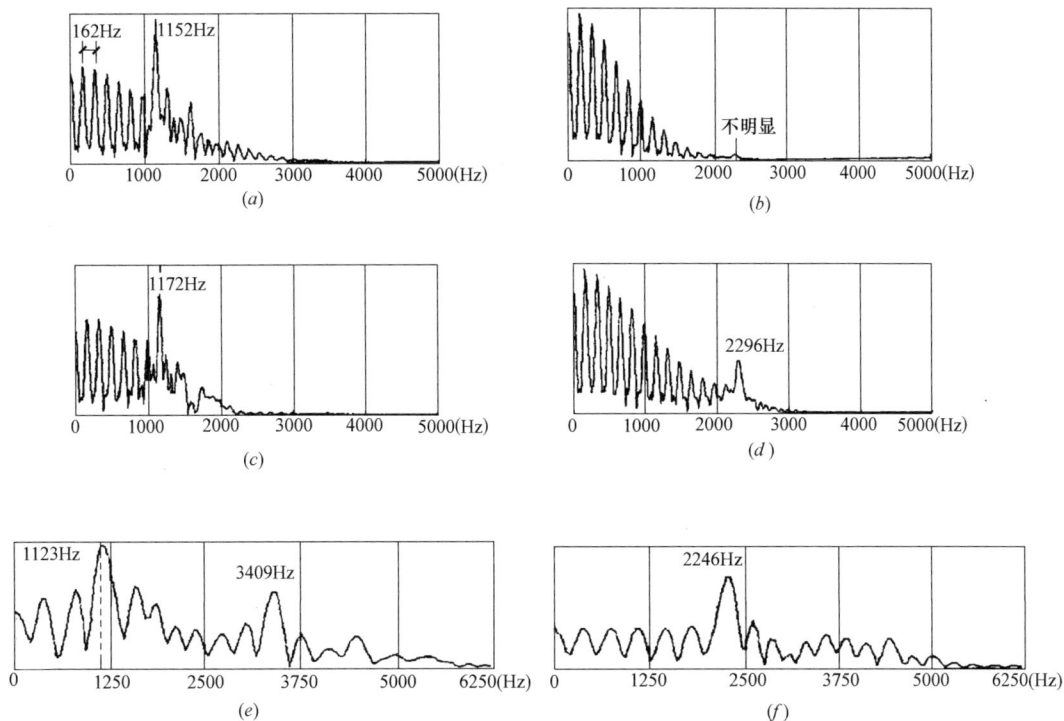

图 2-34　φ800mm×110mm 管桩在不同夹角、不同脉冲宽度时的计算速度频谱

（a）45°，T_P=0.6ms；（b）90°，T_P=0.9ms；（c）135°，T_P=0.6ms；

（d）90°，T_P=0.6ms；（e）135°，T_P=0.3ms；（f）90°，T_P=0.3ms

图 2-35　φ800mm×110mm 管桩在夹角 90°、不同脉冲宽度时的实测速度频谱

（a）窄脉冲；（b）宽脉冲

2.6.4　纵向尺寸效应——浅部严重缺陷"盲区"的澄清

图 2-36 为一根长 10m，波速 4000m/s，在浅部范围内缩颈的 φ600mm 自由桩，采用两种特征波长的脉冲激励后，分别计算出的桩顶速度曲线。图中实线表示三维（3D）数值计算曲线，虚线表示一维（1D）数值计算曲线。在图 2-36 上图中，激励脉冲的波长较长，致使入射波的波长与缺陷上段长度的比值过大，此时该桩段的运动主要表现为类似于二阶单自由度质量-弹簧系统的低频振动。质量块即为缺陷以上的桩段，弹簧为缺陷处的桩身。在不引起桩顶面显著高频干扰波的前提下，采用较短波长的脉冲激励时（图 2-36下图），除得到与上图一致的低频大摆动外，还在此低频振型上叠加了一个与应力波在缺

陷段来回反射频率对应的高频振型。作为比较，图 2-37 给出了一根 $\phi400\text{mm}$ 振动沉管桩浅部缺陷采用两种激励脉宽的实测结果。

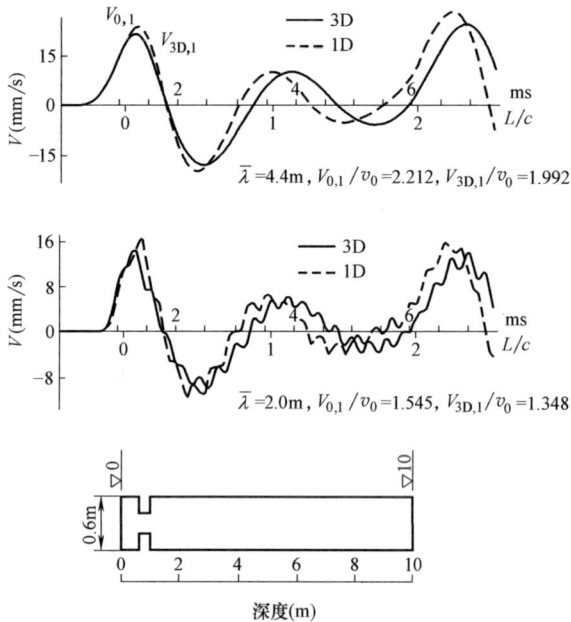

$\bar{\lambda}=4.4\text{m}, V_{0,1}/v_0=2.212, V_{3D,1}/v_0=1.992$

$\bar{\lambda}=2.0\text{m}, V_{0,1}/v_0=1.545, V_{3D,1}/v_0=1.348$

图 2-36　浅部严重缩颈桩对不同脉宽激励的
计算速度曲线（缩颈直径 0.2m，范围 0.6～1.0m）

由图 2-36 算例可知：只要激励脉冲不是很短，不论是 3D 数值计算还是 1D 数值计算均得到相近的结果（3D 和 1D 的主要差别是前者的波形产生时间滞后，这是因为在变截面处，3D 计算存在应力波传播路径的延长问题）；当脉冲波长较长时，浅部缺陷段的波动性状不明显，无法用一维理论的缺陷定位准则 $x=c\cdot\Delta t/2$ 进行准确缺陷定位；且当缺陷位置很浅、缺陷严重时，起始速度峰值 $V_{0,1}$ 或 $V_{3D,1}$ 与一维理论算出的速度峰值 $v_0(=F/Z)$ 之比可超过 2。因此，大振幅的低频宽幅大摆动波形应是浅部严重缺陷桩的共性。而用窄脉冲能否有效判断浅部缺陷的位置，要看浅部缺陷的严重和深浅程度以及桩的横向尺寸，也即，没有发现不了的浅部严重缺陷，只存在浅部缺陷准确定位问题。

最后需要说明：上面讨论的所谓"盲区"问题相当于纵向尺寸效应问题。一维应力波理论是在杆的横向尺寸影响可以忽略的背景下建立的，但并不排除浅部有严重缺陷的情况，不存在不符合或不适用的问题，联想一下集中质量法差分求解波动问题就容易理解了——将桩分成许多刚性质量块，质量块之间由不同刚度的弹簧连接。笔者认为这一问题已得到较好的解

图 2-37　浅部缺陷桩实例
（桩顶下 1.0m 处水平裂缝，
上部土层为可塑粉质黏土）
（a）窄脉冲；（b）宽脉冲

决，而且在测桩实践中，浅部严重缺陷也最容易判断，只是不能精确指出位置是"0.4m"还是"0.49m"而已。如果刻意用极窄脉冲寻求"准确"定位，横向尺寸效应的影响将加剧。

2.6.5 纵向尺寸效应——横截面阻抗变化的纵向尺度越小，反射波幅值越低

按一维杆波动理论的平截面假设，反射波法检测的阻抗变化程度与阻抗沿桩纵向的变化范围（尺度）无关，即检测的是桩身横截面阻抗变化，与图 2-38 中的缩颈段宽度 B 的大小无关。但不幸的是，缺陷也存在不利的"纵向尺寸效应"。按图 2-38，共制作了 6 根不同缩颈段宽度 B 的模型桩。工厂制作条件为：C40 细石混凝土，主筋 $4\phi10$，横截面尺寸（包括缩颈部位）偏差 ±2mm。现场埋设条件为：水平埋设，两端外露，上覆土厚 $30\sim40$cm。检测波形见图 2-39。

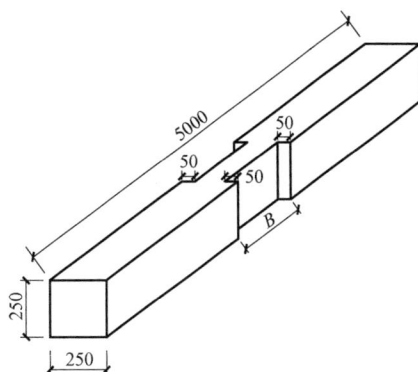

图 2-38 模型桩（B 为缩颈段宽度，单位：mm）

测试结果表明：6 根模型桩具有同样的缩颈程度（$\beta=Z_2/Z_1=0.6$），但 $B=50$mm

图 2-39 6 根模型桩的速度测试波形

(a) $B=50$mm；(b) $B=100$mm；(c) $B=200$mm；(d) $B=400$mm；(e) $B=800$mm；(f) $B=1600$mm

时，缩颈反射极不明显；B 达到 400mm 后，缩颈反射幅值才达到最大。对于长、短波长成分相对固定的纵波脉冲，当其主要脉冲成分的波长越长、沿纵波行进方向的阻抗变化纵向尺度越小时，所引起的纵波反射就越弱。这就是为什么跨孔超声法不可能为提高声时测量精度而盲目提高发射脉冲频率，因为混凝土的粗骨料粒径几厘米，超声脉冲波长约为分

图 2-40 管桩桩身微裂隙
（以上图像和波形由福建省建筑科学研究院提供）

米级，波传播时将产生绕射，好像粗骨料这种"障碍"不存在一样。对反射波法测桩，端头板焊接良好的预制管桩不会出现明显的"似扩径"反射；由此推理，在桩身浇筑一块薄木板，也不应看到明显的"似缩颈"反射，对闭合型的管桩桩身裂隙或接头焊接不良可能也如此。以下实例为 PHC600 管桩孔内摄像发现 7.72m 深度处因微裂隙渗水在桩内壁出现水渍，但低应变检测波形没有裂隙反射的迹象，见图 2-40。

纵向尺寸效应实际是波长较长的应力波在通过小尺度障碍（阻抗变化）传播过程中产生绕射的现象，形象地说就叫"畅通无阻"。1992 年在第四届"应力波理论在桩基工程中应用"的国际会议期间，曾开展了一次面向所有参会者开放的低应变完整性测试竞赛。共有 10 根水平放置的现浇缺陷、扩径或完整桩，所设置的阻抗变化情况是公之于众的。竞赛时，这些桩的桩端暴露以便测试，但桩身被遮盖，使参赛者无法看到桩身阻抗变化。竞赛规则要求参赛者通过测试将识别出的"阻抗变化"分别与 10 根桩对号入座。结果是竞赛冠军者正确识别出了 7 根桩，所有参赛者的平均成绩是正确识别出 4 根桩。当时有一个"奇怪"的特例——部分桩设有"横截面积减少 50%、纵向宽度为 10mm"的缺陷，竟无一参赛者能识别出。遗憾的是，直到 12 年后召开了第七届国际会议，出版的会议论文集上登载了涉及此特例"奇怪"现象的分析，但仍未能给出合理的解释[57]。其实，基于纵向尺寸效应的概念，所有参赛者没有测出这批特例桩的缺陷才是"正确的结果"。

2.6.6 影响深度问题

如前所述，要将一根桩作为一维杆件处理，基本假定之一是平截面假设成立，显然，在集中荷载作用下，桩的顶部不符合这一假定。那么，从多大深度 z 开始，就可以认为桩在同一截面上各质点具有大致相同的运动状态呢？

首先定义判断平截面假设基本成立的标准：从顶面受到激励开始记录桩的中轴线上各点的速度，当某一水平截面圆心的速度达到第一个峰值时，比较该截面上各点速度值，如果截面上的最大速度与最小速度相差小于最大值的 10% 时，即认为该深度 z 平截面假设成立。并将平截面基本成立的最浅深度定义为影响深度 z_n。

将 $\bar{\lambda}$ 对半径 R 归一化。根据计算，将不同深度截面上的速度幅包络绘于图 2-41。图中 V_0 是按一维理论 F_0/Z 计算得到的速度值。可以看出，z_n 与 $\bar{\lambda}/R$ 有关。通过计算，并

$R=0.75\mathrm{m}, \bar{\lambda}/R=3.73$ $R=0.3\mathrm{m}, \bar{\lambda}/R=4.93$ $R=0.3\mathrm{m}, \bar{\lambda}/R=7.40$

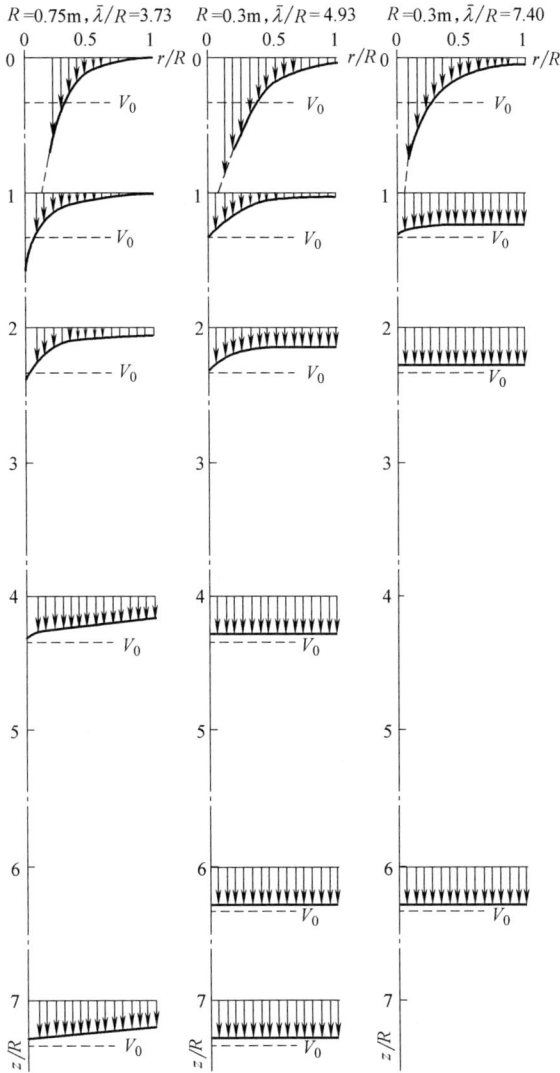

图 2-41 不同 $\bar{\lambda}/R$ 时各深度截面的速度幅包络

将 z_n 对 R 归一化，绘于图 2-42 中。从该图可以得到两点结论：其一，影响深度随着 $\bar{\lambda}/R$ 减小到一定值时将急剧增大；其二，随着 $\bar{\lambda}/R$ 的增大，影响深度逐渐趋于定值 R，说明无论采用多宽的激励，从桩顶往下一倍半径内，各截面都不能满足平截面假设，典型的一维应力波来回反射现象将不会明显。若忽视了浅部明显缺陷的低频大摆动刚体振型，对于这一深度范围内的缺陷，仅凭一维理论很难做出十分准确的识别和定位。类似地，通过 3D 计算，

图 2-42 z_n/R 随 $\bar{\lambda}/R$ 变化

$\phi 800\text{mm} \times 110\text{mm}$ 管桩不同深度截面上的速度幅包络曲线由图 2-43 给出，图中用 $0° \sim 180°$ 表示沿环向截面。计算所得结论除与上面两点相同外，还有与管桩自身特点，即壁厚有关的结论：壁厚相同外径增大时，虽 z_n/R 偏小，但绝对影响深度 z_n 增大；外径相同壁厚增大时，z_n/R 将偏大。另外，尚发现一个与实心桩（图 2-41）不同的现象：比如当 $T_P = 1.5\text{ms}$，即 $\overline{\lambda} = T_P \cdot c = 6.45\text{m}$ 时，在 $z = 2R$ 的截面上平截面假设已经成立，但在 $z = 4R$ 的截面上，平截面假设又不成立，故此情况下的影响深度 $z_n = 6R$。此现象解释为：管桩非轴对称（偏心）激励，不仅引发了管桩纵向和径向振动，还引发了管桩的弯曲振动。

事实上，随着 $\overline{\lambda}/R$ 的减小，尺寸效应引起的平截面假设失效和高频干扰加剧，导致

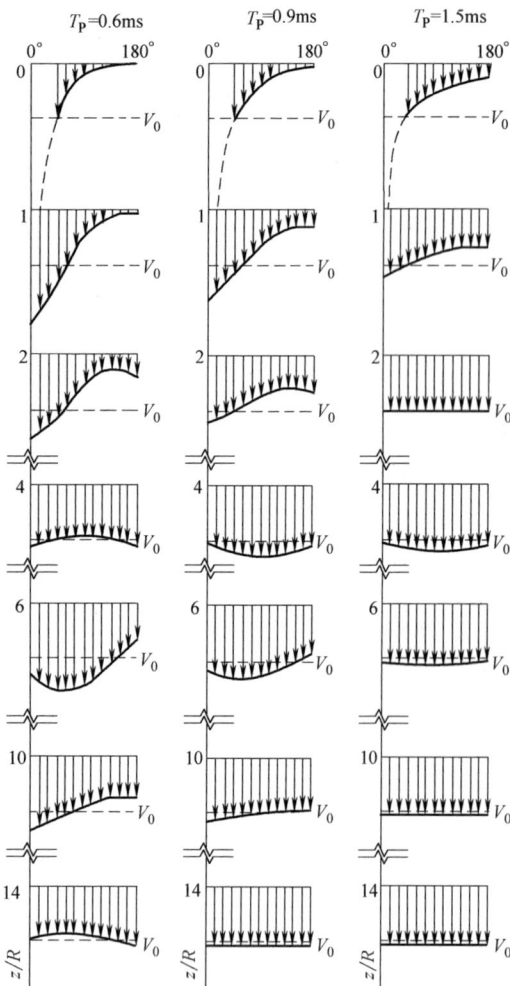

图 2-43 不同 T_P 时管桩（$\phi 800\text{mm} \times 110\text{mm}$）各深度在 $0° \sim 180°$ 截面的速度幅包络

图 2-44 缩颈自由柱体的三维（实线）与一维（虚线）计算比较（3D 曲线为 $2R/3$ 处的计算速度曲线）

实测波形严重畸变，使按一维理论探测桩身缺陷的适用性大打折扣。图 2-44 给出了两种直径、长度均为 10m、波速为 4000m/s 的圆柱体，在 3.8～4.2m 范围内缩颈（截面积均减少 55.5%）的一维和三维理论计算比较波形。由此 4 个波形可以看出：

（1）当 $\bar{\lambda}/R$ 减小接近 3 时，一维理论计算的缺陷波形已与三维理论计算得到的波形相差甚远。

（2）结合图 2-36 和图 2-44，三维计算得到的波形从缺陷反射后起逐渐并最终在 $2L/c$ 处明显滞后一维理论计算波形，说明应力波通过缩颈处的绕射现象，即传播（绕行）的路径（走时）延长了。而一维理论只考虑横截面尺寸变化引起的阻抗变化，不会计及因横向尺寸变化导致的波传播路径改变问题。因此，若动测时遇到缩颈桩，波速下降是正常的，若再由此推定桩身混凝土强度低显然就错了。类似的讨论也适用于扩径的情况。不过当桩身某一截面突然剧增时，如图 2-45 所示的情形，一维波动理论将给出接近于刚壁反射的结论，而从弹性静力学的一般常识——圣维南原理可知，圆盘突出的大部分并不受力；或考虑尺寸效应后，由于扩径部分的纵向尺寸较小，此时扩径反射将不明显。反之，桩

图 2-45 截面突然剧增

身缩颈部分的纵向尺寸减小，相当于截面突减部位的曲率增大，同样由圣维南原理可知，缩颈突变处的应力集中（应力放大）现象加剧！与同为缩颈但属缓变缩颈的情况相比，桩受压时桩身结构破坏的危险性将明显提升，而检测时的缩颈反射波却因纵向尺寸效应趋于模糊不清。

2.6.7 基于尺寸效应研究已获得的认知

（1）桩的尺寸效应明显时，经典的一维理论在低应变检测中的适用性受到限制。

（2）由于传感器接收点与激振点之间的距离（管桩为圆心角对应的弧长）不同，将造成接收速度响应的滞后，从而导致所测一维纵波波速比真实的偏高或按真实波速定位缺陷偏浅，这对较大直径桩仅采用时域波形分析时无法避免。当桩身截面尺寸改变时，由于一维理论只能考虑波的直线传播，不能计及波在变截面处的绕射使波传播路径延长的情况，导致测定的一维纵波波速比真实的偏低。

（3）桩顶的径向振型是造成桩顶面纵向速度干扰的原因。不论是圆形实心桩还是管桩，干扰波一阶径向振型的频率可近似地用瑞利波或剪切波波速与固定的传播距离之比估算。

（4）激励脉冲的宽度、桩直径的大小、传感器的安装位置都将直接影响高频干扰的强弱。对圆形实心桩，在桩顶接近 $2R/3$ 处受到的一阶径向干扰振型影响相对较小；对于管桩，90°角处相当于一阶及其以上奇数阶径向干扰振型的驻点。因此，在保证一阶以上径向振型不被激励出来的条件下，上述研讨所推荐的传感器安装位置可视为相对理想位置。

（5）桩的浅部有严重缺陷且激励脉冲较宽时，波形主要表现出大振幅、低频宽幅摆动

性状，缺陷以上桩段的波动性状不明显，但不能就此说一维波动理论不适用。

（6）桩身阻抗变化的纵向尺度越小，检测波形中该阻抗变化处的反射越弱。

（7）平截面假使失效深度随 $\bar{\lambda}/R$ 的减小而增大，随 $\bar{\lambda}/R$ 的增大而趋于定值 R。

（8）虽然可以通过模拟或数字滤波滤除桩顶信号中的高频干扰，但大直径桩在窄脉冲激励时由于尺寸效应引起的平截面假设失效，进而背离一维理论所引起的误差是在桩身中固有的。所以，在大直径桩桩身完整性检测时，应适当采用软垫拓宽脉冲持续时间，也即机械滤波。

第3章　激振设备和测试仪器

3.1　激　振　设　备

3.1.1　动力载荷试验锤击设备

现场动力载荷试验用锤击设备分为两大类：预制桩打桩机械和自制自由落锤。冲击式的预制桩打桩机械在桩顶产生的动荷载持续时间较短，一般不超过 20～30ms，按现今国际上通行的称谓，属于动力载荷试验（Dynamic Load Test，简称 DLT，过去称之为高应变检测）范畴的锤击设备。与荷载作用持续时间较短的高应变动力试验相对的，则是长持续动力载荷试验，ISO 和 ASTM 标准也称其为快速载荷试验，冲击荷载持续时间约在 100ms 量级。

1. 预制桩打桩机械

这类打桩机械有筒式和导杆式的柴油锤、单动和双动的液压锤或蒸汽锤、振动锤、卷扬或起重机提升自由落锤。在我国，筒式柴油锤、导杆式柴油锤和振动锤在沉桩施工中应用均很普遍。由于振动锤施加给桩的是周期激振力，目前还未能与基于瞬态方式的 DLT 兼容。导杆式柴油锤靠缸下落压缩气缸中气体对桩施力，造成力和速度起升缓慢，由于动测仪器的复位（隔直流）作用，加上压电式加速度传感器的有限低频响应（低频响应不能到零），所以用于 DLT 测试应考量响应信号上升沿段的低频失真。随着人们环保意识增强，近年来液压锤在预制桩施工中得到了广泛应用，而此前，蒸汽锤和液压锤还主要在水上一些大直径超长钢管桩沉桩施工中使用。如 20 世纪国产的蒸汽锤锤芯质量为 42t，进口液压锤的最大锤芯质量为 30t，锤的落距一般不超过 1.5m。常说液压锤的效率高，实际从桩-锤-土匹配角度上考虑能量传递，它符合本书强调的"重锤低击"原则。过去，筒式柴油锤在陆地上的常规桩型沉桩施工中广为采用，这些锤击预制桩直径或边宽一般不大于 600mm，用最大锤芯质量为 6.2t（冲程 2～3m）的柴油锤可满足沉桩要求。随着海上油气田、风电、港口和跨海大桥等海洋工程对沉桩能力需求的增加，国内已制造出锤芯重1800kN 的液压锤和世界上最大的 22t 柴油锤。柴油锤是目前打桩过程监测（初打）和休止一定时间后复测（复打）或承载力验收检测采用较多的、能兼顾沉桩施工和检测的锤击设备，缺点是振动和噪声大并伴有油烟污染。特别值得一提的是：近年随着海上风电的高速发展，单桩风电基础采用的大直径钢管桩外径已接近 10m，所用沉桩设备为双（气）动式液压锤，锤芯重量 1800kN。

过去，涉及液压锤性能的推介常拿柴油锤做衬托：其一是从环保角度衬托柴油锤的油烟噪声污染，还算合乎情理；其二是按标称撞击能量比较，若因柴油锤冲击体质量偏轻造成能量传递效率相对偏低，以此来衬托液压锤的高效可能有些片面、欠严谨。可以设想，原本采用冲击体质量为 m_0 的液压锤能正常沉桩，假设锤击沉桩设备机械效率不变只降低 m_0，则为了保持设备的输出能量不变，只能通过增加冲击体的冲程或撞击速度进行补偿。根据锤与桩-土体系匹配的概念，轻锤高击的后果是桩身锤击应力大幅提高，锤体反弹加剧，桩锤对桩的冲击能量传递效率下降。若两种锤型的冲击体质量相同，因柴油锤的冲程远高于液压锤，传递能量肯定超过液压锤。随着海上风电超大直径钢管桩的桩径纪录被不断刷新，液压锤锤芯质量随之攀升，而配套的（锥形、环形）替打质量将猛增。如 7600mm 直径钢管桩采用 150t 锤沉桩，与之配套的替打组合体质量已超过了锤芯质量。随着桩径增大，锤芯与替打的质量比、锤芯与桩的阻抗比显著降低使锤击能效下降趋于显著。另外，即便是常规直径的敞口钢管桩，桩端打入坚硬岩土层形成土塞时，如果通过锤-替打-桩合理匹配尚可控制桩端压应力放大，但更危险的是桩身屈曲失稳很难控制（详见第 5.3 和 6.3 节）。

2. 自制自由落锤

一般由锤体（整体或分块组装式）、脱钩装置、导向架及其底盘组成，主要用于承载力验收检测或复打。在 2003 版《建筑基桩检测技术规范》JGJ 106 中，对锤重和锤形选择以强制性条文的形式做了严格规定，以规范现场 DLT（高应变检测）操作。

（1）DLT 要求既有足够的能量又有足够的桩-土间相对位移，足够的能量是保证足够位移的必要条件，但不充分。轻锤打击桩顶后常出现锤的强烈反弹，说明能量传递效率低下。由能量守恒定律和动量定理之动量-冲量公式，荷载作用时间变短但传递能量不变，则必然以提高锤的冲击力幅值即撞击速度或落距为代价。切记，轻锤高击只会增加桩顶的锤击力和质点运动速度幅值，容易使混凝土非线性表现明显和击碎桩头、打烂桩尖，在桩易打时又是产生危险拉应力的元凶，还给我们带来不希望看到的现象：桩身波传播效应更加明显，桩周岩土的动阻力加剧。所以，只能在选择锤重上做出牺牲，即重锤低击。

（2）目前国内自制锤的锤体最大重量已达到 800kN。最早使用 200kN 重锤的基桩高应变动力检测案例可追溯到 1985 年青海西宁市某工程，也就是那个时间前后，用超过 200kN 重的锤开展 DLT 的实例在国外也有报道。对于一些高承载力桩的检测，DLT 虽然速度快，但它和静载试验一样，也常受场地运输吊装条件限制而难于实施。20 世纪 80 年代，锤重是按桩重的比例（不小于 8%）选择，20 世纪 90 年代又按桩极限承载力的比例（不小于 1%）选择。我国的建工行业现行基桩检测标准《建筑基桩检测技术规范》JGJ 106[59] 综合了这两个因素，如极限承载力超过 10000kN 的桩一般是大直径灌注桩或超长的摩擦型桩，由于桩径或桩长增加使锤与桩-土体系的匹配能力下降，基桩检测标准则要求进一步提高锤重予以补偿，感兴趣的读者可参见本书第 2.5 节关于桩锤与桩-土体系（广义阻抗）匹配概念的详述。在国际上，如果锤重提高幅度是常规 DLT 测试锤重低限的 5 倍甚至更高，传统意义上的动力载荷试验又衍生出一个新的称谓——快速载荷试验（Rapid Load Test，简称 RLT）。两种试验的异同点是后者将冲击荷载作用持续时间由前者的 10ms 级延宽至近 100ms 级，但本质上仍属于动力载荷试验。快速载荷试验的起源可追溯至 20 世纪 90 年代，由荷兰 TNO 和加拿大 Berminghammer 公司合作推出，其工作原理是利用压力室中固体燃料燃烧产生的压力，一方面通过活塞向上推动配重，另一方面反作用力通过压力室底座作用于桩顶，这类似于柴油打桩机燃烧室中的雾化柴油燃爆推动锤体起跳，即柴油锤工作全程的后半程。该法当时被称为静动法（Statnamic）或译成准静态法，或许是其中的"静"字表述不太确切，也为了区别于历经十多年应用已日臻成熟的自由落锤式快速载荷试验，姑且形象地称其为燃爆式快速载荷试验。燃爆式快速载荷试验的最大加荷能力已达到 100000kN。落锤式快速载荷试验的最早尝试可能出现于 20 世纪 90 年代后期的比利时，但最早开展落锤式快速载荷试验应用研究并将其商业化的国家是日本。2002 年，日本完成了锤击设备定型和岩土工程协会的 JGS 试验方法标准制定，锤击装置除按动荷载长持续要求配置锤重外，还附有不同刚度的弹簧锤垫（改变冲击荷载的起升时间）和非线性阻尼器（限制锤反弹以取代反弹抓持装置），由于锤击装置配套锤重较轻，仅能用于中小直径桩承载力的快速测试。而近几年，1500kN 锤重的锤击设备已在实际工程中得到了应用，2500kN 锤重的设备开始进入检测市场。总之，在以阻抗匹配为基础的"重锤低击"框架下，以下两方面的工作正在推动动力载荷试验技术的发展：

① 对原理的认知：在不明显增加桩身打击应力幅值的前提下，增加落锤冲击的有效持续时间（即增大荷载冲量或能量传递），使桩周岩土阻力发挥更充分；明显减弱桩身的波传播效应（惯性效应），使实测信号中的打桩阻力发挥情况的力学表现更直观；

② 试验数据的解析：回避复杂且受人员技术水平影响的波动力学分析建模及数值计算；方法容易被土建工程师理解和接受，正常条件下只需借助静力学和刚体力学的简化分析就能"很稳妥地获得"单桩的荷载-位移特性或承载力。

遗憾的是，长持续的 RLT 尚未达到静载荷试验"确定"单桩承载力的可信度，仍和短持续 DLT 一样，同属于"评估"档次。也就是说，长持续动力试验换来了试验成本的大增，但投入产出比不高。究其原因，可能过于追求"去波动方程化"是主因。比如说，某一已知设计承载力极限值的待检桩，短持续 DLT 要求锤重需大于预估承载力极限值的 1‰～2‰，而长持续快速载荷试验不低于 5‰，锤重选择区间 2‰～5‰似乎是灰色地带。由于受地基条件变异、沉桩工艺适宜性、设计人员水平与经验等影响，真实的单桩承载力会与设计值出现很大差距。假如桩设计很保守，横截面尺寸和长度均很大，桩的真实的承载力比设计值高很多，用相当于 5‰设计极限承载力的锤重进行试验，由于锤与桩-土体系形成的广义阻抗的匹配程度下降，动测信号仍会显现出典型的短持续 DLT 信号特征。此时抛开波动理论仍按静力学和刚体力学简化、近似处理，恐难保证结论可信；倘若按 DLT 采用波动力学数值计算分析，恐要招致对方法性质改变的质疑。

（3）形状扁平的锤打桩时更容易造成锤击偏心、击碎桩头。对称安装在距桩顶以下桩侧表面的应变式力传感器对锤击偏心很敏感，某一侧混凝土表现出非线性、塑性变形或开裂，严重时使所测力信号成为垃圾。另外，当桩的承载力较高时，现有自制锤击设备的锤重不足，转而用强夯锤简单替代。强夯锤形状扁平，又无导向，脱钩时横向摆动，下落时平稳性差，锤底面与桩的相对接触面积小，更易产生锤击偏心和翻倒。扁平锤感觉上似乎增加了锤的截面阻抗，但锤的高度减少将直接减少力的作用时间。总之，扁平锤应避免使用。

（4）常见的自制自由落锤脱钩装置大体分为力臂式、锁扣式和钳式三类。第一类是利用杠杆原理，在长臂端施加下拉力使脱钩器旋转一定角度，使锤体的吊耳从吊钩中滑出，或使锁扣机构打开。该脱钩装置优点是制作简单，最大缺点是锤脱钩时受到偏心力作用，若锤由吊车起吊，脱钩时重力突然释放，吊车起重臂将产生强烈反弹。第二类一般自带卷扬机，锤在提升时是锁死的，当锤达到预定高度时，脱钩装置锁扣与凸出的限位机构碰撞使锁扣打开。这种装置的优点是锤脱钩时不受偏心力作用。第三类是利用两钳臂在受提升力时产生的水平分力将锤吊耳自动抱紧，锤上升至预定高度后，将脱钩装置中心吊环用钢丝绳锁定在导向架上，缓慢下放落锤使锤的重力通过钢丝绳传递给导向架，此时两钳臂所受的向上拉力逐渐减小，抱紧力也随之减小，抱紧力减小到一定程度后锤将自动脱钩；该装置制作简单，脱钩时无偏心，几乎没有吊车起重臂反弹。不过锤在脱钩瞬时已具有一定的初速度，故以脱钩点量测的落距计算锤芯势能将偏低。第二、三类锤击装置的导向架应有足够的承重能力，装置底盘不得在导向架承重期间产生不均匀沉降。为了在大吨位吊车无法进入的场地（如基坑）开展动力试桩，广东省建筑科学研究院的锤重 800kN 全液压步履式锤击设备已投入使用。

3.1.2　低应变桩身完整性试验激振设备

低应变激振设备分为瞬态和稳态两种。

1. 瞬态激振设备

工程桩检测中最常用的瞬态激振设备是手锤和力棒，锤体质量一般为几百克至几十千克不等；偶有用质量几十甚至近百千克的穿心锤、铁球作为激振源；过去在建筑工程基桩检测中，还有利用水中大电流放电对桩顶施加压力脉冲的做法[1]。

由于激振锤（棒）的质量与桩相比很小，按两弹性杆碰撞理论，在对桩锤击时更接近刚壁碰撞条件，施加于桩顶的力脉冲持续时间主要受锤重、锤头材料软硬程度或锤垫材料软硬程度及其厚度的影响，锤越重，锤头或锤垫材料越软，力脉冲作用时间越长，反之越短。锤头材料依软硬不同依次为：钢、铝、尼龙、硬塑料、聚四氟乙烯、硬橡胶等；锤垫一般用 1~2mm 厚薄层加筋或不加筋橡胶带，试验时根据脉冲宽度增减，比较灵活。所以，调整脉冲宽度大可不必刻意地通过更换软硬不同的锤头来实现。

为获得锤击力信号，可在手锤或力棒的锤头上安装压电式力传感器；或在自由下落式锤体上安装加速度传感器，利用 $F=ma$ 原理测量锤击力。为降低手锤敲击时的水平力分量，锤把不宜过长。

2. 稳态激振设备

稳态激振设备主要由电磁式激振器、信号发生器、功率放大器和悬挂装置等组成。要求激振器出力在 5~1500Hz 频率范围内恒定，常用的电磁激振器出力为 100N 或 200N，有条件时可选用出力 400~600N 的激振器。与瞬态激振相比：稳态激振的突出优点是测试精度高，因每条谱线上的力值是不变的；而在瞬态激振力的离散谱上，每条谱线上的力值一般随频率增加而减小（图 2-23）。恒力幅稳态激振的缺点是频率范围较窄，设备笨重，现场测试效率低。

3.2　测　试　仪　器

基桩动测技术是一项多学科的综合技术，涉及波动、振动、动态力学测试、信号处理、电子、计算机和桩基工程等方面的知识。将这些技术以软件、硬件的形式在基桩动测仪器上部分乃至全部实现，已历经了 40 年的演变。我国早期的动测仪器实为"组合"型——采用单独的商品化适调仪（放大器）、采集器、记录指示器等电子仪器通过电缆线连接构成，设备笨重、体积庞大。仪器的主要性能一般考虑其动态性能指标，整机动态范围的提高在很大程度上受单件仪器指标制约。此外，这种拼凑型仪器专业性差、操作复杂。以后，大多数生产厂家将适调、采集做成一体，以便携式计算机做主控，从结构上讲，仍属分离式。它的主要缺点是便携式计算机环境适应性差、寿命短，加之当时笔记本电脑在国际上无通用标准，其互换性和可维修性差。

近些年，国内外一体化动测仪已作为主流产品投放我国市场，表观上更具专业化水准。它在现场操作、携带、可靠性和环境适应性等方面明显优于过去分离式结构的动测仪。特别是随着集成电路技术的发展，使得元器件、模块和线路板的尺寸大幅度减小，进而使仪器的体积、重量和功耗进一步下降。所以，小型、便携、一体化已成为当今专业化基桩动测仪器的标准模式。

一体化动测仪一般采用小尺寸、低功耗、可靠性较高的工业级微机主板和液晶屏，与内置的显卡、外存、外部接口、采集板（模块）、适调线路板（模块）、交直流电源等构成其硬件部分，使用操作与分析功能全部由软件实现。一般情况下，生产厂家主要研制采集仪、适调仪和电源部分，其他散件均可外购或外协生产。

3.2.1 模拟信号数字化

模拟信号数字化是采集板（仪）所需完成的功能。因为经由适调仪放大、滤波后输出的电压信号为模拟量，不能为计算机识别，所以要经过模拟/数字转换（A/D 转换，简称模/数转换）变成计算机可以识别的二进制数。A/D 转换器有两个重要指标：一是采样频率，二是转换精度。目前国内外的基桩动测仪普遍采用高速 A/D 转换器，单通道采样频率至少满足：低应变测试不低于 20kHz，高应变测试不低于 10kHz。按采样定理和实际基桩动测信号的频率范围（低应变信号的频带比高应变信号要宽）考虑，已经足够了。A/D 转换器精度用二进制转换位数来衡量，至少不低于 12 位，甚至有 16 位再加 8 位浮点放大，可达到 24 位的。例如，一个 12 位 A/D 转换器，它对一个满量程的输入信号电压 $U=\pm 5V$ 的最小分辨值为：

$$\Delta U = \frac{U}{(2^{12}-1)} = \frac{10}{4095} = 0.00244V = 2.44mV$$

考虑每一最小分辨值的量化误差为 $\Delta U/2$，则满量程量化误差为：

$$\frac{\Delta U/2}{(2^{12}-1) \times \Delta U} \times 100\% = 0.0122\%$$

相当于动态范围为 78dB。注意，当输入信号电压峰值下降为原来的 1/10 时，则量化误差增大 10 倍，故适当提高输入模拟信号幅度对减少量化误差有利。在实际工程桩动测时，对动测信号动态范围起控制作用的并非 A/D 转换精度，而是信噪比（SNR）。如果噪声电平有效值超过了 A/D 转换器的最小分辨值，追求更高的转换精度就毫无意义了。事实上，测试中仪器的噪声不仅来源于仪器内部，而且也受来自外部的传感器及其连接电缆、电磁干扰、电应力和温度应力等因素影响，往往因人的视觉分辨力太低，而没有被察觉到罢了。

3.2.2 模拟信号适调

适调仪的主要作用是将传感器接收到的微弱动态信号归一放大，并对动态信号中无助于分析的高频和低频漂移分量进行滤波处理。通常传感器输出的信号很弱，必须经过上千倍乃至几十万倍的放大。滤波的作用是降低信号中的干扰成分，使有用成分突出。对于频率范围较宽的低应变测试，要求高频响应线性段的截止频率不低于 2～3kHz。这一要求并不过分，假设 $c=4000$m/s，则波在 1m 处缺陷来回反射时的纵向一阶振型频率就已达 2kHz，这里还未考虑高阶振型被激发的问题。注意：滤波器在截止频率点处做不到幅值完全陡直下降（如二阶滤波仅能衰减 -6dB），即存在一个过渡带，这个过渡带的宽窄与滤波器的阶数和类型有关，不仅影响幅频特性，有的还影响相频特性。以低通滤波器为例，它不可能将超过截止频率的阻带范围的高频分量完全滤除，同时还对低于截止频率的通带范围内的有用高频分量产生衰减，所以低通滤波器截止频率可定得高一些。

（1）应变信号放大：电阻应变式力传感器受力后使应变片的金属丝（栅）变形 ε 并产生与该变形成正比的电阻值变化，即：

$$\Delta R/R = K \cdot \varepsilon$$

式中：$\Delta R/R$——电阻变化率；

K——金属丝电阻变化率对应变的灵敏系数，简称灵敏系数，其值大约等于 2。

应变信号电学测量原理是将桥路中的电阻变化率正比转变成桥路输出端的电压变化量，简单表达式为：

$$\frac{桥路输出端电压变化量}{供桥电压} = \frac{\Delta R/R}{4 + \Delta R/R} \approx \frac{1}{4}\frac{\Delta R}{R}$$

当变形量 $\varepsilon = 2000\mu\varepsilon$、供桥电压等于 1V 时，桥路输出端电压变化增量约为 1mV。

由于技术已日趋成熟，目前普遍采用直流供电的桥式放大器作为应变信号适调仪，其频率响应范围低频可到零，高频可超过 10kHz。此外，放大器采用六线制接线方式可抵偿长电缆电阻对输出灵敏度降低的影响，零漂可控制在 $\pm1\%$FS/2h 以内[40-41]。

（2）加速度信号放大：高低应变试桩的响应测量常采用压电式加速度计。与之相配套使用的是电荷放大器。它将压电晶体产生的微弱电荷量放大并正比转换为低阻抗的电压输出。由于加速度计为高阻抗输出，易受长电缆和噪声影响，所以国外和国内部分仪器采用内装式（集成电路式）加速度计，适调仪的作用是对电荷转换器提供恒流源和偏压，直接在传感器内将电荷输出转换为低阻抗电压输出，可在噪声很高的环境中实现长距离传输。另外，国外有些动测仪可选用压阻式加速度计。它是利用半导体的压阻效应（半导体晶面受压时产生电阻变化），根据前述应变-电阻转化原理，由硅压阻力敏器件制成应变电阻，与之相配接的也是直流电桥式的适调仪，但它的灵敏度比金属丝式应变片高百倍左右。这种测量系统还有一个优点是加速度响应测量频率下限可至零，即适合静态测量。在我国，压阻式传感器多用于压力测量，但用于加速度的测量还未普及。

（3）其他：低应变测试用锤的锤头安装的动态力传感器一般为压电式，其配用的适调仪同上所述。另外，唯有我国在低应变瞬态测桩时采用磁电式速度传感器（电动式传感器），它是一种自发电式传感器，不需外部电源。特点是灵敏度高，输出阻抗低，能使用长电缆而不影响其灵敏度，且不易受外部噪声干扰，所以它对放大器无特殊要求；但突出的缺点是频响特性欠佳。

3.3 动测传感器测量原理

3.3.1 惯性式测振传感器测量原理

测量振动的方法有相对法和绝对法。相对法是将传感器固定在被测振动体之外的相对不动点上，利用测头与被测振动体接触或非接触进行测量。绝对法采用的是根据二阶单自由度的弹簧-质量块系统原理制成的惯性式变换器，将其直接固定在振动体上测量，无需相对参照基准。显然动测桩采用的是后者。由惯性式传感器工作原理图 3-1 可见，质量块 m 通过弹簧（k 为弹簧刚度）和阻尼器（J 为阻尼系数）安置在传感器基座上。

图 3-1 惯性式测振传感器测量原理

下面来求传感器的质量块相对于被测体（基座）的运动。设在统一的惯性参考系中，x 和 y 分别代表质量块和基座的位移，对质量块 m 建立运动方程：

$$m \frac{\mathrm{d}^2 x}{\mathrm{d}t^2} + J\left(\frac{\mathrm{d}x}{\mathrm{d}t} - \frac{\mathrm{d}y}{\mathrm{d}t}\right) + k(x-y) = 0$$

令质量块相对于基座的位移为：

$$u = x - y$$

并假设被测振动物体的位移为正弦函数：

$$y = A_0 \sin\omega t \tag{3-1}$$

式中：ω、A_0——被测物体振动的角频率和位移振幅。

则有：

$$\frac{\mathrm{d}^2 u}{\mathrm{d}t^2} + 2\zeta\omega_{\mathrm{n}} \frac{\mathrm{d}u}{\mathrm{d}t} + \omega_{\mathrm{n}}^2 u = -\frac{\mathrm{d}^2 y}{\mathrm{d}t^2} = \omega^2 A_0 \sin\omega t \tag{3-2}$$

上式中，$\omega_{\mathrm{n}} = \sqrt{\dfrac{k}{m}} = 2\pi f_{\mathrm{n}}$，称为该测振传感器的固有角频率；$\zeta = \dfrac{J}{2\sqrt{mk}}$，称为阻尼比。

令频率比 $\lambda = \dfrac{\omega}{\omega_{\mathrm{n}}} = \dfrac{f}{f_{\mathrm{n}}}$，略去转换器质量块由于阻尼作用的初始自振衰减项，得式（3-2）的特解为：

$$u = u_0 \sin(\omega t - \varphi) \tag{3-3}$$

式中：u_0——质量块的相对位移振幅，其表达式为：

$$u_0 = \frac{A_0 \lambda^2}{\sqrt{(1-\lambda^2)^2 + (2\zeta\lambda)^2}}$$

(3-4)

φ——相位差，其表达式为：

$$\varphi = \arctan \frac{2\zeta\lambda}{1-\lambda^2}$$

(3-5)

式（3-3）就是设计惯性式转换器的频响方程。表明相对位移振幅和相位差均与频率比和阻尼比有关。需要说明：式（3-2）的完全解应包括质量块的初始自由振动和强迫振动两部分。在测量稳态振动时，因阻尼作用，被激励出的自振总会随时间衰减，所以可在其解答中不计。但是，采用瞬态冲击方式测桩时，测量的是在极短时间内发生并突然结束的瞬态变化，则不能略去初始自振项。本节所指的传感器稳态特性，是指传感器在振幅稳定不变的正弦激振条件下的特性。虽然这种现象极为罕见，但如第 2 章所述，实际工程中遇到的各种瞬态信号总可以通过离散傅里叶变换分解成许多不同频率、幅值和相位的正弦波。所以，若知道了传感器在稳态正弦激振时的响应特性，借此分析传感器的瞬态响应特性就不困难了。

下面分三种情况讨论惯性质量块的相对位移振幅与被测物体的绝对位移、速度和加速度振幅的关系。

1. 作为位移计测量物体的绝对运动位移

零位移动态放大因子 M_u 有如下形式：

$$M_u = \frac{\lambda^2}{\sqrt{(1-\lambda^2)^2 + (2\zeta\lambda)^2}} = \frac{1}{\sqrt{\left(1-\frac{1}{\lambda^2}\right)^2 + \left(\frac{2\zeta}{\lambda}\right)^2}}$$

则相对位移振幅与被测物体位移振幅的关系为：

$$\frac{u_0}{A_0} = M_u$$

不同 ζ 情况下 M_u 与 λ 的关系见图 3-2。

当频率比 $\lambda \gg 1$ 时，$u_0/A_0 = M_u \approx 1$，即质量块的相对位移振幅近似等于被测物体的位移，与 λ 接近于零时的 $\varphi \approx 0°$ 相比，相位在 $\lambda = 1$ 附近产生剧烈的跃迁后滞后约 $180°$（图 3-3），说明所测量的相对位移 u 在 $\lambda \gg 1$ 时与被测物体的位移符号相反，幅值相等，即质量块相对于被测物体而言是静止不动的。λ 很大意味着 ω_n 很小，或者说弹簧很柔或质量块质量很大，也即惯性相对很大而对被测物体的运动不敏感。所以，应尽量使惯性式位移计的固有频率做得低一些，并在高于固有频率的频率段 $\lambda > 1$ 使用。

2. 作为速度计测量物体的绝对运动速度

假设对任何的 λ 有 $\zeta\lambda > 0$，令速度动态放大因子 M_V 有如下形式：

$$M_V = \frac{1}{\sqrt{1 + \left(\frac{1-\lambda^2}{2\zeta\lambda}\right)^2}}$$

相对位移振幅按式（3-3）可写成：

图 3-2 惯性式转换器用作位移计时的幅频特性

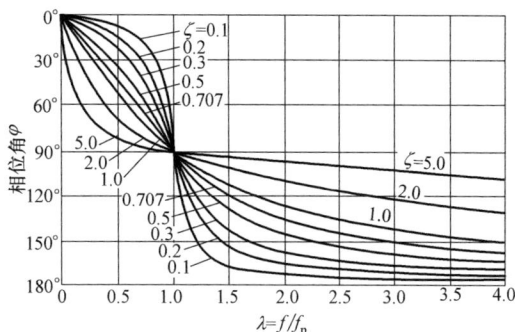

图 3-3 惯性式转换器的相频特性

$$u = \frac{M_V}{2\zeta\omega_n} A_0 \omega \sin(\omega t - \varphi)$$

我们希望它与被测物体的速度振幅成正比，即：

$$\frac{u_0}{A_V} = \frac{u_0}{\omega A_0} = \frac{M_V}{2\zeta\omega_n} \approx 常数 \tag{3-6}$$

式中：A_V——被测物体的速度振幅，其值等于 ωA_0。

不同 ζ（$\geqslant 0.5$）情况下 M_V 与 λ 的关系见图 3-4。在 $M_V \approx 1$ 附近，相位角 $\varphi \approx 90°$，质量块的位移 u 与被测物体的速度 $A_0\omega\cos\omega t$ 成正比，$(2\zeta\omega_n)^{-1}$ 则代表速度灵敏度。测量速度时，我们希望在较宽的频带内都能使 $(M_V - 1) \approx 0$，即幅频响应误差很小；另外在阻尼比很大时，相位线性范围可扩展至较高的频率段，此时 $\varphi \approx 90°$。设计这种传感器有两种原理可以采用，以下分别讨论：

（1）$\lambda = 1$ 时，$M_V = 1$。但 $\lambda \neq 1$ 时，只要 ζ 不是很大（比如 $\zeta < 1$），则在 $\lambda = 1$ 点两侧，随着 λ 减小或增大，M_V 迅速趋于零。如要拓宽频宽，则必须使用很大的阻尼比。例如，满足频响误差 $(M_V - 1) \leqslant 10\%$，频率范围为 $(0.1 \sim 10) f_n$ 时，要求 $\zeta \geqslant 10.2$。当阻尼比增大时，不仅频率特性，而且相频的线性特性都得到改善，但 ζ 提高要以牺牲灵敏度为代价。另外，弹簧刚度 k 不变时减小 m，可使 ζ 减少但同时又使 ω_n 增加，起不到作用；反过来保持 m 不变减小 k，虽能使 ζ 和 ω_n 下降，但 ω_n 下降又减小了可测频率范围。所以，这种设计方案几乎不能实现。事实上，常用的磁电式速度计阻尼比很难超过 1。

（2）在 $\lambda \gg 1$ 的情况下按位移计方式使用，此时：

$$\frac{\omega u_0}{\omega A_0} = \frac{u_0}{A_0} = M_u \rightarrow 1$$

上式表明，质量块的相对速度振幅近似等于被测物体的速度振幅 A_V。当 ζ 较小时，传感器只能工作在 $\lambda \gg 1$ 的频率段。如果提高阻尼比接近临界值，此时转换器质量块在 $\lambda = 1$ 附近就不会发生位移共振，因此速度传感器一般采用这一设计模式。我国目前采用的磁电式速度计阻尼比一般在 0.6 左右。但是，在 $\lambda = 1$ 左右一个不长的范围内，相位与频率之间不存在严格的线性关系（图 3-3）。故为了改善 $\lambda > 1$ 后的高频段幅频特性，通常是牺牲相位特性。

典型的磁电式速度计结构原理见图 3-5。其外壳和磁钢为一牢固整体，磁钢中间有一个小孔，两端带有线圈和阻尼环的芯轴穿过此孔，芯轴两端以圆形弹簧片支撑并与外壳相连。由于弹簧片很软，线圈和阻尼环有一定质量，当传感器固定在被测物体上，其外壳和磁钢随之振动，但线圈不动，这样线圈切割磁力线产生正比于运动速度的电动势，从而达到机电转换——测量振动速度的目的。

在动测桩界，通常一提到传感器的动态性能，总是与幅频特性挂钩，常忽略相频特性。动测时，实测信号实际是由许许多多的谐波叠加而成的合成波形。所谓相频线性是指：对合成波形中不同频率和相位的谐波产生的滞后时间 t 为常数，即：

$$t = \frac{\varphi}{2\pi f} = 常数 \tag{3-7}$$

以保证各谐波叠加后的合成波形不畸变。两不同相位谐波的叠加波形见图 3-6 实线。

图 3-4 高阻尼速度计的幅频特性（理想化）

图 3-5 磁电式（动圈式）速度计结构原理
1—出线；2—弹簧片；3—线圈；4—芯轴；5—磁钢；
6—阻尼环；7—外壳

3. 作为加速度计测量物体的加速度

令加速度动态放大因子 M_a 有如下形式：

$$M_a = \frac{1}{\sqrt{(1-\lambda^2)^2 + (2\zeta\lambda)^2}}$$

相对位移振幅按式（3-3）可写成：

$$u = \frac{M_a}{\omega_n^2} \omega^2 A_0 \sin(\omega t - \varphi)$$

它与被测物体速度振幅的关系为：

$$\frac{u_0}{A_a} = \frac{u_0}{-\omega^2 A_0} = \frac{M_a}{-\omega_n^2}$$

不同 ζ 情况下 M_a 与 λ 的关系见图 3-7。

图 3-6　相位非线性引起的合成波形畸变

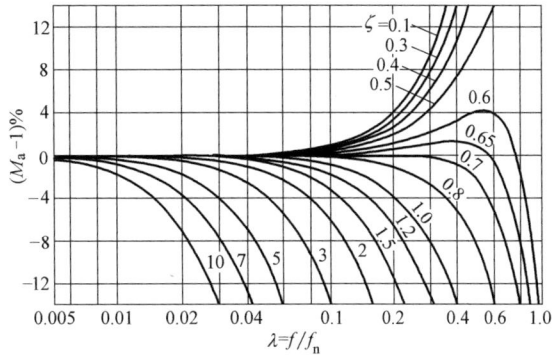

图 3-7　惯性式转换器用作加速度计时的幅频特性

动测桩普遍采用压电式加速度计。其压电元件——压电晶体（石英晶体、压电陶瓷）的刚度非常高，制成的传感器固有频率少则几十千赫，高的可达上百千赫；阻尼比 $\zeta \approx 0$。按前面对位移计的讨论，显然这种惯性式传感器应使用在 $\lambda \ll 1$ 的条件下。当 $M_a \approx 1$，且相位差 φ 的影响可忽略时，质量块的位移 u 与被测物体的加速度 $-\omega^2 A_0 \sin\omega t$ 成正比，$1/\omega_n^2$ 则相当于加速度灵敏度，固有频率越高，灵敏度越低。可见，这种惯性转换系统正好与位移惯性转换系统相反。另外由图 3-7 注意到：增大阻尼比，使 $\zeta = 0.707$ 可获得更大的可测频率范围和相频线性段。但目前的压电加速度计都是通过提高固有频率来扩大其可测频率范围，可测频率范围上限一般控制在 $0.2 f_n$ 以内；又因为 ζ 接近于零，则在该频率范围内相位滞后可忽略不计。

典型的压电加速度计结构原理见图 3-8。以单端压缩（隔离基座）型传感器为例，压电晶体片上安置一个质量块，用一刚度较大的弹簧对此质量块施加预紧力，使质量块和压电晶体片一起牢牢固定在基座上。当加速度计安装在被测物体上并随之振动时，在质量块上就产生一个与振动加速度成正比的惯性力并作用在压电晶体片上。由于压电效应，压电晶体两极将产生与惯性力成正比的电荷量输出。加速度传感器有很多种类型，如压缩型、剪切型（平行剪切、环形剪切、隔离剪切）、弯曲型（应变式、压阻式）。由于剪切型压电加速度计的体积小，在冲击测量上用得较多。压电加速度计具有体积小、质量轻、结构坚固、频带宽、稳定性好、适应场合广等优点，所以在工程桩动测中得到了广泛应用。

图 3-8　压电加速度计结构原理

（a）直接压缩型；（b）单端压缩（隔离基座）型；（c）剪切型

3.3.2 应变式力传感器测量原理

环形应变式力传感器专门用于高应变动力检测，其外观见图 3-9。这种结构的传感器常用于拉力测量，现在被用于高应变检测中的桩身轴向应变（以压为主）测量。其测量力学原理可以借鉴等厚度、曲率半径较大的圆环受压时的弯矩分布情况来说明。图 3-10（a）中，因结构对称，环内弯矩方向在 1/4 圆环内变化一次，不计力 F 作用点处圆环刚度的局部变化，则"纯"圆环弯矩 M_φ 按下式计算：

$$M_\varphi = F \cdot \left(\frac{1}{\pi} - \frac{\cos\varphi}{2} \right) r_0$$

式中：F——沿中心线方向圆环所受的力；

$\qquad$ r_0——圆环半径。

圆环受压时，0°受压点处的环内侧产生最大拉应力，而在 90°点处内侧产生最大压应力，最大拉应力比最大压应力数值稍大，当 $\varphi \approx 50°$ 时，弯矩 $M_\varphi = 0$。分别在圆环内侧四个对称点处贴电阻应变片，四个应变片组成图 3-10（b）所示的全桥，BD 端输出电压变化为：

$$\Delta U_{BD} = \frac{1}{4} \left(\frac{\Delta R_1}{R_1} - \frac{\Delta R_2}{R_2} + \frac{\Delta R_3}{R_3} - \frac{\Delta R_4}{R_4} \right) \cdot U_{AC}$$

由于 $R_1 = R_2 = R_3 = R_4 = R$，$\Delta R_1 = \Delta R_3 = \Delta R_t$，$\Delta R_2 = \Delta R_4 = \Delta R_c$，上式变为：

$$\Delta U_{BD} = \frac{1}{4} \left(\frac{2\Delta R_t}{R} - \frac{2\Delta R_c}{R} \right) \cdot U_{AC} = \frac{K}{2} (\varepsilon_t - \varepsilon_c) \cdot U_{AC}$$

式中：ε_t、ε_c 和 ΔR_t、ΔR_c——贴片点处的拉、压应变值和相应的电阻值变化；

$\qquad$ K——应变片金属丝的灵敏系数。

图 3-9 应变式力传感器外观

可见，实际输出电压放大接近 4 倍。又因供桥电压 U_{AC} 恒定，则被测体的轴向应变与桥路输出电压 ΔU_{BD} 成正比；而且这种布片形式具有温度的自补偿能力。传感器实际制作时，圆环厚度并不恒定，且圆环传力点处刚性较大，实际粘贴应变片的位置如图 3-9 所示。不过贴片位置处的弯矩仍比较大，原理和上面的分析是一样的。因为圆环的振型非常多，这种结构的传感器动态特性与惯性式转换器不同，不是二阶单自由度系统，是典型的多自由度系统。目前，高应变测试用的环式应变计一般采用超硬铝合金材料制作，而用钢

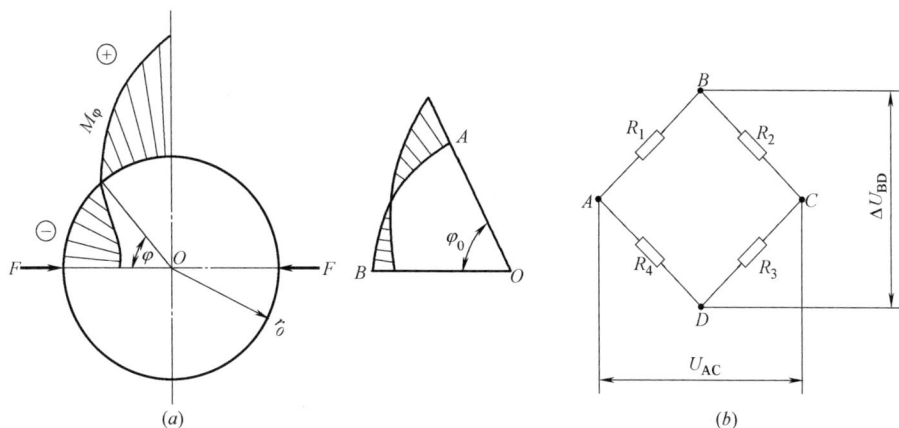

图 3-10 圆环元件测试原理

（a）纯圆环弯矩分布；（b）应变片组成的桥路

制作的一般用于静态测量（因钢材的温度系数与混凝土相近）。另外，六孔双梁结构形式的应变计偶有使用。

3.4 动测传感器的冲击响应特性

上节已对动测中几种常用的传感器工作原理、动态特性作了介绍。由于实际动测桩时，瞬态法应用最多，故本节从实际动测桩的角度出发，指出各类传感器的适用条件。上节利用稳态法探究传感器频率特性的方法仍是评测传感器瞬态特性的基础手段，也可以说，对稳态振动响应研究得出的结论完全适用于冲击响应特性的讨论。但在前面考虑稳态振动时，我们将因阻尼作用而随时间衰减的初始自振项给略去了，而测桩是瞬态冲击问题，测量是在极短时间内发生并突然结束的瞬态变化，则不能忽略自振项引起的波形畸变。

对于冲击响应测量系统，必须慎重考虑以下问题：

① 高 g 值冲击水平（g 为重力加速度）；

② 脉冲的成分具有很宽的频率范围；

③ 仪器的瞬态特性。

因此，评估和选择冲击测量系统及其子系统时就必须满足如下要求：

① 合适的线性动态范围，包括足够的量程；

② 线性频率响应特性能覆盖一个合适的频率范围；

③ 对瞬态输入的响应能力；

④ 在感兴趣的频率范围内相位误差可忽略不计。

3.4.1 动测桩冲击信号的一般特点

桩受冲击荷载作用产生的冲击力和加速度大小与冲击荷载强度（撞击初速度、锤重）、桩垫（锤垫）的软硬厚薄、桩的抵抗能力（广义阻抗）等有关，激励与响应的量值变化范围很大，其中加速度最大值出现在速度波形的陡升沿段。对于低应变检测，冲击力范围由几千牛至几百千牛不等；加速度范围可由零点几个 g 到几十个 g（g 为重力加速度）。对于高应变检测，冲击力几百千牛至几万千牛不等；加速度范围一般为（$100 \sim 1000$）g，混凝土灌注桩居低，锤击混凝土预制桩居中，钢桩居高。冲击力脉冲的宽窄及上升快慢反

图 3-11 低应变锤击力脉冲频谱

映了激励信号中高频分量的多少，高频分量越丰富，土阻力越弱，被激发的桩的高阶响应振型就越多。所以，激励脉冲的频宽直接影响了响应信号的频宽。低应变冲击力波形一般为钟形脉冲（又称正矢或高斯脉冲），图 3-11 给出了冲击力脉冲宽度 $T_P = 1.1ms$ 时的力频谱曲线。钟形脉冲高频截止频率 f_H 和脉冲宽度 T_P 的关系近似满足（图 2-23）：

$$f_H \approx 2/T_P$$

这对埋于土中的桩很重要，尽管桩的纵向振型（包括径向干扰振型）理论上为无穷多，但激发出频率明显超过 f_H 的高频振型是很困难的。

对于高应变测试信号，冲击加速度和力的幅值变化很大，但用质点运动速度和桩身应变表示时则较为稳定。以下是两个实例。图 3-12 为钢管桩信号，力（应变）脉冲上升时间约为 1.6ms，桩身最大应变值为 $790\mu\varepsilon$，冲击加速度峰值为 $340g$。图 3-13 为高强度预

图 3-12 钢管桩的实测高应变波形及力频谱
（a）时域波形；（b）力频谱

图 3-13 高强预应力管桩的实测高应变波形及力频谱
（a）时域波形；（b）力频谱

应力管桩信号，脉冲上升时间小于 1ms，最大应变值为 $880\mu\varepsilon$，而冲击加速度峰值高达 $700g$，这对高强混凝土管桩，已属于 DLT 测试中的高限情况。不过，它与上例不属于钢桩极端情况的力信号相比，力信号中有效高频分量基本在 500Hz 以内。通常具有锤垫缓冲作用的自由落锤高应变测试，力信号中有效高频分量一般为 $200\sim300$Hz。

3.4.2 加速度、速度测量系统的有限低频响应

测量系统的有限低频响应可引起波形的畸变。比如传感器的低频段幅频特性：速度计若要使其测量的高频响应达到 1000Hz，在阻尼比约为 $0.5\sim0.7$ 时，其有效低频下限 f_L 约 10Hz；如欲提高高频响应上限 f_H，一般 f_L 也要相应提高。对于压电式加速度计，虽理论上低频响应可以到零，但因压电测量系统的时间常数 RC（R 和 C 分别为传感器至仪器输入端线路中的电阻和电容）不可能无限大，则对一持续时间为 T_P、幅值为 A_0 的矩形脉冲，其幅值输出按下述公式衰减（图 3-14 虚线）：

$$A = A_0 \exp(-t/RC)$$

当压电传感器的时间常数等于或大于 1s 时，这一误差可忽略不计。同样，对于整个测量系统的有限低频响应，将实际输出假想为输入经过了一个一阶高通滤波器，即单个电阻-电容组成的滤波器（串联电容、并联电阻），其时间常数为 RC，$f_L = \dfrac{1}{2\pi RC}$，f_L 处幅值衰减为 -3dB（-30%），显然 RC 越大，f_L 就越低。图 3-15 绘出了持续时间为 T_P 的半正弦输入脉冲在不同 RC/T_P 比值时测量系统的输出。它表征了系统低频响应差时对冲击测试波形的恶化情况。为保证冲击响应波形测量不失真，对于持续时间为 1ms 的脉冲，低频响应限不宜高于 10Hz；而对于 10ms 宽的脉冲，低频响应限不宜高于 2Hz。

图 3-14 系统对矩形脉冲的有限低频响应   图 3-15 系统对半正弦脉冲在不同 RC/T_P 时的响应

由上示例可见，为减小低频响应不足造成的冲击测量误差，根据常用的压电加速度传感器和磁电式传感器两类测量系统频率特性，压电式加速度测量系统一般不会因低频响应下限不足而引起冲击测试波形的畸变，且对短持续和长持续重锤动力检测，可使用低频性能更优的压阻式加速度计，以降低信号两次积分后的位移低频漂移；但磁电式速度传感器由于要适应高频测量，低频下限不可能做得很低，故由此造成的低频响应误差应予足够重视。

3.4.3 加速度、速度测量系统的有限高频响应

动测桩时，关注测量系统的有限高频响不足而应引起的波形畸变是第一位重要的。为了考察整个测量系统的有限高频响应，设想实际脉冲信号通过了一个一阶低通 RC 滤波器（串联电阻、并联电容），其时间常数为 RC，$f_H = \dfrac{1}{2\pi RC}$，f_H 处幅值衰减为 $-3\mathrm{dB}$，若 RC 较大，则对一个持续时间为 T_P、幅值为 A_0 的矩形脉冲，将使实际脉冲在陡升和陡降转角处被圆滑（图 3-16 的虚线）。由于加速度、速度传感器为典型的二阶系统（为考虑动测桩时传感器的实际安装条件造成的谐振频率下降，还可将整个传感器作为一个大质量块，与被测物体的连接刚度考虑为弹簧），将传感器的自振输出叠加在矩形脉冲波形上，这个自振波形的振荡幅值与阻尼比有关，见图 3-17。

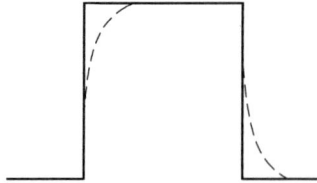

图 3-16 一阶系统的高频响应不足　　图 3-17 叠加二阶系统自振后的高频响应不足

考虑时间比 T_n/T_P（$T_n = 1/f_n$ 为传感器的固有周期）不同的影响，图 3-18 给出了不同阻尼比时半正弦脉冲击（虚线）的传感器响应输出。由图可见，提高传感器的固有频率或减小固有周期，适当提高阻尼比，可提高冲击响应测量的准确度。

（1）压电式加速度计由于阻尼比很小，普遍采用提高其固有频率的做法来提高冲击测量准确度。图中当 $T_n/T_P = 0.203$ 时，阻尼比等于零的响应输出波形仍有振荡，但与 $T_n/T_P = 0.338$ 且阻尼比等于零的响应输出波形相比已有明显减弱。所以，压电式加速度计测量半正弦（钟形、矩形）冲击时，若要求很高的测量准确度，一般取加速度计的固有周期不超过脉冲宽度的 $1/10$，或可测频率的上限为其共振频率的 $1/5$ 以下。所幸加速度计的共振频率（安装牢靠时）达到十几千赫兹比较容易实现。当然也有在电路上加低通滤波器的方法滤除高频成分，不过要注意滤波器的幅频特性，还有相频特性。

（2）对于速度计，当阻尼比适中时，$T_n/T_P = 0.338$ 时的实测波形已能很好地接近输入波形，这就是为什么测桩用速度计常选用适中阻尼的原因。注意：常用速度计的阻尼比在 $0.5 \sim 0.7$，达到临界阻尼比时，在超过固有频率（对应于相位变化 $90°$ 点的频率）后的有限频段内，相位线性误差相对小一些，但阻尼的增加好像使输出通过了一阶低通滤波器。为说明这两种情形，图 3-19 列举了两支来自不同厂家、均为国内测桩界广泛使用的速度计频率特性曲线。这两支速度计的固有频率接近 $15\mathrm{Hz}$，阻尼比接近 0.6，厂家 1 和

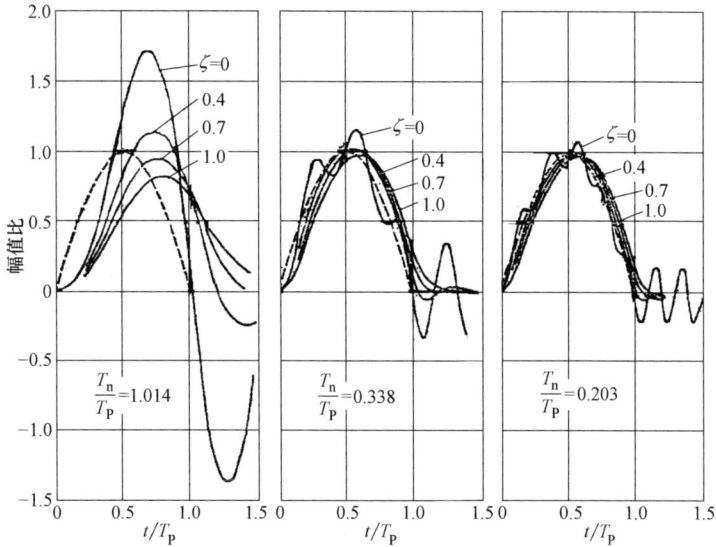

图 3-18 半正弦脉冲击时传感器的响应（摘引自文献［42］）

厂家 2 的速度计在频率 1kHz 时的幅值衰减分别接近 3dB 和 1.5dB。相位非线性误差大约在（3～4）f_n 后才小于 $10°$，如对 50Hz 的谐波，滞后时间为 0.055ms；对于低于 50Hz 的谐波，由于正处于严重相位非线性段，其影响可想而知。通常，瞬态测桩时的速度谱密度在小于 100Hz 低频段相对较高，大约占总能量的 10%～20%，故幅频、相频误差造成的合成波形畸变是不能忽略的。

最后，就是速度计最致命的弱点——它并非是理论上对位移计分析的那样，可以使用在超过固有频率后的无限宽频带。这是由于速度计质量大，安装谐振频率很低的缘故。实测结果可参见图 3-24（a）、（b）。当然会想到降低安装谐振幅值的最好办法是加大阻尼、减少质量块质量或提高弹簧刚度，但这些参数的改善一方面降低了灵敏度，同时又可能带来并非理论幅频特性那样的负面影响。

综上所述，与压电加速度计相比，磁电式速度传感器的缺点是高频上不去，低频下不来，不管如何调整阻尼，总是得失共存，而且还存在相位误差。这些问题，过去没有引起足够的重视，是造成不同系统测得的低应变动测信号形态各异的主要原因之一。因此，低应变测试应首选包括压电式加速度计在内的宽频带传感器。速度计的动态性能尚需进一步改善。

3.4.4 应变式力传感器的动态特性

桩顶锤击力的测量方式有多种。以下述及的应变式力传感器，专指短持续高应变动测时安装在桩身侧表面的电阻应变式环形应变传感器，以此测量桩身轴向应变再换算成锤击力。对桩身材料应力-应变关系基本线性的预制桩，选该方式测力很便捷。除此之外，还有两种直接测力的方式值得推荐：一是第 5 章介绍的锤上安装加速度计的简便测力；二是采用性能更可靠的荷重传感器直接测力。适宜的荷重传感器结构形式有柱式（压缩型）、

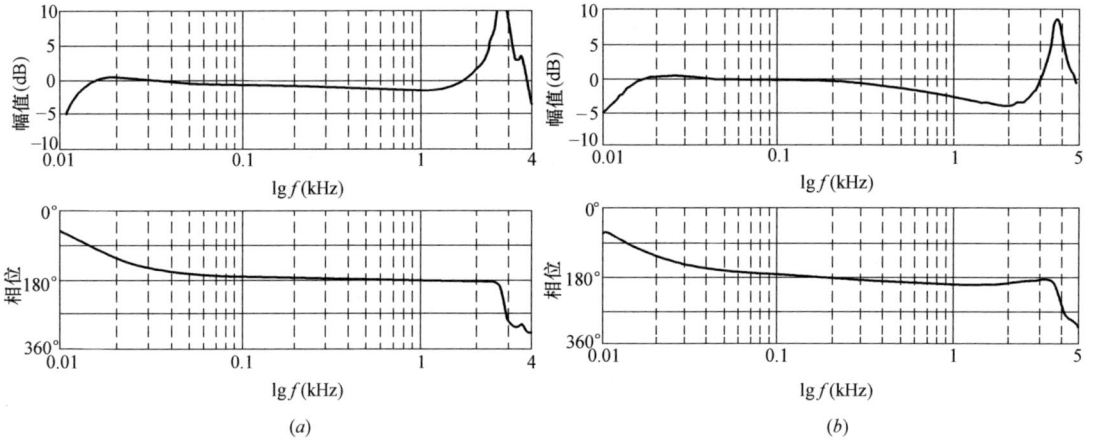

图 3-19 两种速度传感器的幅频、相频实测曲线

（a）厂家 1；（b）厂家 2

轮辐式（剪切型）和圆板式（弯曲型），电学测量原理同环形应变式力传感器，也为电阻应变式，鉴于应用已很成熟，不再赘述。

应变式力传感器的频率特性研究尚未达到惯性式传感器的完全定量程度，此乃因为这种环式结构的传感器属于多自由度系统。文献［40］的编制说明曾对环式结构应变计的各种振型频率做过较详细的研究，可为如何在高应变测试中正确使用提供指导。由图 3-9 可知，环式传感器的工作条件属于 xy 平面、两端弹性固定的情况。当传感器一端固定、一端自由时，传感器 x 方向的一阶纵向振动频率为 $1.0\sim1.2\mathrm{kHz}$，类似一个二阶单自由度系统，当然这一情况是现场测试时必须避免的。传感器两端固定后，我们希望它属于 xy 平面应力问题，所要找寻的是沿 x 敏感轴的纵向振动特性。但事实上，根据对其的结构动力学分析，绝非套用二阶单自由度系统在 x 方向施加稳态激振力就能解决。首先一个直观印象是 xy 平面内 x 方向的纵向刚度远大于 yz 平面 z 方向的抗弯刚度，传感器的抗扭刚度也不会很大。对于变厚度圆环且圆环在沿 x 敏感轴方向有刚性约束的条件下，这些频率相对较低的横向振型还不能大部分由全桥接法的应变片予以补偿。为了确定传感器的各种振型频率，首先要考虑能产生高频激励的装置，使包括装置本身在内的、尽可能多的振型被激励出来。

（1）如图 3-9 所示，将传感器安装在刚度很大的钢棱柱体试件上。试件尺寸 $L\times W\times h$ 分别为 $153\mathrm{mm}\times45.7\mathrm{mm}\times27.4\mathrm{mm}$ 和 $195\mathrm{mm}\times61.2\mathrm{mm}\times19.3\mathrm{mm}$ 两种规格。首先要分别确定这两个棱柱体试件的一阶纵向和横向弯曲的振型频率：

一阶纵振频率按 $2L/c$ 计算。一阶横向弯曲振型频率有两种计算方法：一是欧拉的纯弯梁理论，二是铁摩辛柯考虑短梁的转动惯性和剪切变形的广义梁理论。显然在本试验条件下，应采用后者。计算公式为[43]：

$$f_n = \left[\frac{1}{2\pi}\cdot\left(\frac{n\pi}{L}\right)^2\sqrt{\frac{EI}{m}}\right]\cdot\left[1+\left(\frac{n\pi}{L}\right)^2\left(\frac{J_\mathrm{p}}{m}+\frac{EI}{k_\mathrm{p}GA}\right)\right]^{-\frac{1}{2}} \quad (n=1,2,3,\cdots)$$

式中：EI——梁的抗弯刚度；

J_p——转动惯量；

k_p——形状因子，对矩形和圆形截面分别取 2/3 和 3/4；

G——剪切模量；

m——短梁的质量。

上式等号右边第一个方括号内的表达式即为欧拉纯弯梁公式。第二个方括号即为考虑梁的转动惯量和剪切变形后的修正项。当 $J_p \rightarrow 0$，$G \rightarrow \infty$ 时，铁摩辛柯广义梁理论转化为欧拉纯弯梁公式。

试验表明，采用极窄脉冲激励，即使沿 x 方向激励，棱柱体试件的横向弯曲振型也很容易激发出来，实测结果与铁摩辛柯广义梁理论计算值很接近。弯曲振型被显著激发的原因是：虽为 x 方向对中激励，但激励作用难免与 x 轴不平行并存在偏心，而棱主体试件的横向弯曲刚度远小于 x 方向的受压刚度。

（2）由于环式传感器圆环为非均匀截面，并存在 xy 平面以外的其他振型。为了能在试验中找出 xy 平面内 x 方向的一阶纵向振型频率，有必要采用有限元方法计算环式传感器的各种振型频率，再与试验结果逐一对比排查。试验和计算均表明：传感器在 xOy 以外平面确实存在着很低的横向弯曲（或扭转）振型。

（3）在 1 号棱柱体试件（153mm×45.7mm×27.4mm）贴应变片，激励后实测的输出频谱见图 3-20。图 3-21 给出了在 2 号棱柱体试件（195mm×61.2mm×19.3mm）上的铝质环式传感器沿 x 方向激励后的输出频谱。图 3-22（a）、（b）则给出了在 1 号试件上环式传感器分别在 x 和 z 两个方向激励后的输出频谱。试验与计算结果的对比见表 3-1。

图 3-20　1 号棱柱体试件自身的激励频谱

图 3-21　在 2 号试件上环式传感器激励频谱

（a）

（b）

图 3-22　1 号试件上铝质环式传感器在不同方向激励时的频谱

（a）x 方向；（b）z 方向

这样，通过排除梁的一阶纵向振型频率 $f_①$、一阶横向振型频率 $f_②$ 和 $f_③$，我们就找出了环式传感器在 xy 平面内的一阶纵向振型频率 $f_{(1)} \approx 13\text{kHz}$，在 xy 平面外的一阶横向振型频率 $f_{(2)} \approx 2.2\text{kHz}$（但无法区分该横向振型是弯曲振型还是扭转振型）。由此

1 号试件（153mm×45.7mm×27.4mm）实测与有限元计算结果对比　　　　表 3-1

梁的一阶纵向振型频率(Hz)		梁的一阶横向振型频率(Hz)			环式传感器一阶纵向振型频率(Hz)		环式传感器一阶横向振型频率(Hz)		
按 $2L/c$ 计算	实测	欧拉梁	铁摩辛柯梁	实测	有限元计算	实测	有限元计算		实测
							一阶弯振	一阶扭振	
16732	16650～16846 x 方向，代号②	6131 z 方向	5774 z 方向	5469～5518 z 方向，代号①	13381 x 方向	13295 x 方向，代号(1)	2328 z 方向	2347	2102～2301 代号(2)
		10225 y 方向	8787 y 方向	8239 y 方向，代号③					

看出，安装良好时的环式传感器的一阶纵向振动频率比一阶横向振动频率高得多。实际动力检测时，最极端条件下的高频有效分量也不会超过 1kHz。如果按照前面对二阶单自由度系统的动态性能分析，处于 xy 平面理想化工作状态时的幅频特性应该是有保证的。这里有必要指出，动力检测时，在不考虑被测桩体材料的不均匀性和非线性时，安装条件对信号准确性起决定性作用。当一端安装不牢时，引起传感器自振的频率略大于 1kHz；变形不在 xy 平面内或受力方向偏离 x 敏感轴时，xy 平面外的一阶横向振型频率大于 2kHz；这些均与 xy 平面内一阶纵向振型无关。而某计量检定规程[44] 采用振动台直接给传感器施加稳态激振力，借此标定传感器灵敏度的做法可能适得其反（原本 “静标动用” 时的测量不确定度可能并不大），因为传感器的安装和受力条件的不易控制因素可以引起更大的测量不确定度。所以，应了解传感器的结构、振型和使用特点，否则是无的放矢。

3.4.5　传感器的安装谐振频率

传感器的安装谐振频率是真正控制测试系统频率特性的关键。传感器与被测物体的连接刚度和传感器的质量本身又构成了一个弹簧-质量二阶单自由度系统，而对该系统的动态特性前面已做过详尽阐述。下面通过实例对加速度计、速度计的安装谐振频率加以说明。

图 3-23 绘出了加速度计在六种不同安装条件下的幅频特性曲线，安装谐振频率由高到低对应的安装条件依次为：

（1）传感器与被测物体用螺栓直接连接（一般称为刚性连接）；

（2）传感器与被测物体用薄层胶、石蜡等直接粘贴；

（3）传感器用螺栓安装在垫座上；

（4）传感器吸附在磁性垫座上；

（5）传感器吸附在厚磁性垫座上，且垫座用钉子与被测物体悬浮固定；

（6）传感器通过触针与被测物体接触。

可见，瞬态低应变测试时，采用具有一定粘结强度的薄层粘贴方式安装加速度计基本能获得较好的幅频曲线；高应变测试时加速度计的安装条件属于第（3）种方式，而高应变加速度计的固有频率比低应变加速度计高，测量的有效高频成分又比低应变加速度计低。

按图 3-23，采用触针式安装速度计是绝对禁止的。通常，现场测试时的速度计安装

图 3-23 不同安装条件下加速度计的安装谐振频率

普遍采用第（2）种方式，但因其质量和与被测体接触面过大，往往不可能获得较高的安装谐振频率，加速度计外壳护套、底座垫片过重或过厚也会引起同样恶果。图 3-24 给出了采用工业用橡皮泥作为粘结介质、但粘结层厚度增加时，对速度计稳态扫频时的安装谐振频率降低情况。由图 3-23 和图 3-24 可知，低应变测试采用薄层粘结的方法安装传感器时，粘结层越薄越好。

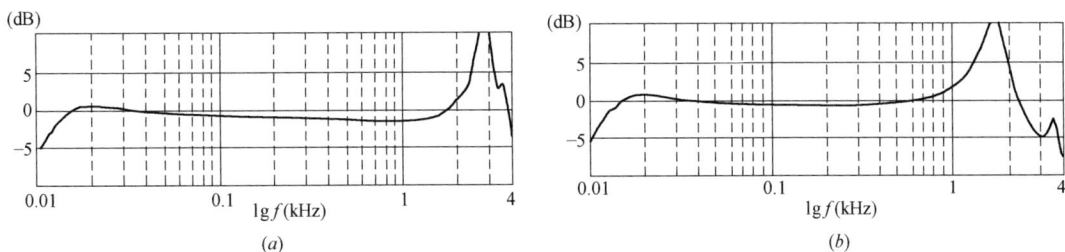

图 3-24 粘结层厚度改变时引起的速度计安装谐振频率变化
（a）1mm 厚；（b）3mm 厚

　　下面通过速度计和加速度计在图 3-25 所示两种安装方式下的冲击测量比较，证明速度计在低应变测试中的局限性。对肩并肩正常安装条件，较宽脉冲激励下完整桩的加速度计和速度计输出信号基本一致（图 3-26），但速度计对浅部轻微阻抗变化引起的约 1.5kHz 高频反射基本没有反应（图 3-27），表明正常安装的速度计的高频响应能力不足。速度计安装不良时，高频窄脉冲激励下使其产生了接近 1kHz 的安装谐振（图 3-28）。

　　为了证明速度计产生了安装谐振，将小质量的加速度计背靠背地安装在大质量的速度计外壳上，由图 3-29 可知，速度计表现出的安装谐振，恰好让背靠背安装在其上的加速度计测了出来，两者的速度响应输出一致。事实上，速度计的振动模型可用图 3-30 的二阶双自由度系统（m-k 系统和 M-K 系统）来反映，速度计的 m-k 系统本是相对于 M（速度计的外壳加磁钢）的运动测量系统，但使 m-k 系统高频响应不失真的前提是 M-K 系统的安装谐振必须足够高，即满足刚性安装条件、粘结层的刚度 $K \to \infty$。当 K 为有限值或偏低时，速度计 m-k 敏感系统响应反映的是 M-K 系统的安装谐振。同理，而背靠背安装的加速度计质量 m_a 相对 M 可忽略（$M + m_a \approx M$）时，测到的正是 M-K 系统的安装谐振。

图 3-25 加速度计和速度计安装方式

（a）肩并肩；（b）背靠背

图 3-26 较宽脉冲激励时的完整桩波形（肩并肩安装）

图 3-27 较宽脉冲激励时的浅部缺陷桩波形（肩并肩安装）

图 3-28 高频激励时的实测波形（肩并肩安装）

图 3-29 高频激励时的实测波形（背靠背安装）

图 3-30 速度计简化双自由度系统示意图
（用于"背靠背"方式类比时，将 m 换成 m_a）

对于应变式力传感器，尽管已有检定规程[44]，但在较宽的频率范围（大于 2kHz），未见通过稳态扫频获得的传感器幅频曲线。作为提醒，传感器绝对不能悬挂在安装螺杆上，必须使其上下四个安装面紧贴桩侧表面。

3.5 动测仪器、传感器的校准

3.5.1 校准和计量检定的区别

基桩动测所用的速度计、加速度计、应变计曾经属于我国依法管理的工作计量器具，但不属于依法强制检定的工作计量器具。计量检定具有法制性，其对象是法制管理范围内的计量器具，所出具的检定证书是对计量器具的计量特性以及该器具全部技术要求是否合格的评定，所依据的是质量监督行政部门颁布的计量检定规程。计量检定活动受计量行政部门的监管。校准与检定的不同点在于：校准是检测机构的自愿行为；可以只校准仪器的示值误差而不涉及仪器的全部技术要求，不必给出计量器具是否合格的评定；校准的依据可以自行制定。但不管怎样，校准的目的最终是实现量值溯源，既可以自下而上地通过测量不确定度明确的连续不间断比较链，最终溯源到国家基准或国际基准，也可以直接溯源到国家基准或国际基准。因此校准在国家政策层面得到了积极倡导。

在我国，测桩队伍十分庞大。但由于地域的原因，真正有能力对基桩动测仪器进行全面检定的法定机构却很少。因此，对一些有技术和经济实力的检测机构，建立自校方法并开展经常性的自校活动对提高测量准确度以及提高检测机构整体水平将大有裨益。

3.5.2 基桩动测仪的主要技术性能要求

根据产品标准《基桩动测仪》JG/T 518—2017（原 JG/T 3055—1999 的修订版），基桩动测仪按其主要技术性能和环境性能划分为 3 级（最高的级别为 3 级）。因为本节主要介绍传感器、系统的校准问题，故将与校准有关的主要技术性能指标列于表 3-2。我国目前的仪器生产制造水平，基本都能达到 2 级的要求。当然，仪器（系统）的气候环境适应性和机械环境适应性也很重要，因为它涉及仪器的可靠性。

基桩动测仪主要技术性能　　　　　　　　表 3-2

项目	指标		级别		
			1	2	3
加速度测量子系统	频响误差≤±10%时的工作频率范围(Hz)		3～3000	2～5000	1～8000
	传感器量程≤500m/s² 时，振动幅值线性度		≤5%		
	传感器量程>500 m/s² 时，冲击幅值线性度		≤10%	≤5%	
	高应变传感器冲击零漂		≤2%	≤1%	≤0.5%
	低应变传感器安装谐振频率[1](kHz)		≥5	≥10	
	低应变传感器附加质量[2](g)		≤20，且不大于传感器自身质量的 1.2 倍		
	低应变传感器总质量[3](g)		≤40		
应变测量子系统[4]	静态性能	线性度、重复性	≤±0.5%FS		
		零点输出	≤±10%FS	≤±5%FS	
		短期稳定度	≤±1% FS/2h	≤±0.5%FS/2h	≤±0.2%FS/2h
		环式应变计[5]轴向应变平衡范围	≥±2000με	≥±3000με	≥±4000με
	应变仪动态性能	频响误差≤±5%时的频响范围上限(Hz)	≥1000	≥1500	≥2000
低应变冲击力测量子系统	幅值线性度	采用冲击测试方法时	≤10%	≤5%	
		采用静态测试方法时	≤5%FS	≤3%FS	
单通道采样点数			≥1024		≥2048
未连接传感器时的输出端噪声电压有效值 $U_{N,rms}^{\infty}$(mV)			≤5	≤2	≤0.5
连接传感器后的输出端噪声电压有效值 $U_{N,rms}$(mV)			≤10	≤5	≤2
动态范围(dB)			≥40	≥66	≥80
任意两通道间的通道一致性误差	幅值(dB)		≤±0.5	≤±0.2	≤±0.1
	延时(ms)		≤0.1	≤0.05	

注：① 指传感器的安装方式与实际使用接近时、在实验室内测得的第一谐振频率。
　　② 指在传感器外壳的封装（或护套）、底座安装垫片（板）以及固结在传感器上的无线传输端或输出引线端器件等造成的质量增加。
　　③ 指低应变传感器的自身质量与附加质量之和。
　　④ 当不采用前端放大或六线制接法时，应给出电缆电阻对桥压影响的修正值。
　　⑤ 指用于微小变形测量的环状工具式电阻应变传感器。

3.5.3　加速度测量子系统校准

DLT（高应变）用加速度计通常采用冲击法校准。

采用跌落式冲击台，将加速度计安装在一个刚性锤体上，使其自由下落，与一个标准力传感器对心碰撞，利用 $F=ma$（m 为锤体和加速度计的质量之和）原理，校准加速度测量系统的冲击灵敏度，即所谓冲击力法；或将被校传感器与标准加速度计背靠背地安装在刚性锤体上，即所谓冲击比较法。前者的校准装置测量不确定度低于后者。

被校加速度计基座底面与锤体或标准加速度计安装面应采用螺栓连接并紧密接触，安装面凹凸不平或存在间隙时，将使波形伴有振荡，这表明传感器的安装谐振频率大为下降。校准时为了控制脉冲宽度，一般要加软垫缓冲，此时将产生钟形脉冲。选择冲击加速度幅值在 $1000\sim10000\mathrm{m/s^2}$ 之间，冲击灵敏度宜按 $3000\mathrm{m/s^2}$ 或 $5000\mathrm{m/s^2}$ 时的加速度幅值确定。通过变化锤的下落高度得到一系列冲击加速度值，进而计算出测量子系统的幅值非线性度。注意：DLT 检测波形最终要进行定量分析，所以在高 g 值冲击时应仔细观察零漂情况，因为零漂虽小，但其属于接近零频率的直流分量，随时间积分后将明显改变速度波形的尾部趋势。加速度计的安装谐振频率测定可采用瞬态激励方式：将加速度计安装在质量为其 10 倍左右的高弹性模量的立方体或长细比为 1 的圆柱体砧子上，给砧子施加一个宽度接近传感器固有周期的短脉冲，记录传感器输出波形，用时标（或频谱分析）确定安装谐振频率。另外，也可在中频校准振动台上进行正弦扫频校准，通过确定不同频率下的系统灵敏度，进而得到系统的幅频响应曲线。在 160Hz 或 80Hz 频率点按下式计算被校加速度系统的灵敏度：

$$S_\mathrm{a}=\frac{U_\mathrm{a,m}}{U_\mathrm{st}}\cdot S_\mathrm{st}$$

式中：S_a、S_st——被校加速度系统和标准加速度套组的灵敏度；

$U_\mathrm{a,m}$、U_st——被校系统和标准加速度套组输出的电压。

低应变加速度计的冲击限一般在 $1000\mathrm{m/s^2}$ 以内，采用冲击校准易发生过载，所以，通常采用中频振动台校准。如欲获得实际安装条件下的幅频特性，可将接近动测时的粘结方式与螺栓刚性连接方式两种情况的幅频曲线进行对比，以便获知现场实际安装条件对测试波形可能产生的不利影响。

3.5.4　速度测量子系统校准

由于没有专门的冲击速度校准设备，速度计一般采用中频振动台校准。与校准加速度计相仿，也是将被校速度计与标准加速度传感器背靠背连接在振动台台面上，通过扫频得到测量系统的灵敏度和幅频特性。注意到速度计振幅 V_m 与标准加速度计振幅 $a_\mathrm{st,m}$ 之间的关系：

$$a_\mathrm{st,m}=2\pi f\cdot V_\mathrm{m}$$

被校速度测量系统的灵敏度 S_V 为：

$$S_\mathrm{V}=2\pi f\cdot\frac{U_\mathrm{V}}{U_\mathrm{st}}\cdot S_\mathrm{st}$$

式中：U_V、U_{st}——被校系统和标准加速度套组的输出电压。

此外，还应在低频振动台上，将被校的绝对式速度计和相对式速度计的输出接到相位计或示波器上，记录两个传感器输出电压的相位差。当相对式速度计与被校速度计的输出相位差 90°时（或在示波器荧光屏上出现稳定的圆图形），对应的频率为被校速度计的固有频率 f_n。速度计的阻尼比按下式计算：

$$\zeta = \sqrt{1 - (f_n / f_r)^2}$$

式中：f_r——幅频曲线上共振峰（谐振峰）对应的频率。

3.5.5　应变测量子系统校准

1. 静态性能校准

首先，传感器的绝缘电阻应大于 500MΩ，零点输出偏差不大于±10％FS。当环式传感器圆环断面尺寸有较大改变时，可采用吊砝码的办法来检查传感器的轴向刚度。对于铝质传感器，轴向刚度约为（0.7±0.2）kN/mm。

将传感器安装在微位移发生器上，从零逐级（不少于 5 级）加载到额定应变值，再逐级卸载到零。至少完成三个循环。根据记录数据，采用最小二乘法确定传感器工作直线，该直线的斜率即为传感器的（静态）灵敏度。并利用记录的数据计算传感器的线性度、滞后和重复性指标。

2. 动态性能校准

动态应变信号适调仪的频率特性一般独立于配套用传感器进行校准，虽然有专门的计量检定规程，但能够进行宽频带直流供桥的应变适调仪校准的机构并不多，因为所需校准的仪器比较复杂，所以对其动态性能指标是默认的，通常还是用标准电阻进行静态校准。对传感器连同适调仪一起进行振动台动态校准的设备目前技术上还不成熟，而且装置的扩展不确定度似乎过高，因此一般用静态灵敏度代替动态灵敏度使用。正如第 3.4.4 节所述，解决这一矛盾的办法是通过瞬态激励找出环式传感器各种纵向、横向振型频率中的最低值，这个最低值是横向振型对应的频率，稍大于 2kHz。因为纵向振型频率比横向振型频率大很多，取该横向振型频率最低值作为保守控制，只要不低于 2kHz，就有充分把握认为能满足目前有效高频分量不超过 1kHz 的高应变信号测试要求。在确保安装质量使传感器工作在一维应力条件下时，一般横向振型不易被激发，即横向振型的影响可忽略。

第4章　瞬态低应变桩身完整性测试与分析

4.1　桩身完整性判定的理论方法

虽然应力波在桩身传播时，桩-土相互作用以及桩身材料的阻尼作用要引起应力波衰减，尺寸效应和高频波频散要引起波形畸变，但是用一维应力波理论对桩身完整性进行检测判定仍是低应变动测法的理论基础。第 2 章已较详细地介绍了应力波在端面条件和桩身截面阻抗变化时波传播特性，本节将把这些知识与实际检测联系起来，也就是将桩身阻抗变化引起波的反射情况尽量用桩顶的实测速度响应来定量表达。

4.1.1　应力波通过具有一次截面阻抗变化的自由桩时桩顶接收到的速度响应

研究波在仅有一次截面阻抗变化的桩中传播问题是很简单的，实际工程桩除完全断裂外，阻抗变化在长度方向上均有一定尺寸，比如只产生一次缩颈或扩径的桩，它至少具有两个阻抗变化截面。图 4-1 是一根总长度为 L 的自由桩，其上段长度为 L_1，阻抗为 Z_1；下段长度为 L_2，阻抗为 Z_2；设 L_1 和 L_2 的一维纵波波速均为 c。$t=0$ 时，在桩顶面 $x=0$ 处施加一幅值为 F_0 的半正弦激励脉冲，其宽度为 τ，激励引起的初始速度峰值 $V_0=F_0/Z_1$。

图 4-1　波在具有一个阻抗变化截面的自由桩中的特征线传播图示

在图 4-1 中，用特征线表示 x-t 平面波传播的轨迹，其中实线为脉冲波起升沿的特征线传播轨迹，虚线为脉冲波作用结束时刻发出的卸载波传播轨迹（虚线也可省略不画），图中的数字代表计算区域，如 0 区的力和速度分别用 F_0、V_0 表示。下面通过计算说明。

1. 计算 $2L/c$ 桩底反射到达桩顶前阻抗变化截面引起的多次反射

设 $L_1+c\cdot\tau\leqslant L_2$，意味着阻抗变化的二次反射出现在 $2L/c$ 之前。计算过程如下：

（1）1 区：$L_1/c\leqslant t<L_1/c+\tau$，在 $x=L_1$ 阻抗变化截面处，力和速度幅值由下列方程组联立求解：

$$\begin{cases}F_1-F_0=-Z_1(V_1-V_0)\\ F_1-F(x>L_1,\ t<L_1/c)=Z_2[V_1-V(x>L_1,\ t<L_1/c)]\end{cases}$$

注意扰动尚未到达时（初始条件），$F(x>L_1,\ t<L_1/c)=V\ (x>L_1,\ t<L_1/c)=0$

得到

$$\begin{cases}V_1=\dfrac{2Z_1}{Z_1+Z_2}\cdot V_0\\ F_1=\dfrac{2Z_1Z_2}{Z_1+Z_2}\cdot V_0\end{cases}$$

这里 V_1 和 F_1 实际是阻抗变化截面处的透射波的速度幅和力幅，并将沿杆 L_2 向下传播。

（2）2 区：$L_1/c+\tau\leqslant t<2L_1/c$，沿 L_1 向上的反射波波幅由下列方程组联立求解：

$$\begin{cases}F_2-F_1=Z_1(V_2-V_1)\\ F_2=-Z_1V_2\end{cases}$$

解得：

$$\begin{cases}V_2=\dfrac{Z_1-Z_2}{Z_1+Z_2}\cdot V_0\\ F_2=-\dfrac{Z_1-Z_2}{Z_1+Z_2}\cdot Z_1V_0\end{cases}$$

V_2、F_2 也可由 $V_0+V_2=V_1$ 和 $F_0+F_2=F_1$ 两式分别求得。特别当 $Z_1=Z_2$ 时，反射波的幅值均为零。

（3）$t=2L_1/c$ 时，阻抗变化截面第一次反射到达桩顶，则：

$$V_{2L_1/c}=2V_2=2\dfrac{Z_1-Z_2}{Z_1+Z_2}\cdot V_0$$

（4）$t>2L_1/c$ 后，第一次反射回桩顶的应力波将产生第二次入射，并注意 $F_{2L_1/c}=0$，则 3 区的应力波幅值由下列方程组联立求解：

$$\begin{cases}F_3-F_{2L_1/c}=-Z_1(V_3-V_{2L_1/c})\\ F_3=Z_1V_3\end{cases}$$

解得：

$$\begin{cases}V_3=\dfrac{Z_1-Z_2}{Z_1+Z_2}\cdot V_0\\ F_3=\dfrac{Z_1-Z_2}{Z_1+Z_2}\cdot Z_1V_0\end{cases}$$

（5）按上述（1）～（3）步骤，可求得 $t=4L_1/c$ 时阻抗变化截面二次反射引起的桩顶速度幅值为：

$$V_{4L_1/c}=\dfrac{2(Z_1-Z_2)^2}{(Z_1+Z_2)^2}\cdot V_0$$

可见，由于 $4L_1/c < 2L/c$，所以可单独计算阻抗变化截面处的二次反射而不去顾及 $2L/c$ 桩底反射的影响。类似地，如果阻抗变化截面的深度很浅，则在桩底反射到达前，桩顶接收到的第 n 次阻抗变化截面处反射速度响应幅值为：

$$V_{2nL_1/c} = 2\left(\frac{Z_1 - Z_2}{Z_1 + Z_2}\right)^n \cdot V_0 \quad (n = 1, 2, 3, \cdots)$$

注意：当 $Z_1 < Z_2$ 时，上式右边括号内的值小于零。所以在桩顶接收到的阻抗变化截面的第一次反射为负，则第二次反射为正，莫将二次正向反射误认为是缺陷反射（图 4-1）。

2. 计算阻抗变化截面对 $2L/c$ 桩底反射的影响

（1）7 区：$L/c \leqslant t < L/c + \tau$，因为 $x = L$ 处为自由端，则：

$$\begin{cases} V_7 = V_{L/c} = \dfrac{4Z_1}{Z_1 + Z_2} \cdot V_0 \\ F_7 = F_{L/c} = 0 \end{cases}$$

（2）8 区：$L/c + \tau \leqslant t < L/c + L_2/c$，沿 L_2 向上的反射波波幅由下列方程组联立求解：

$$\begin{cases} F_8 - F_7 = Z_2(V_8 - V_7) \\ F_8 = -Z_2 V_8 \end{cases}$$

解得：
$$\begin{cases} V_8 = \dfrac{2Z_1}{Z_1 + Z_2} \cdot V_0 \\ F_8 = -\dfrac{2Z_2}{Z_1 + Z_2} \cdot Z_1 V_0 \end{cases}$$

（3）9 区为桩顶第二次通过阻抗变化截面的下行入射波与桩底反射的上行波的相互作用区，由于上、下行波将各自独立地且幅值不变地沿桩身传播，所以桩底反射波运行至 10 区时，其幅值与 8 区相同。

（4）$L/c + L_2/c \leqslant t \leqslant L/c + L_2/c + \tau$ 时，桩底反射波在 $x = L_1$ 遇到阻抗变化截面，此时 11 区的应力波幅值由下列方程组联立求解：

$$\begin{cases} F_{11} - F_{10} = Z_2(V_{11} - V_{10}) \\ F_{11} = -Z_1 V_{11} \end{cases}$$

解得：
$$\begin{cases} V_{11} = \dfrac{4Z_1 Z_2}{(Z_1 + Z_2)^2} \cdot V_0 \\ F_{11} = -\dfrac{Z_1^2 Z_2}{(Z_1 + Z_2)^2} \cdot V_0 \end{cases}$$

（5）12 区为上、下行波相互作用区，则 13 区的应力波幅值与 11 区相同。

（6）注意到 $F_{2L/c} = 0$，则 $t = 2L/c$ 时在桩顶接收到的桩底反射速度幅值为：

$$V_{2L/c} = 2V_{13} = \frac{4Z_1 Z_2}{(Z_1 + Z_2)^2} \cdot 2V_0 \tag{4-1}$$

显然，特征线法计算 $V_{2L/c}$ 过程较为烦琐。其实也可根据入射波、反射波和透射波的关系，经简单计算得到同样的结果：当入射波通过阻抗变化截面透射时，将透射系数 $\zeta_T =$

$2\beta/(1+\beta)$ 计算式中的完整性系数 β 取为 Z_2/Z_1，透射波传至桩底反射后，可视其为新的"上行入射波"，当计算其通过阻抗变化截面上产生的"上行透射波"时，只需将 ζ_T 算式中的 β 取为 Z_1/Z_2。

由式（4-1）可见，$Z_1=Z_2$ 相当于阻抗变化截面不存在，在桩顶接收到的桩底反射速度峰值就等于 $2V_0$。当 $Z_1 \neq Z_2$ 时，上式右边第一项恒小于 1，且 Z_1 与 Z_2 差别越大，$V_{2L/c}$ 的数值就越小，说明桩身只要存在阻抗变化截面，桩顶接收到的桩底反射幅值就会减小。因此，实际测桩时，尽管扩径不算缺陷，但扩径的存在同样将使桩底反射幅值下降。另外阻抗变化截面的多次反射可能会与桩底反射重合，作为 $L=2L_1$ 特例，阻抗变化截面的二次反射与桩底的一次反射将同时到达桩顶，两项叠加恰使 $V_{2L/c}=2V_0$。

类似地，如果阻抗变化截面的多次反射与桩底的反射不同时到达桩顶，则在桩顶接收到的第 n 次桩底反射速度响应幅值为：

$$V_{2nL/c}=2\frac{(4Z_1Z_2)^n}{(Z_1+Z_2)^{2n}}\cdot V_0 \quad (n=1,2,3,\cdots)$$

4.1.2 实际桩受土阻力作用和具有多个阻抗变化截面时桩顶接收到的速度响应数值解

从上述计算过程可以感到，虽然是极简单的算例，计算却已比较烦琐了，如果再给出一个理想的自由扩径（或缩颈）桩，用特征线表示的波传播轨迹就相当复杂了。图 4-2 给出的是一根自由扩径桩的特例：即上段桩体长度与中部扩径段桩体长度之比恰好为 $1/2$。当然，实际工程桩动测波形受诸多因素的耦合影响，如桩身材料阻尼、频散、尺寸效应、波形畸变，特别是土阻力以及地层与成桩工艺交互作用，使波形的"精确"解释更具复杂性。

因此，为满足反射波法的工程实用性，当然不可能要求都去采用上面介绍的特征线法进行图解和计算，但仅知道"缺陷处有同向反射且反射波幅愈高缺陷就愈严重"或"强土阻力将引起负向反射"又可能过于粗浅了。因为，与高应变法不同，低应变法虽然不必考虑反射波与入射波的相互作用（主要关系到桩身的拉、压应力幅值）以及桩-土相互作用的非线性和土产生的塑性变形，但只会考虑阻抗变化对应力波产生孤立的一次作用，则说明对基本理论掌握有欠缺。

图 4-2 波在两个阻抗变化截面（扩径）
自由桩中的特征线传播图示

为了更好地从理论上说明不同桩身阻抗变化条件对桩顶速度响应波形的影响，下面将采用特征线波动分析计算（波形拟合）软件，同时考虑土的阻尼和线弹性阶段土的阻力共同作用，计算比较一些典型的实例并由图 4-3 给出计算的波形。在所有列出的计算实例中，除改变桩的横截面尺寸外，桩的物理常数、冲击力脉冲的宽度和幅值、土的阻尼和阻力均不变。

虽然图 4-3 中这 32 组计算结果是在理想化情况下得到的，只能大致给读者一个粗线

图 4-3 不同桩身阻抗变化情况时的桩顶速度响应波形（一）

图 4-3 不同桩身阻抗变化情况时的桩顶速度响应波形（二）

图 4-3　不同桩身阻抗变化情况时的桩顶速度响应波形（三）

条轮廓，但已表明，在某些情况下，通过低应变反射波法判断桩身阻抗变化还是相当复杂的。比如一般测桩时不测锤击力，浅部阻抗变化的正确判断与激励脉冲宽窄有关。又如：

图 4-3 中的（2）～（3）两幅波形比较——浅部阻抗变化的波形特征是否容易弄反？

图 4-3 中的（25）～（28）四幅波形比较——桩身有三个不同程度缩颈、两个缩颈甚至一缩一扩是否很难辨认？

图 4-3 中的（29）～（32）四幅波形比较——桩身阻抗渐变是否容易得出相反的结论？

4.2 限 制 条 件

目前国内外普遍采用瞬态冲击方式，通过实测桩顶加速度或速度响应时域曲线，借一维波动理论分析来判定基桩的桩身完整性，这种方法称之为反射波法，或瞬态时域分析法。我国绝大多数的检测机构采用反射波法，即以速度时域曲线分析、判断桩身完整性为主；因所用动测仪器一般都具有傅里叶变换功能，则也可通过速度频域曲线辅助分析、判断桩身完整性，即所谓瞬态频域分析法；也有些动测仪器还具备实测锤击力并对其进行傅里叶变换的功能，进而得到导纳曲线，这称之为瞬态机械阻抗法。当然，为保证每条谱线上的力值分配均匀，提高导纳曲线测试准确性，也有用稳态激振方式直接测得导纳曲线，则称之为稳态机械阻抗法。

无论瞬态激振的时域分析还是瞬态或稳态激振的频域分析，只是习惯上从波动理论或振动理论两个不同角度去分析，数学上忽略时域截断和频域泄漏误差，时域信号和频域信号可通过傅里叶变换建立对应关系。所以，对于同一根桩，只要边界和初始条件相同，时域和频域分析结果理应殊途同归。综上所述，考虑到目前国内外使用方法的普遍程度和可操作性，我国不同行业的基桩检测标准将上述方法合并编写并统称为低应变（动测）法。

4.2.1 与波长相关的桩几何尺寸限制

低应变法的理论基础是一维线弹性杆波动理论。根据第 2.5 节关于尺寸效应的讨论分析，一维理论要求应力波在桩身中传播时平截面假设成立，因此除直觉上要求受检桩的长细比较大外，还宜使瞬态激励脉冲有效高频分量的波长与桩的横向尺寸之比大于 10；对薄壁钢管桩、大直径薄壁现浇混凝土管桩和类似于 H 型钢桩的异形桩，桩顶激励所引起的桩顶附近各部位的响应极其复杂，低应变方法一般不适用。这里顺便指出，对于薄壁管桩，桩身完整性可以通过在桩顶施加扭矩产生扭转波的办法进行测试。扭转波的基本方程和一维杆纵波的波动方程式（2-5）具有相同的形式，只需将该方程中的纵向位移 u 转换成桩截面的水平转角位移 θ，将一维纵波波速 $c=\sqrt{E/\rho}$ 转换成扭转波波速（即剪切波波速）$c_s=\sqrt{\dfrac{G}{\rho}}=c\cdot\sqrt{\dfrac{1}{2\,(1+\upsilon)}}$（式中 G 为剪切模量）。所以，采用扭转波方法有以下两个显著特点：①凡对一维纵波传播特性的讨论完全适用于扭转波传播现象的分析；②扭转波不存在一维纵波的尺寸效应和频散问题。但是，在桩顶施加水平向纯力偶比施加瞬态竖向荷载的操作要麻烦，由于桩的抗压、抗扭和抗弯刚度差异，除要考虑与纵波有效传播深度类似的桩-土刚度比问题，也要重视施加扭矩的几何非对称与时间不同步带来的桩身弯曲振动干扰。

对于设计桩身截面多变的灌注桩，鉴于各截面变化处应力波多次反射的交互影响，判定桩身完整性需慎重。

4.2.2 缺陷的定量与类型区分

基于一维理论，检测结论给出桩身纵向裂缝、较深部缺陷方位的依据是不充分的。

如前述，低应变法对桩身缺陷程度不作定量判定，尽管利用实测信号拟合法分析能给出定量的结果，但由于桩的尺寸效应、测试系统的幅频与相频响应、高频波的弥散、滤波等造成的实测波形畸变，以及桩侧土阻尼、土阻力和桩身阻尼的耦合影响，曲线拟合法还不能达到精确定量的程度，但它对复杂桩顶响应波形判断、增强对应力波在桩身中传播的复杂现象了解是有帮助的。

对于桩身不同类型的缺陷，只有少数情况可能判断缺陷的具体类型：如预制桩桩身的裂隙，使用挖土机械大面积开槽将低配筋率中小直径灌注桩浅部碰断，带护壁灌注桩有地下水影响时措施不力造成局部混凝土松散，施工中已发现并被确认的异常情况。多数情况下，在有缺陷的灌注桩低应变测试信号中主要反映出桩身阻抗的减小，缺陷性质往往较难区分。例如，混凝土灌注桩出现的缩颈与局部松散或低强度区、夹泥、空洞等，只凭测试信号区分缺陷类型尚无理论依据。将低应变方法"神化"成无所不能，如指出桩身两个以上的严重缺陷及其各自对应的深度、某一深部缺陷的方位，检测出钢筋笼长度、桩底沉渣厚度等，可能会使这一方法成为伪科学。因此，对检测结果的判定没有要求区分缺陷类型是目前的通行做法，如果需要，应结合地层结构、施工情况综合分析，或采取钻芯、声波透射等其他方法。

4.2.3　最大有效检测深度

由于受桩周土约束、激振能量、桩身材料阻尼（包括混凝土似离析类缺陷）和桩身截面阻抗变化等因素的影响，应力波从桩顶传至桩底、再从桩底反射回桩顶的传播过程为一能量和幅值逐渐衰减过程。若桩过长（包括长径比较大或桩-土刚度比过小）或桩身截面阻抗多变或变幅较大，往往应力波尚未反射回桩顶甚至尚未传到桩底，其能量已完全耗散或提前反射；另外还有一种特殊情况——桩的阻抗与桩端持力层阻抗匹配。上述情况均可能使仪器测不到桩底反射信号，而无法判定整根桩的完整性。在我国，若排除其他条件影响而只考虑各地区地质条件差异时，桩的有效检测长度主要受桩-土刚度比大小的制约。因各地提出的有效检测范围变化很大，如长径比 30～50、桩长 30～50m，故一般覆盖地域较为广阔的国家或行业标准甚至地方标准都很难明确给出有效检测长度的范围。具体工程的有效检测桩长，应通过现场试验，依据能否识别桩底反射信号，确定方法是否适用。

对于最大有效检测深度小于实际桩长的超长桩检测，尽管测不到桩底反射信号，但若有效检测长度范围内存在缺陷，则实测信号中必有缺陷反射信号。此时，低应变方法只可用于查明有效检测长度范围内是否存在缺陷。

4.2.4　关于"用一维纵波波速推定桩身混凝土强度等级和校核桩长"的误区澄清

用一维波速推定桩身混凝土强度在我国存在了相当长时间，文献记载可追溯到 1984年第二届国际应力波在桩基工程中应用会议论文集的一篇文章[45]，该文章在无充分试验数据支持的情况下，提出了混凝土质量从很差到很好的波速范围是 1920～4120m/s；在我国又将混凝土质量进一步演变成混凝土强度等级[26]。

（1）工程桩验收时，桩身混凝土强度是否满足设计要求是依据桩身混凝土标养立方体试块或同条件养护试块强度来评定的。采用一维波速评定桩身混凝土强度等级和声波透射法检测不同，因为声透法可直接将试件声速与强度建立关系，而低应变法通过测试只能得到桩的平均纵波波速，因而推定的强度是全桩长范围内的平均强度。由于桩体结构强度受桩身局部的混凝土强度（或缺陷）控制，所以从保证桩身混凝土抗压承载力的角度讲，用平均波速推定桩身平均强度的实用意义不大。

（2）根据本篇第 2.5 节关于在阐述尺寸效应时关于"波速测不准原理"的论述，一维波速的确定受以下两种因素的影响：①激励与传感器安装点之间的时间滞后；②截面尺寸变化引起波绕行距离的增加。

（3）波速除与桩身混凝土强度有关外，还与混凝土的骨料品种、粒径级配、密度、水灰比、成桩工艺（导管灌注、振捣、离心）等因素有关。波速与桩身混凝土强度整体趋势上成正相关关系，即强度高波速高，这是毫无疑义的。但二者并不为一一对应关系。在影响混凝土波速的诸多因素中，强度对波速的影响并非首位。中国建筑科学研究院的试验资料表明：采用普通硅酸盐水泥，粗骨料相同，不同试配强度及龄期强度相差 1 倍时，声速变化仅为 10%左右；根据辽宁省建设科学研究院的试验结果：采用矿渣水泥，28d 强度为 3d 强度的 4～5 倍，一维波速增加 20%～30%；分别采用碎石和卵石并按相同强度等级试配，发现以碎石为粗骨料的混凝土一维波速比卵石高约 13%。天津市市政工程研究院也得到类似辽宁省建设科学研究院的规律，但有一定离散性，即同一组（粗骨料相同）混凝土试配强度不同的杆件或试块，同龄期强度低约 10%～15%，但波速或声速略有提高。也有资料报道正好相反，例如福建省建筑科学研究院的试验资料表明：采用普通硅酸盐水泥，按相同强度等级试配，骨料为卵石的混凝土声速略高于骨料为碎石的混凝土声速。南京某动测考核基地的模型桩（预制方桩）的一维纵波波速接近 5000m/s。因此，不能依据波速去评定混凝土强度等级，反之亦然。

（4）波速测量还存在定位读数误差，施工和凿桩头标高控制等误差，再附加上述多种原因引起的误差，波速测量的不确定性引起的估算桩长误差超过 1m 是可能的。若桩长 20m，波速测量误差为 5%，推定桩长误差为 1.0m。另外是关于偷工减料的事实认定问题。"校核"桩长与实际书面记载的施工桩长不符通常被怀疑为桩短，遇到争议时，从法律角度认定事实时就会出现令人尴尬的局面。因此，一般是大致估算桩长，当根据当地经验估算的桩长与记录的桩长确实差别很大时，首先应综合施工工艺、地质条件和施工记录等开展有关调查，然后提出是否采用其他方法验证的建议。

4.2.5 复合地基竖向增强体的检测

复合地基竖向增强体分为柔性桩（砂桩、碎石桩）、半刚性桩即水泥土桩（搅拌桩、旋喷桩、夯实水泥土桩）、刚性桩（水泥粉煤灰碎石桩即 CFG 桩）。因为 CFG 桩实际为素混凝土桩，常见的设计桩体混凝土抗压强度为 20～25MPa（过去也有用 15MPa 或更低的）。采用低应变动测法对 CFG 桩桩身完整性检验是《建筑地基基础工程施工质量验收标准》GB 50202、《建筑地基处理技术规范》JGJ 79 等国家或行业现行标准明确规定的项目。而对于水泥土桩，桩身施工质量离散性较大，水泥土强度从零点几兆帕到几兆帕变化范围大，虽有用低应变法检测桩身完整性的报道，但可靠性和成熟性还有待进一步探究，考虑到国内应用的普遍适用性，水泥土桩的低应变桩身完整性检测的有效性未得到基桩检测方法标准的承认。此外，现行国家标准《建筑地基基础设计规范》GB 50007 已将桩身混凝土强度最低等级由 C20 提高到 C25，但现行的基桩检测标准对低应变受检桩的桩身混凝土强度的最低要求是 15MPa，这主要是考虑到工期紧和便于信息化施工，而放宽了对混凝土龄期的限制。因此，能满足设计规范要求的桩身混凝土强度等级，一定能满足检测标准的最低要求。

4.3　现场检测技术

4.3.1　测试仪器和激振设备的选择

1. 响应测量系统

建议低应变动力检测采用的响应测量传感器为压电式加速度传感器。根据压电式加速度计的结构特点和动态性能，当传感器的可用上限频率在其安装谐振频率的 1/5 以下时，可保证较高的冲击测量精度，且在此范围内，相位误差完全可以忽略。所以应尽量选用自振频率较高的加速度传感器。

对于桩顶瞬态响应测量，习惯上是将加速度计的实测信号积分成速度曲线，并据此进行判读。实践表明：除采用小锤硬碰硬敲击外，速度信号中的有效高频成分一般在 2000Hz 以内。但这并不等于说，加速度计的频响线性段达到 2000Hz 就足够了。这是因为，加速度原始信号比积分后的速度波形中要包含更多和更尖的毛刺，高频尖峰毛刺的宽窄和多少决定了它们在频谱上占据的频带宽窄和能量大小。事实上，对加速度信号的积分相当于低通滤波，这种滤波作用对尖峰毛刺特别明显。当加速度计的频响线性段较窄时，就会造成信号失真。所以，在 ±10% 幅频误差内，加速度计幅频线性段的高限不宜小于 5000Hz，同时也应避免在桩顶敲击处表面凹凸不平时用硬质材料锤（或不加锤垫）直接敲击。

第 3 章已对磁电式速度传感器的稳态和冲击响应性能作了详细介绍，指出高频窄脉冲冲击响应测量不宜使用速度传感器。此外由于速度传感器的体积和质量均较大，其安装谐振频率受安装条件影响很大，安装不良时的安装谐频会大幅下降并产生自身振荡，虽然可通过低通滤波将自振信号滤除，但由于安装谐振频率与信号的有用频率成分重叠，则安装谐振频率附近的有用信息也将随之滤除。

2. 激振设备

瞬态激振操作应通过现场试验选择不同材质的锤头或锤垫，以获得低频宽脉冲或高频窄脉冲。除大直径桩外，冲击脉冲中的有效高频分量可选择不超过 2000Hz（钟形力脉冲宽度为 1ms，对应的高频截止分量约为 2000Hz），桩直径小时脉冲可稍窄一些。选择激振设备没有过多的限制，如力锤、力棒等。锤头的软硬或锤垫的厚薄和锤的质量大小都能起到控制脉冲宽窄的作用，通常前者起主要作用；而后者（包括手锤轻敲或加力锤击）主要是控制力脉冲幅值。因为不同的测量系统灵敏度和增益设置不同，灵敏度和增益都较低时，加速度或速度模拟信号输出弱，相对而言降低了测量系统的信噪比或动态范围；两者均较高时又容易产生过载和削波。通常手锤即使在一定锤重和加力条件下，由于桩顶敲击部位处凹凸不平、软硬不一，冲击加速度幅值变化范围很大（脉冲宽窄也发生较明显变化），有些仪器没有加速度超载报警功能，而被削波的加速度波形积分成速度波形后往往不容易察觉。所以，锤头及锤体质量选择并不需要拘泥某一种固定形式，可选用工程塑料、尼龙、铝、铜、铁、硬橡胶等材料制成的锤头，或用橡皮垫作为缓冲垫层，锤的质量也可几百克至几十千克不等，主要目的归纳为：

（1）控制激励脉冲的宽窄以获得清晰的桩身阻抗变化的反射或桩底反射（图 4-4），同时又不产生明显的波形失真或高频干扰；

图 4-4　不同激励脉冲宽度
（*a*）脉冲过宽；（*b*）脉冲宽度合适

（2）获得较大的信号动态范围而不超载。

稳态激振设备包括扫频信号发生器、功率放大器及电磁式激振器。由扫频信号发生器输出等幅值、频率可调的正弦信号，通过功率放大器放大至电磁激振器输出与信号频率相同且幅值恒定的正弦激振力作用于桩顶。

4.3.2　桩头处理

桩顶条件和桩头处理好坏直接影响测试信号的质量。对低应变动测而言，判断桩身阻抗相对变化的基准是桩头部位的阻抗。因此，要求受检桩桩顶的混凝土质量、截面尺寸应与桩身设计条件基本等同。灌注桩应凿去桩顶浮浆或松散、破损部分，并露出坚硬的混凝土表面；桩顶表面应平整干净且无积水；敲击点和响应测量传感器安装点部位应予磨平，多次锤击信号重复性较差时，多与敲击或安装部位不平整有关；妨碍正常测试的桩顶外露主筋应割掉。对于预应力管桩，当法兰盘与桩身混凝土之间结合紧密时，可不进行处理，否则，应采用电锯将桩头锯平。

当桩头与承台或垫层相连时，相当于桩头处存在很大的截面阻抗变化，对测试信号会产生影响。因此，测试时桩头应与混凝土承台断开，否则即使在承台底以下的桩身侧面向下敲击，将出现上行拉力波首先到达承台嵌固端反射的复杂情况；当桩头侧面与垫层相连时，除非对测试信号没有影响，否则应断开。

4.3.3　测试参数设定

从时域波形中找到桩底反射位置，仅仅是确定了桩底反射的时间，根据 $\Delta T = 2L/c$，只有已知桩长 L 才能计算波速 c，或已知波速 c 计算桩长 L。因此，桩长参数应以实际记录的施工桩长为依据，按测点至桩底的距离设定。测试前桩身波速可根据本地区同类桩型的测试值初步设定。根据前面测试的若干根桩的真实波速的平均值，对初步设定的波速调整。

对于时域信号，采样频率越高，则采集的离散数字信号越接近模拟信号，越有利于缺陷位置的准确判断。一般应在保证测得完整信号（时段 $2L/c+5\text{ms}$，1024 个采样点）的前提下，选用较高的采样频率或较小的采样时间间隔。但是，若要兼顾频域分辨率，则应按采样定理适当降低采样频率或增加采样点数。如采样时间间隔为 $50\mu s$，采样点数 1024，FFT 频域分辨率仅为 $1\div(1023\times0.00005)=19.55\text{Hz}$。

稳态激振是按一定频率间隔逐个频率激振，要求在每一频率下激振持续一段时间，以达到稳态振动状态。频率间隔的选择决定了速度幅频曲线和导纳曲线的频率分辨率，它影响桩身缺陷位置的判定精度；间隔越小，精度越高，但检测时间很长，降低工作效率。一般频率间隔设置为 3Hz、5Hz 或 10Hz。每一频率下激振持续时间的选择，理论上越长越好，这样有利于消除信号中的随机噪声和传感器阻尼自振项的影响。实际测试过程中，为提高工作效率，只要保证获得稳定的激振力和响应信号即可。

4.3.4 传感器安装和激振操作

（1）"传感器安装底面应与桩顶面紧密接触"是测量响应传感器安装的基本原则。传感器用耦合剂粘结时，粘结层应尽可能薄。激振以及传感器安装均应沿桩的轴线方向。

（2）激振点与传感器安装点应远离钢筋笼的主筋，其目的是减少外露主筋振动对测试产生干扰信号。外露主筋过长或过密妨碍测试时，应将其扳倒或掰开。

（3）测桩目的是激励桩的纵向振动振型，但相对桩顶横截面尺寸而言，激振点处为集中力作用，在桩顶部位难免出现与桩的径向振型相对应的高频干扰。当锤击脉冲变窄或桩径增加时，这种由三维尺寸效应引起的干扰加剧。传感器安装点与激振点的距离不同，所受干扰的程度各异。第 2 章介绍的研究成果表明：实心桩安装点在距桩中心约 2/3 半径 R 时，所受干扰相对较小；空心桩安装点与激振点平面夹角等于或略大于 90°时也有类似效果，该处相当于径向耦合低阶振型的驻点。另外应注意，加大安装与激振两点间距离或平面夹角，将增大锤击点与安装点响应信号的时间差，造成波速或缺陷定位误差。传感器安装点、锤击点布置见图 4-5。

（4）当预制桩、预应力管桩等桩顶高于地面很多，或灌注桩桩顶部分桩身截面很不规则，或桩顶与承台等其他结构相连而不具备传感器安装条件时，可将两支测量响应传感器对称安装在桩顶以下的桩侧表面，且宜远离桩顶。桩顶有承台时，可在承台顶敲击。

（5）瞬态激振通过改变锤的重

图 4-5 传感器安装点、锤击点布置示意图

实心桩　　○ 传感器安装点　● 激振锤击点　　空心桩

量及锤头材料，可改变冲击入射波的脉冲宽度及频率成分。锤头质量较大或刚度较小时，冲击入射波脉冲较宽，低频成分增加；当冲击力大小相同时，其能量较大，应力波衰减较慢，适合于获得长桩桩底信号或下部缺陷的识别（图 4-6）。

锤头较轻或刚度较大时，冲击入射波脉冲较窄，含高频成分较多；冲击力大小相同时，虽其能量较小并加剧大直径桩的尺寸效应影响，但较适宜于桩身浅部缺陷的识别及定位。讲到这里，细心的读者可能会问：图 4-6（a）和图 4-6（c）所示波形中的 3.5kHz 高频分量缘何产生？若是尺寸效应引起的高频振荡频率似应更高，

图 4-6 不同的锤击工具引起不同的动力响应

（40cm×40cm 主框，摘引自黄理兴等[46]）

（a）手锤；（b）带尼龙头力锤；（c）细金属杆

一般薄层粘接条件（如黄油）下的加速度计应该不会严重失真，较大的可能性是传感器采用了较软且较厚的耦合介质粘接，进而激发了传感器的安装谐振。

（6）稳态激振在每个设定的频率下激振时，为避免频率变换过程产生失真信号，应具有足够的稳定激振时间，以获得稳定的激振力和响应信号，并根据桩径、桩长及桩周土约束情况调整激振力。稳态激振器的安装方式及好坏对测试结果起着很大的作用。为保证激振系统本身在测试频率范围内不出现谐振，激振器的安装宜采用柔性悬挂装置，同时在测试过程中应避免激振器出现横向振动。

（7）为了能对室内信号分析发现的异常提供必要的比较或解释依据，检测过程中，同一工程的同一批试桩的试验操作宜保持同条件，不仅要对激振操作、传感器和激振点布置等某一条件改变进行记录，也要记录桩头外观尺寸和混凝土质量的异常情况。

（8）桩径增大时，桩截面各部位的运动不均匀性也会增加，桩浅部的阻抗变化往往表现出明显的方向性。故应增加检测点数量，通过各接收点的波形差异，大致判断浅部缺陷是否存在方向性。每个检测点有效信号数不宜少于 3 个，而且应具有良好的重复性，通过叠加平均提高信噪比。

4.4 测试信号的分析与判定

不论是高应变动力荷载试验还是低应变完整性测试，人对测试信号的直观定性分析对最终判定结论的形成起着主导性作用。高应变波形分析时，还可采用数值分析软件辅助进行定量计算分析，而一个合理的低应变动测波形分析判定结果，应该是在正确概念指引下、无需通过复杂计算便可"看"出来的。

4.4.1 通过统计确定桩身波速平均值

为分析不同时段或频段信号所反映的桩身阻抗信息、核验桩底信号并确定桩身缺陷位置，需要确定桩身波速及其平均值。

当桩长已知、桩底反射信号明确时，在地质条件、设计桩型、成桩工艺相同的基桩

中，选取不少于 5 根 I 类桩的桩身波速值按下列三式计算其平均值：

$$c_{\mathrm{m}} = \frac{1}{n} \sum_{i=1}^{n} c_i \qquad (4\text{-}2)$$

$$c_i = \frac{2L}{\Delta T} \qquad (4\text{-}3)$$

$$c_i = 2L \cdot \Delta f \qquad (4\text{-}4)$$

式中：c_{m}——桩身波速的平均值；

    c_i——第 i 根受检桩的桩身波速值，通常要求 c_i 取值的离散性不宜太大，即 $|c_i - c_{\mathrm{m}}|/c_{\mathrm{m}} \leqslant 5\%$；

    L——测点下桩长；

    ΔT——速度波第一峰与桩底反射波峰间的时间差，见图 4-7；

    Δf——幅频曲线上桩底相邻谐振峰间的频差，见图 4-8；

    n——参加波速平均值计算的基桩数量（$n \geqslant 5$）。

需要指出，桩身平均波速确定时，要求 $|c_i - c_{\mathrm{m}}|/c_{\mathrm{m}} \leqslant 5\%$ 的规定在具体执行中并不宽松，因为如前所述，影响单根桩波速确定准确性的因素很多；如果被检工程桩数量较多，尚应考虑尺寸效应问题，即参加平均波速统计的被检桩的测试条件应尽可能一致，桩身也不应有明显的阻抗变化。

当无法按上述方法确定时，波速平均值可根据本地区相同桩型及成桩工艺的其他桩基工程的实测值，结合桩身混凝土的骨料品种和强度等级综合确定。虽然波速与混凝土强度二者并不成一一对应关系，但考虑到二者整体趋势上成正相关关系，且强度等级是现场最易得到的参考数据，故对于超长桩或无法明确找出桩底反射信号的桩，可根据本地区经验并结合混凝土强度等级，综合确定波速平均值，或利用成桩工艺和桩型相同，桩长相对较短并能够找出桩底反射信号的桩确定的波速，作为波速平均值。

图 4-7 完整桩典型时域信号特征

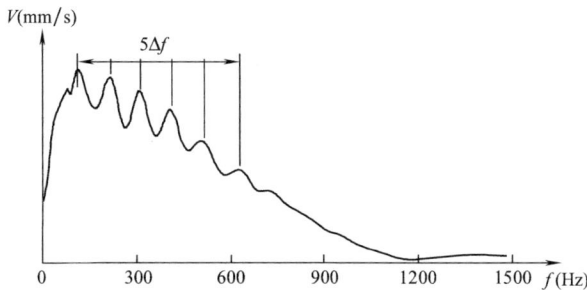

图 4-8 完整桩典型速度幅频信号特征

此外，当某根桩露出地面且有一定的高度时，可沿桩长方向间隔一可测量的距离段安置两个测量响应的传感器，通过测量两个传感器的响应时差，计算该桩段的波速值，以该值代表整根桩的波速值。但要提醒注意，上下两个测点之间的距离至少要大于 100cm，考虑到尺寸效应，上测点距桩顶的距离应大于 $2D \sim 4D$（D 为桩径），激励脉冲偏窄时取高值。

4.4.2 桩身缺陷位置计算

桩身缺陷位置计算采用以下两式之一：

$$x = \frac{1}{2} \cdot \Delta t_x \cdot c \tag{4-5}$$

$$x = \frac{1}{2} \cdot \frac{c}{\Delta f'} \tag{4-6}$$

式中：x——桩身缺陷至传感器安装点的距离；

　　Δt_x——速度波第一峰与缺陷反射波峰间的时间差，见图 4-9；

　　c——受检桩的桩身波速，无法确定时用 c_m 值替代；

　　$\Delta f'$——幅频信号曲线上缺陷相邻谐振峰间的频差，见图 4-10。

图 4-9　缺陷桩典型时域信号特征（注：缺陷二次反射与桩底反射重叠）

图 4-10　缺陷桩典型速度幅频信号特征

本方法确定桩身缺陷的位置是有误差的，原因是：

（1）缺陷位置处 Δt_x 和 $\Delta f'$ 存在读数误差；采样点数不变时，提高时域采样频率降低了频域分辨率；波速确定的方式及用抽样所得平均值 c_m 替代某具体桩身段波速带来的误差。

（2）前面述及的尺寸效应问题分为横向尺寸效应和纵向尺寸效应。横向尺寸效应表现为传感器接收点测到的入射峰总比锤击点处滞后，考虑到表面波或剪切波的传播速度比纵波低得多，特别对大直径桩或直径较大的管桩，这种从锤击点起由近及远的时间线性滞后将明显增加。而波从缺陷或桩底以一维平面应力波反射回桩顶时，引起的桩顶面径向各点的质点运动却在同一时刻都是相同的，即不存在由近及远的时间滞后问题。所以严格地讲，按入射峰-桩底反射峰确定的波速将比实际的高，若按"正确"的桩身波速确定缺陷位置将比实际的浅。因此，时域采样时宜适当兼顾频域分辨率，用速度频谱分析确定的 Δf 计算波速；若能测到 $4L/c$ 的二次桩底反射，则由 $2L/c \sim 4L/c$ 时段确定的波速是正确的。

纵向尺寸效应表现为浅部缺陷定位准确性上。以下三个信号摘引自文献［47］中的 G1 号桩，波速为 4200m/s，见图 4-11 的三幅波形，这是一根典型的浅部严重缺陷桩。作者认为，三种锤敲击所得波形以图 4-11（a）和图 4-11（b）较为理想，而图 4-11（c）由于缓冲激励导致波形高频缺失。事实上，这三个波形都反映了浅部缺陷的低频大摆动的共性，从测振传感器原理上讲，容易失真的是高频激励产生的响应信号。如果缺陷再浅一些，恐怕图 4-11（a）和图 4-11（b）也未必能测出应力波在缺陷段的来回反射。由于这根桩属于现场低应变考核模型桩测试，能够尽量准确给出浅部缺陷的深度固然重要，但是一定要将缺陷定位误差控制在分米，甚至厘米级似乎未必现实，从工程实用角度讲，浅部缺陷最容易处理，而从测试原理上讲，浅部严重缺陷的发觉比深部缺陷容易，所以能够找到浅部缺陷才是解决桩质量问题的关键。

图 4-11　40cm×40cm 模拟桩典型速度反射波曲线
（a）铁锤，润滑脂粘贴；（b）力棒，润滑脂粘贴；（c）橡皮锤，橡皮泥粘贴

4.4.3　桩身完整性类别判定

桩身完整性检测不仅是低应变动测法的功能，声波透射法、钻芯法和高应变法也有此项功能，因此需要建立一个桩身完整性分类的统一标准，以便于检测结果的采纳。国内外对桩身完整性的定义存在差异，但桩身完整性的分类均按四个类别划分。

1. 时域和频域波形分析

建议采用时域和频域波形分析相结合的方法进行桩身完整性判定，也可根据单独的时域或频域波形进行完整性判定。一般在实际应用中是以时域分析为主、频域分析为辅。

依据实测时域或频域信号特征进行桩身完整性判定的分类标准见表 4-1，显然缺陷类别的判定是定性的。这里需特别强调，仅依据信号特征判定桩身完整性是不够的，需要检测分析人员结合缺陷出现的深度、测试信号衰减特性以及设计桩型、成桩工艺、地质条

件、施工情况等综合分析判定。表 4-1 没有列出桩身无缺陷或有轻微缺陷但无桩底反射这种信号特征的类别划分。事实上，低应变法测不到桩底反射信号这类情形受多种因素影响，例如：

① 软土地区的超长桩，长径比很大；

② 桩周土约束很大，应力波衰减很快；

③ 桩身阻抗与持力层阻抗匹配良好；

④ 桩身截面阻抗显著突变或沿桩长渐变；

⑤ 预制桩水平裂缝或接头缝隙。

桩身完整性判定 表 4-1

类别	时域信号特征	频域信号特征
I	$2L/c$ 时刻前无缺陷反射波，有桩底反射波	桩底谐振峰排列基本等间距，其相邻频差 $\Delta f \approx c/2L$
II	$2L/c$ 时刻前出现轻微缺陷反射波，有桩底反射波	桩底谐振峰排列基本等间距，其相邻频差 $\Delta f \approx c/2L$，轻微缺陷产生的谐振峰与桩底谐振峰之间的频差 $\Delta f' > c/2L$
III	有明显缺陷反射波，其他特征介于 II 类和 IV 类之间	
IV	$2L/c$ 时刻前出现严重缺陷反射波或周期性反射波，无桩底反射波； 或因桩身浅部严重缺陷使波形呈现低频大振幅衰减振动，无桩底反射波	缺陷谐振峰排列基本等间距，相邻频差 $\Delta f' > c/2L$，无桩底谐振峰； 或因桩身浅部严重缺陷只出现单一谐振峰，无桩底谐振峰

其实，当桩侧和桩端阻力很强时，高应变法可能同样也测不出桩底反射。所以，上述原因造成无桩底反射也属正常。此时的桩身完整性判定，只能结合经验、参照本场地和本地区的同类型桩综合分析或采用其他方法进一步检测。

所以，绝对要求同一工程所有的 I、II 类桩都有清晰的桩底反射也不现实。对同一场地、地质条件相近、桩型和成桩工艺相同的基桩，因桩端部分桩身阻抗与持力层阻抗相匹配而导致实测信号无桩底反射波时，只能按本场地同条件下有桩底反射波的其他桩实测信号判定桩身完整性类别。常理上讲，当两根桩的桩型、施工工艺、桩长以及地质条件相同且都不存在桩身缺陷反射时，有明显桩底正向反射信号的桩的竖向承载力理应低于没有清晰桩底正向反射信号的桩，但是，不能忽视动测法的这种局限性。例如，图 4-12 是人工挖孔桩的实测波形，桩长 38.4m，从波形上很难判断桩身存在缺陷，但钻芯和声波透射法检测均反映在 28～31m 范围存在缺陷。因为缺陷出现部位较深，桩侧土阻力较强，此时，低应变法无能为力。

桩身完整性为 I 类的信号分析判定，从时域信号或频域曲线特征表现的信息判定相对来说较简单直观，而分析缺陷桩信号则复杂些。有的信号的确是因施工质量缺陷产生的，但也有是因设计构造或成桩工艺本身局限性导致的不连续（断面）而产生的，例如预制打入桩的接头缝隙、灌注桩逐渐扩径再缩回原桩径的变截面、地层硬夹层影响等。因此，在分析测试信号时，应仔细分清哪些是缺陷波或缺陷谐振峰，哪些是因桩身构造、成桩工艺、土层影响造成的类似缺陷信号特征。另外，根据测试信号幅值大小判定缺陷程度，除

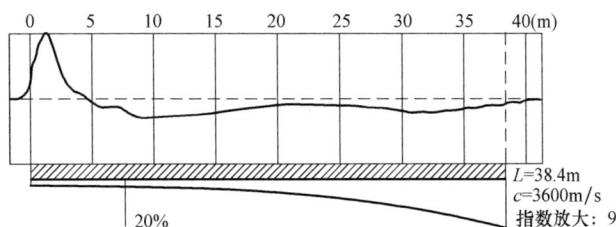

图 4-12　无法测到深部缺陷反射的实测速度信号

受缺陷程度影响外，还受桩周土阻力大小及缺陷所处深度的影响。相同程度的缺陷因桩周土性不同或缺陷埋深不同，测试信号中反射波相对幅值大小各异。因此，如何正确判定缺陷程度，特别是缺陷十分明显时，如何区分是Ⅲ类桩还是Ⅳ类桩，应仔细对照桩型、地质条件、施工情况结合当地经验综合分析判断。不仅如此，还应结合基础和上部结构形式对桩的承载安全性要求，考虑桩身承载力不足引发桩身结构破坏的可能性，进行缺陷类别划分，不宜单凭测试信号定论。

2. 时域信号曲线拟合法

将桩划分为若干单元，以实测或模拟的力信号作为已知边界条件，设定并调整桩身阻抗及土参数，通过一维波动方程数值计算，计算出速度时域波形并与实测的波形进行反复比较，直到两者吻合程度达到满意为止，从而得出桩身阻抗的变化位置及变化量大小。该计算方法类似于高应变的曲线拟合法，只是拟合所用的桩-土模型没有高应变拟合法那么复杂。图 4-16 是曲线拟合法程序 FEIPWAPC[27] 的应用示例。

3. 机械阻抗法

利用导纳曲线或速度幅频曲线中的基频（如理论上的刚性支承桩的基频为 $\Delta f/2$）以及各阶频差 Δf 校核的波速或发现的桩身阻抗变化深度，根据实测导纳值与理论导纳值的相对高低、实测低频动刚度与检验批的平均动刚度的相对高低，进行桩身完整性推定。虽然机械阻抗法国内已少用，但该法基于频域分析桩身完整性的有效性，应予充分肯定。

图 4-13 为完整桩的速度导纳曲线。计算导纳值 N_c、实测导纳几何平均值 N_m 和动刚度 K_d 分别按下列公式计算：

$$导纳理论计算值 \quad N_c = \frac{1}{\rho c_m A} \tag{4-7}$$

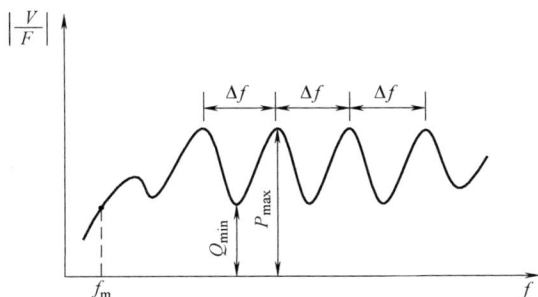

图 4-13　均匀完整桩的速度导纳曲线

实测导纳几何平均值　$N_m = \sqrt{P_{max} \cdot Q_{min}}$　　　　　　　　　　　　　(4-8)

动刚度　　　　　　　　　　　　　$K_d = \dfrac{2\pi f_m}{\left| \dfrac{V}{F} \right|_m}$　　　　　　　(4-9)

式中：ρ——桩材质量密度（kg/m³）；

　　c_m——桩身波速平均值（m/s）；

　　A——设计桩身截面积（m²）；

　P_{max}——导纳曲线上谐振波峰的最大值（m/s·N⁻¹）；

　Q_{min}——导纳曲线上谐振波谷的最小值（m/s·N⁻¹）；

　f_m——导纳曲线上起始近似直线段上任一频率值（Hz）；

　$\left| \dfrac{V}{F} \right|_m$——与 f_m 对应的导纳幅值（m/s·N⁻¹）。

　　理论上，实测导纳值 N_m、计算导纳值 N_c 和动刚度 K_d 就桩身质量好坏而言存在一定的相对关系：完整桩，N_m 约等于 N_c、K_d 值正常；缺陷桩，N_m 大于 N_c、K_d 值低，且随缺陷程度的增加其差值增大；扩径桩，N_m 小于 N_c、K_d 值高。

　　值得说明，由于稳态激振过程中激振力恒定，在扫频点（或极窄频带）上能量集中、信噪比高、抗干扰能力强等特点，所测的导纳曲线、导纳值及动刚度比采用瞬态激振方式重复性好、可信度较高。

4.4.4　桩身阻抗多变或渐变

　　低应变法的误判高发区中主要包含了桩身出现阻抗多变或渐变的情况。因此，对以下两种情况的桩身完整性判定宜结合其他检测方法进行：

　　① 实测信号复杂，无规律，无法对其进行准确评价；

　　② 桩身截面渐变或多变，且变化幅度较大的混凝土灌注桩。

　　1. 桩身阻抗多变

　　举一个曾被判为桩身有严重缺陷桩的钻孔灌注桩实例：桩径 1350mm，桩长 19.1m，设计为嵌岩桩。如图 4-14（a）低应变测试波形所示，取 $c = 3700$m/s，在 4m、8m 和 18m 处出现三个明显的同向反射。其中 8m 处的反射不排除是 4m 处缺陷的二次反射；18m 处的反射可能是缺陷（或桩偏短），也可能是桩底沉渣过厚，但也不排除是桩底反射（但这时波速取值为 3900m/s）。继而用高应变法进行验证，试验时没有采用大能量冲击，仅用 50kN 重锤，锤的落距 1m，所测波形见图 4-14（b）。虽然混凝土的非线性可使高应变波速低于低应变波速，但高应变波速的取值为 3500m/s 时才能与 18m 处缺陷对应，若要与 19.1m 的桩底反射对应，则波速取值要升至 3700m/s 左右。由于该桩设计为嵌岩灌注桩，因此在限定不可能出现异常高波速的前提下，可以怀疑桩身 18m 处存在缺陷，但也不能绝对排除施工桩长恰为 18m 或沉渣厚 1.1m 的可能性。另一个现象是图 4-14（b）高应变信号中，力和速度曲线在起升沿基本成比例，4m 处的缺陷在高应变波形上没有明显反映，而在 8m 处显示出轻微缺陷。所以依据高应变试验对比，该桩在 18m 以上不可能存在明显或严重的桩身缺陷，即如果能测到明显的桩底或桩深部缺陷反射，则桩身上部的缺陷一般不可能属于很明显或严重的缺陷。最后，还是根据高应变波形反映出的桩承载性状——强端阻反射，可断定该桩为有明显端承效果的嵌岩桩，考虑波速测不准或桩长（缺陷深度）测试误差尚在方法的可接受范围内，桩身完整性直接判为Ⅰ类也许更合理。

图 4-14　高、低应变桩身完整性测试波形对比

（a）低应变测试波形；（b）高应变测试波形

当桩身存在不止一个阻抗变化截面（包括在桩身某一范围内阻抗渐变的情况）时，由于各阻抗变化截面的一次和多次反射波相互叠加，除距桩顶第一阻抗变化截面的一次反射能辨认外，其后的反射信号可能变得十分复杂，难于分析判断。此时，首先要查找测试各环节是否有疏漏，然后再根据施工和地层情况分析原因，并与同一场地、同一测试条件下的其他桩测试波形进行比较，有条件时可采用实测曲线拟合法试算。确实无把握且怀疑桩对基础与上部结构的安全或正常使用构成影响时，应提出验证检测的建议。

2. 桩身阻抗渐变

对于混凝土灌注桩，采用时域信号分析时应区分桩身截面渐变后恢复至原桩径并在该阻抗突变处的一次反射，或扩径突变处的二次反射。当灌注桩桩身截面形态呈现图 4-15 情况时，桩身截面（阻抗）渐变或突变，在阻抗突变处的一次或二次反射常表现为类似明显扩径、严重缺陷或断桩的相反情形，从而造成误判。因此，可结合成桩工艺和地层条件综合分析，加以区分；无法区分时，应结合其他检测方法综合判定。必要时，可采用实测信号拟合法辅助判定桩身完整性或借助实测导纳值、动刚度的相对高低辅助判定桩身完整性。采用实测信号拟合法进行辅助分析时，需满足下列条件：

（1）信号不得因尺寸效应、测试系统频响等影响产生畸变。

（2）桩顶横截面尺寸应按现场实际测量结果确定。

（3）通过同条件下、截面基本均匀的相邻桩曲线拟合，确定引起应力波衰减的桩土参数取值。

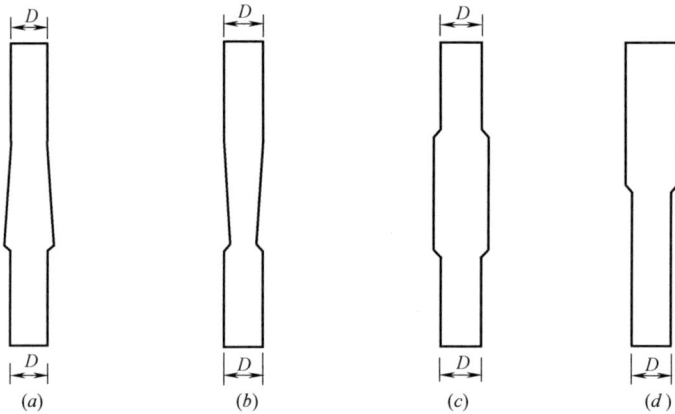

图 4-15　混凝土灌注桩截面（阻抗）变化示意图

（a）逐渐扩径；（b）逐渐缩颈；（c）中部扩径；（d）上部扩径

（4）宜采用实测力波作为边界条件输入。

图 4-16 是一根桩长 16.4m，桩径 600mm 的钻孔扩底灌注桩实测信号拟合法的实例。可以看出，约在 9.5m 处的同向反射属先扩后缩的反射，拟合计算"缩颈"处的直径不小于设计桩径。该场地在深度 7～9m（扩径处）为砂层，几乎所有被测的桩均在砂层有扩径反射。

图 4-16　扩径桩信号拟合法分析实例

4.4.5　关于嵌岩桩

对于嵌岩桩，桩底沉渣和桩端持力层是否为软弱层、溶洞等是直接关系到该桩能否安全使用的关键因素。虽然低应变动测法不能确定桩底情况，但理论上可以将嵌岩桩桩端视为杆件的固定端，并根据桩底反射波的方向判断桩端端承效果。当桩底时域反射信号为单一反射波且与锤击脉冲信号同向时，或频域辅助分析时的导纳值相对偏高，动刚度相对偏低时，理论上表明桩底有沉渣存在或桩端嵌固效果较差。注意，虽然沉渣较薄时对桩的承载能力影响不大，但低应变法很难回答桩底沉渣厚度到底能否影响桩的承载力和沉降性状，并且确实出现过有些嵌入坚硬基岩的灌注桩的桩底同向反射较明显，而钻芯却未发现桩端与基岩存在明显胶结不良的情况。所以，出于安全和控制基础沉降考虑，若怀疑桩端嵌固效果差时，应采用静载试验或钻芯法等有效检测方法核验桩端嵌岩情况，确保基桩使用安全。

下面列举在武汉汉口的一根桩长 53.3m，桩径 1000mm，桩端嵌入基岩的钻孔灌注桩的低应变法检测实例。试验采用质量为 100kg 的铁球激振，实测波形曲线见图 4-17。取波速 $c = 3700\text{m/s}$，尽管没有用任何线性或指数放大，却得到十分清晰的桩底（或附近）负向反射。静载试验加荷至 14000kN，桩顶沉降量仅为 20mm 左右。保守估算桩身平均轴力约为 10000kN，除以桩身竖向抗压刚度 EA/L 得到的桩身弹性压缩量已达

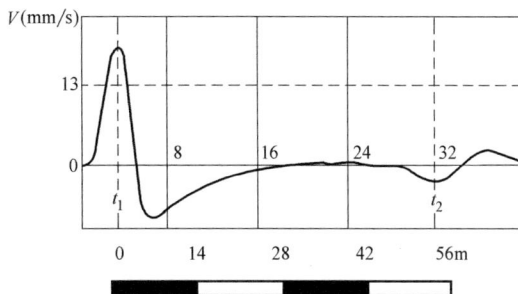

图 4-17　嵌岩桩实测波形

20mm，因此，可得出桩端为刚性嵌固的结论。注意：由于负向反射后又出现正向反射，则将负向反射判定为嵌岩段侧阻反射，而将正向反射确认为桩底反射也属正常，此时波速约为 3200m/s。所以，如何合理确定桩底反射位置，也需要根据桩端持力层岩性（中风化细砂岩或砂砾岩）结合钻孔工艺和设备能力判断。在 20 世纪 90 年代初采用回转钻机成孔时，桩底出现正向反射可能较符合实际。

4.4.6　信号分析中尚需关注的某些问题

1. 关于数字滤波

对于低应变法动力试桩而言，除了随机噪声应该滤除外，数字滤波是不得已而为之的信号处理方式。大直径桩的尺寸效应是桩所固有的，如果桩的径向干扰振型被明显激励出来，即使将桩顶接收到的干扰信号滤除，但应力波沿桩身传播背离一维杆理论、由此引起的误差将无法滤除。所以，只能通过控制激励脉冲宽度，将干扰减小。对传感器动态特性不良引起的安装谐振和低频漂移，可以在选择测量系统中慎重考虑，并根据其频响范围控制激励脉冲宽度。通常，我们希望滤除的尺寸效应和测量系统频响特性不良所引起的干扰波频段大多会落在响应信号的有效频段范围内，干扰被滤除了，有用的信息也随之被滤除。如果你知道回到室内要进行数字滤波，为什么不能在检测时就在现场获得理想的测试波形呢？通过改变锤头材料或锤垫厚度来调整激励脉冲宽度就可以做到这一点，即机械滤波。这对测试系统的模拟滤波也同样适用。下面给出 2008 年北京市住房和城乡建设委员会组织的基桩桩身完整性能力验证活动中一个非正常的信号处理案例：

截面为 350mm×350mm、长 10m 预制模型桩，距桩顶 900～2100mm 范围内扩颈（350mm×450mm），设计混凝土强度等级 C30。模型桩水平埋设，两端外露。图 4-18 给出了两个检测机构的对比测试波形，其中图 4-18（b）的低应变波形中由于低通滤波截止频率过低，使信号中有用的高频信息明显缺失，加之检测人员对低应变法基本原理缺乏了

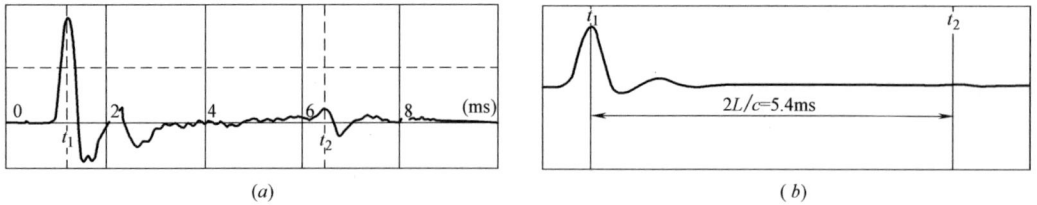

图 4-18 两个波形比较
(a) 未做任何处理的正常波形；(b) 非正常滤波处理后的失真波形

解，最终给出了"桩身浅部有明显缺陷"的颠覆性结论。

顺便提及：图 4-18 (b) 信号与第 4.3 节的图 4-4 (a) 波形不同——前者虽经低通滤波，但仍可看出敲击时并未不恰当地采用了宽脉冲激励，波形失真（圆滑）的主因应归结为低通滤波不当；而后者是人为采用软锤头敲击造成了宽脉冲激励。

2. 有用信息提取

在确保测试质量的前提下，我们希望通过信号分析得到更多的有用信息。由于信号分析处理方法以及对响应信号的更多有用信息的认知仍在不断深化，如频域分析中的细化、变时基、倒频谱等方法已经渗入到低应变测桩这一领域，对促进低应变信号分析技术的发展将是有益的。

由于地质条件以及与此相关的桩型和施工工艺在我国各地差别很大，而桩侧、桩端土条件是控制响应信号中有用信息量多少的最主要因素。因此，岩土工程条件的诸多影响因素很难在本书中全面反映，需要检测人员在实践中不断摸索和积累经验。

3. 关于Ⅲ类桩判定标准

过去，对Ⅲ类桩的解释分为以下两种：一是属于"不合格"桩；二是认为有缺陷，能否使用有待进一步验证。根据普遍认可的桩身完整性统一分类标准（见第 1.5 节）对Ⅲ类桩的定义——"桩身有明显缺陷，对桩身结构承载力有影响"，可以看出，被确认的Ⅲ类桩属于过去所谓"不合格"类。这是因为，工程桩尽管以竖向承载为主，然而桩身结构承载力不仅指竖向抗压承载力，比如有水平整合型裂缝的桩，竖向抗压承载力可能不受影响，但是水平承载力以及桩的耐久性会受影响。更主要的是从技术能力上分析，低应变法判断桩身完整性的灵敏度和准确度十分有限。客观地说，有些情况下的判断带有经验成分，只有结合其他更可靠、更适用的方法才能做出准确判断，因此不能对该法期望过高。这和医学检查内脏器官是否有病变一样，一般先是采用如 X 光、B 超、彩超、CT 等非直接方法，可能还要经过专家会诊；不能确诊时，就要采用直接法，如内窥镜、取活体组织检验等。所以，通过低应变检测虽然不一定能肯定Ⅲ类桩，但至少应找出可能影响桩身结构承载力的疑问桩。另外，桩合格与否的评定项目不仅仅是桩身完整性一项，桩基验收时还可采取验证、设计复核、直接或间接补强等多种手段，进行重新验收或让步验收。故现行的检测标准未明文要求做出"合格"或"不合格"的评定。由于没有涉及"合格"评定的责任，也许有人会误解为这是一种回避责任的做法，其实不然，上述提法只是想为检测人员在充分体现自身技术水平、经验的情况下提供灵活判断的可能性。从职业道德上讲，对质量问题的小题大做或视而不见，都是检测人员之大忌。

4.4.7 检测报告的通用性要求

人员水平低、测试过程和测量系统各环节出现异常、人为信号再处理影响信号真实性等，均直接影响结论判断的正确性，这些异常情况只有根据原始信号曲线才能鉴别。因此，低应变检测报告应给出桩身完整性检测的实测信号曲线。

检测报告还应包括足够的信息：

（1）工程概述；

（2）岩土工程条件；

（3）检测方法、原理、仪器设备和过程叙述；

（4）桩位平面图、受检桩的桩号以及相应的施工异常情况备注；

（5）桩身波速取值；

（6）桩身完整性描述、缺陷的位置及桩身完整性类别；

（7）时域信号时段所对应的桩身长度标尺、指数或线性放大的范围及倍数；或幅频信号曲线分析的频率范围、桩底或桩身缺陷对应的相邻谐振峰间的频差；

（8）必要的说明和建议，比如对扩大或验证检测的建议；

（9）为了清晰地显示出波形中的有用信息，波形纵横尺寸的比例应合适，且不应压缩过小，比如波形幅值的最大高度仅 1cm、$2L/c$ 的长度为 $2\sim3$cm 显然是不合适的，因此每页纸所附波形图不宜太多；

（10）相同设计、施工条件下的桩实测波形，所采用的时间或深度坐标刻度应一致。

第5章　短持续动力载荷试验

5.1　土阻力测量

从第 2 章第 2.4 节有关土模型的叙述可知，常规的桩-土相互作用模型可分别由弹簧（土的静阻力与位移成正比）和阻尼器（土的动阻力与速度成正比）并联组成。尽管手锤

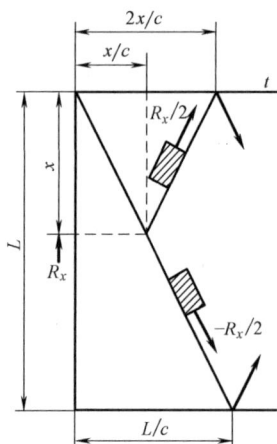

图 5-1　土阻力波传播示意

敲击的桩身完整性检测（Low Strain Impact Integrity Testing，亦称瞬态低应变检测）和重锤激励的动力载荷试验（国际称谓 Dynamic Load Test，简称 DLT，美国称谓 High Strain Dynamic Testing，即高应变动测）均可采用一维应力波理论分析计算桩-土系统响应，但前者由于桩-土体系运动及变形很小，采用土弹簧和土阻尼去定量分析应力波在传播过程中由土阻力引起的波的反射和衰减意义不大；而后者除与低应变反射波法的计算原理、方法一致外，还要着重考虑土弹簧和土阻尼，甚至是简化假定下的土弹簧与土阻尼两个线性模型耦合后的"总土阻力"非线性。因此，本章前两节先介绍利用波动理论测量和计算桩-土相互作用的土阻力问题。

实际检测时，激励和响应的测量传感器一般安装在桩顶附近，习惯上将传感器安装截面视为桩顶（$x=0$ 边界），传感器安装截面至桩底的距离称为测点下桩长 L。对于等截面均匀桩，桩顶实测到的力和速度包含了桩侧和桩端土阻力的影响。下面来分析深度 x 处的一个土阻力 R_x 在冲击过程中对桩顶的力和速度的影响。根据第 2.4 节式（2-53）和式（2-54），下行入射波通过 x 界面时，将在界面处分别产生幅值各为 $R_x/2$ 的向上反射压力波和向下传播的拉力波，见图 5-1。即 $t=x/c$ 时刻 R_x 被激发，$R_x/2$ 的压力波影响于 $2x/c$ 时刻反射回桩顶，它将使桩顶力曲线上升 $R_x/2$，同时使速度曲线下降 $R_x/2Z$。如果将速度曲线以力的单位归一化，即将速度乘以阻抗 Z 与力曲线在同一坐标刻度下显示，那么 R_x 对桩顶力和速度曲线的影响将使两曲线的差值增加为：

$$\frac{R_x}{2}-\left(-\frac{R_x}{2Z}\right)\cdot Z=R_x$$

由于 x 是完全任意的，于是可以预期：对于等截面均匀桩，t_1+2x/c（$x\leqslant L$）时刻桩顶力和阻抗乘以速度时程曲线的差值大小反映了应力波从桩顶下行至深度 x、再从 x 回到桩顶的过程中 x 桩段连续侧阻力发挥的多少（图 5-2），即呈现如下趋势：

$$R_x \propto F\,(0,2x/c)-Z\cdot V\,(0,2x/c) \tag{5-1}$$

上式中，若 $c \to \infty$，x 深度以上各点激发的土阻力波将同时返回桩顶，式（5-1）变为等式，否则需满足图 5-2 示意的条件才能成为等式：例如，计算 $R(x_1)$ 需使 $0 \sim x_1$ 深度范围的任一深度（如 a-b 虚线代表的深度）的侧阻力 $R_{a\text{-}b}$ 在 $t_a \sim t_b$ 时段保持恒定；计算更深处的 $R(x_2)$，则需使 $0 \sim x_2$ 深度范围的任一深度（如 c-d 虚线代表的深度）的侧阻力 $R_{c\text{-}d}$ 在 $t_c \sim t_d$ 时段保持恒定。显然，随着深度增大，长时段保持侧阻力恒定的难度增加。因此，锤与桩-土系统匹配良好、桩顶荷载持续时间较长，x 桩段侧阻力在 $t_1 \sim t_1 + 2x/c$ 时段发挥充分且未出现明显卸载或桩顶反弹，即 $F(t_1 + 2x/c) + Z \cdot V(t_1 + 2x/c) > 0$，式（5-1）可近似变为等式，这意味着 x 桩段的打桩侧阻力可经直接测量近似获得。R_x 越大，则 x 深度以上桩段的土阻力就越强。图 5-2 中，$R(x_1)$ 和 $R(x_2)$ 分别代表锤击时所测量到的桩顶以下 x_1 和 x_2 桩段的打桩侧阻力。

图 5-2 理想条件下打桩侧阻力测量示意

关于打桩侧阻力测量的理念显然可拓展到整桩的打桩阻力测量——桩的承载力越高，打桩总阻力越强。不仅如此，随时间变化的打桩总阻力是能直接测量的，但打桩总阻力中静阻力所占的具体份额仍是未知的。因此，通过实测力与实测速度曲线之差反映的桩周岩土阻力大小只是桩的竖向承载力高低的定性表达。

5.2 基于行波理论的承载力计算方法

美国凯司技术学院（CASE Institute of Technology）Goble 教授等[7,10]经过十余年努力，创建了一套以行波理论为基础的基桩承载力动力测试与分析方法，简称凯司法。这个方法从行波理论出发，导出了一套简洁的分析计算公式并改善了相应的测量仪器，使之能在打桩现场立即得到关于桩的承载力、桩身完整性、桩身应力和锤击能量传递等分析结果，其优点是具有很强的信号实时分析功能。

凯司法的承载力计算公式在推导过程中采用了不少简化，从数学上看是不够严格的，故通常将它的计算公式称为一维波动方程的准封闭解。尽管如此，凯司法的承载力计算公式及其系列修正方法，也被顺理成章地视为动力载荷试验的理论基础。

需要澄清的是，对于凯司法承载力计算结果出现较大误差的情况，简单地归咎为承载力计算公式中的"土参数"取值不当可能就片面了，缺乏对该法原理的系统性了解才是主因。承载力计算公式是在打桩阻力公式的基础上，通过假定和简化得到的，而下文导出的打桩阻力公式（5-2）是波动方程解析解，不论对荷载作用时间较短的短持续动力载荷试验、还是相对长的长持续动力载荷试验（国外称谓 Rapid Load Test，简称 RLT）都是适用的。

5.2.1　利用行波叠加建立打桩总阻力的计算公式

行波理论曾在第 2 章介绍过。行波叠加的概念可以用两个相向匀速行驶在双向公路上的车队来形容。若下行和上行车道的两个车队的车辆密度分别为 ρ_d、ρ_u，在相遇路段的车辆密度为 $\rho_d + \rho_u$，若再无影响单向行车的道路障碍，相向驶离后两车队仍以原行进速度和车辆密度分别继续下行和上行。

设桩端阻力为 R_b，在 $t = L/c$ 时刻，应力波到达桩端，将产生一个大小为 R_b 的上行压力波，同时引起质点的速度增量为 $\Delta V_b = -R_b/Z$，该压力波于 $2L/c$ 时刻到达桩顶。

为了简明直观，暂假设端阻力 R_b 和整个桩段 L 上分布的侧阻力 R_{skn} 恒定，土阻力自上而下依次激发的累计值弱于初始入射波幅值且不受速度和位移大小的影响。记初始入射波在 t_1 时刻峰值为 $F_d(t_1)$，则在 $t_2 = t_1 + 2L/c$ 时刻，桩顶实测的力和速度记录中将包含以下影响：

（1）$F_d(t_1)$ 下行途中首先激发的侧阻力波分别为压力波 $R_{skn}/2$ 和拉力波 $-R_{skn}/2$，前者提前反射回桩顶，后者伴随着初始入射波 $F_d(t_1)$ 一起下行至桩底，桩底反射后变为拉力波 $-[F_d(t_1) - R_{skn}/2]$，同时还有新激发的端阻力波分量 R_b 伴随着桩底反射拉力波一起向桩顶上行。

（2）上述三个同步上行的波分量叠加后若总体上产生拉力波效果，在自下而上传播（反射）过程中还将激发侧阻力波，因假定桩侧阻 R_{skn} 不受入射波或反射波幅值强弱以及波的行程（入射或反射）影响，被激发的侧阻力波分量之一的上行压力波 $R_{skn}/2$ 将伴随着上述三个同步上行的行波分量一起向桩顶传播。

（3）全部四个上行波分量在 $t_2 = t_1 + 2L/c$ 时刻同时反射（上行）到达桩顶，记总阻力 $R = R_{skn} + R_b$，于是 t_2 时刻桩顶的反射波是上述四个上行波分量之和，即：

$$F_u(t_2) = -\left[F_d(t_1) - \frac{R_{skn}}{2}\right] + R_b + \frac{R_{skn}}{2} = -F_d(t_1) + R$$

（4）t_2 时刻锤与桩的相互作用在桩顶产生入射波 $F_d(t_2)$。注意：$F_d(t_1)$ 初始下行途中陆续激发的上行 $R_{skn}/2$ 压力波虽然已先于上述四个上行波分量到达桩顶，但该提前到达桩顶的反射侧阻力波改变了桩顶运动状态，使 $t_1 \sim t_2$ 时段锤与桩顶的接触压力 $F(t)$ 因锤与桩-土系统相互作用产生了变化。故 t_2 时刻桩顶力 $F(t_2)$ 是入射力波 $F_d(t_2)$ 与上式右边上行波之和：

$$F(t_2) = F_d(t_2) - F_d(t_1) + R$$

对比 $F(t_2) \equiv F_d(t_2) + F_u(t_2)$ 恒等式，得到假定 R_{skn} 恒定时的总阻力 R 计算公式如下：

$$R = F_d(t_1) + F_u(t_2) \tag{5-2}$$

上式中 R 包含了 $t_1 \sim t_1 + 2L/c$ 时段内所发挥的全部侧阻力 R_{skn} 和端阻力 R_b。为了强调 R 是应力波在一个完整的 $2L/c$ 历程所遇到的土阻力，用 R_T 代替 R，并将上行力波和下行力波的表达式代入式（5-2），得：

$$R_T = \frac{1}{2}[F(t_1) + F(t_2)] + \frac{Z}{2}[V(t_1) - V(t_2)] \tag{5-3}$$

注意：同一根桩的 R_T 因激励方式不同而异，即使 $F_d(t_1)$ 幅值不变，例如重锤低击时的速度波起升及持续时间延长，放大了入射位移波幅值，使与位移相关的土阻力发挥更充分。

接下来，有必要探讨一下 $R_T = R_{skn} + R_b$ 这个公认的表达式之于基桩承载力动测的力学意义何在：初始入射波 $F_d(t_1)$ 沿 x 方向下行过程中受桩侧阻力 R_x 影响而衰减，力和速度伴随着入射波的波峰同步衰减，而位移引起的土阻力对入射波的衰减作用存在时间上的滞后，即桩身运动速度和桩身运动位移各自引起的土阻力不同步，导致伴随 $F_d(t_1)$ 下行的桩侧阻力波（$-R_x/2$ 拉力波）中分别与速度和位移相关的土阻力无法单独获知；当 $F_d(t_1)$ 及其相伴的土阻力波到达桩底，$0 \to L$ 入射行程（或称入射半程，脚标记为 "i, $0 \to L$"）依次激发的 R_x 累计值为全桩长侧阻 $R_{skn,i,0 \to L}$。$F_d(t_1)$ 和相伴的 $R_{skn,i,0 \to L}$ 经桩底反射上行，其整体效果仍为拉力波，但该上行拉力波的强度与 $F_d(t_1)$ 的强度相比已减弱，再加上桩底同步激发的端阻力 R_b 又会使反射拉力波的强度进一步减弱，而滞后出现的桩身位移还在逐步累计增加，所以桩底反射波的上行后半程（或称反射半程，脚标记为 "r, $L \to 0$"）所激发的侧阻力 $R_{skn,r,L \to 0}$ 不会凑巧等于 $R_{skn,i,0 \to L}$ 或 $R_{skn}/2$，且分别与速度和位移相关的土阻力各自在 $R_{skn,r,L \to 0}$ 中所占的份额仍是未知的。一分为二地讲，推导公式（5-2）时采用桩侧恒定分布桩侧阻力 R_{skn} 的假定，力学上虽不严谨，但对发现土阻力发挥的力学规律、帮助建立或理解各种承载力动力检测分析方法，是大有裨益的。例如摩擦型桩的初始入射波下行的前半程：与速度相关的土阻力发挥较快，与位移相关的土阻力发挥会滞后；桩底反射波上行的后半程：与速度相关的土阻力发挥相比前半程将减弱，与位移相关的土阻力发挥相比前半程将增强。因此，不去纠结速度和位移两者对土阻力发挥的时效差异以及在土阻力中各自所占的具体份额，总阻力 R_T 中的 $2L/c$ 时段全程侧阻力 R_{skn} 以行波形式按下式展开，无疑比式（5-3）表达细化了一步：

$$R_T = R_{skn} + R_b = R_{skn,i,0 \to L} + R_b + R_{skn,r,L \to 0} \tag{5-4}$$

"侧阻力 R_{skn} 恒定" 的假定是指 $R_{skn,i,0 \to L} = R_{skn,r,L \to 0} = R_{skn}/2$，可想象为 $R_{skn,i,0 \to L}$ 与 $R_{skn,r,L \to 0}$ 均保持理想塑性的激发状态。上式表明，放弃该假定推导的式（5-2）为解析表达式。

对于均匀等截面桩，其总质量 $m_p = \rho AL$，阻抗 $Z = m_p c/L$，注意到 $2L/c = t_2 - t_1$，代入式（5-3），得到如下形式的表达式：

$$R_T = \frac{1}{2}[F(t_1) + F(t_2)] - m_p \cdot \frac{V(t_2) - V(t_1)}{t_2 - t_1}$$

上式右边第二项中的分式即为 $t_2 - t_1$ 时段桩顶的实测加速度平均值。由此很容易看出式（5-2）与刚体力学理论的差别：以 t_1 和 t_2 时刻受力的算术平均值和该时段的惯性力平均值分别取代了刚体力学的瞬时受力和瞬时惯性力。

5.2.2 凯司承载力计算方法

1. 基本要求

根据式（5-3），已经得到了应力波在 $2L/c$ 一个完整行程中所遇到的总的土阻力计算公式。但是，式（5-3）并不能回答总阻力 R_T 与桩的极限承载力之间的关系。因为 R_T 中包含有土阻尼的影响，也即土的动阻力 R_d 的影响，是需要扣除的；而根据桩的荷载传递机理，桩的承载力是与轴向位移有关的，位移大小决定了桩周岩土的静阻力发挥程度。显然，R_T 中所包含的静阻力发挥程度也需要探究。所以，需要更具体地考虑以下几方面问题：

（1）去除土阻尼的影响。

（2）对给定的 F 和 V 曲线，正确选择 t_1 时刻，使从 R_T 中找寻的静阻力发挥最充分。

（3）桩先于 t_1+2L/c 回弹（速度为负），造成桩中上部土阻力 R_x 卸载，需考虑适当修正。

（4）在试验过程中，桩周土应出现塑性变形，即桩出现永久贯入度，以证实打桩时土的极限阻力充分发挥；否则不可能得到桩的极限承载力。

（5）考虑桩的承载力随时间变化的因素。因为动测得到的土阻力是试验当时的，而土的强度是随时间变化的。打桩收锤时（初打）的土阻力并不等于休止一定时间后桩的承载力，则应有一个合理的休止时间使土体强度恢复，即通过复打确定桩的承载力。

2. 去除土阻尼的影响导出静阻力计算公式

与第 2.4 节讨论一样，凯司法也将打桩总阻力 R_T 分为静阻力 R_s 和动阻力 R_d 两个独立不相关项。为了从 R_T 中将静阻力部分提取出来，凯司法按以下假定导出承载力计算公式：

（1）桩身阻抗恒定，即除了截面不变外，桩身材质均匀且无明显缺陷。

（2）只考虑桩端阻尼，忽略桩侧土阻尼的影响。

（3）应力波在沿桩身传播时，除土阻力影响外，再没有其他因素造成的能量耗散和波形畸变。

（4）土的本构模型隐含采用刚塑性模型，即桩周土对桩的静阻力仅与桩、土之间是否存在相对位移有关，而与相对位移的大小无关。具体地讲：桩、土之间一旦产生相对运动（应力波一旦到达），此时土的阻力立即达到极限静阻力 R_u，且随位移增加不再改变。

（5）入射和反射过程分别激发的侧阻力波幅值相等，即 $R_{skn,i,0 \to L}=R_{skn,r,L \to 0}$。

由假定（2）土阻尼存在于桩端，只需求出桩端运动速度。在 $x=L$ 桩端位置，力 $F(L，t)=R_b$，将 $F_d(L,t)=\dfrac{R_b+Z \cdot V(L,t)}{2}$ 和 $F_u(L,t)=\dfrac{R_b-Z \cdot V(L,t)}{2}$ 两式相减，得下面恒等式：

$$V(L,t) \equiv \frac{F_d(L,t)-F_u(L,t)}{Z} \tag{5-5}$$

上式中，$F_d(L，t)$ 和 $F_u(L，t)$ 显然都是无法直接测量的，但可根据行波理论由桩顶的实测力和速度（或下行波）表出：在 $t-L/c$ 时刻由桩顶下行的力波将于 t 时刻到达桩底，在 L/c 时程激发的下行侧阻力波 $R_{skn,i,0 \to L}=-R_{skn}/2$，则运行至桩端后下行力波的量值为：

$$F_d(L,t)=F_d(0,t-L/c)-\frac{R_{skn}}{2} \tag{5-6a}$$

基于同样的假设，在时刻 t 由桩端上行的力波将于 $t+L/c$ 到达桩顶，此间在相同的侧阻力作用下其量值变为：

$$F_u(L,t)=F_u(0,t+L/c)-\frac{R_{skn}}{2} \tag{5-6b}$$

将式（5-6a）和式（5-6b）代入式（5-5），得到桩端运动速度计算公式：

$$V(L,t)=\frac{F_d(0,t-L/c)-F_u(0,t+L/c)}{Z} \tag{5-7}$$

假设由阻尼引起的桩端土动阻力 $R_{b,d}$ 与桩端运动速度 $V(L,t)$ 成正比，即：

$$R_{b,d}=J_cZV(L,t)=J_c[F_d(0,t-L/c)-F_u(0,t+L/c)]$$

式中：J_c——凯司法无量纲阻尼系数，与依据土的颗分或塑性指数确定的类别有关。

细读上式的推导过程可以发现，若没有"入射（下行）波在 $0\sim L/c$ 前半程和反射（上行）波在 $L/c\sim 2L/c$ 后半程所激发的土阻力均相等"的假定，式（5-7）中将显含土阻力项。

若将上式中的时间 $t-L/c$ 和 $t+L/c$ 分别替换为 t_1 和 t_2，代入式（5-2）得：

$$R_{b,d}=J_c[2F_d(t_1)-R_T]=J_c[F(t_1)+ZV(t_1)-R_T]$$

将总阻力视为独立的静阻力和动阻力之和，则静阻力可由下式求出：

$$R_s=R_T-R_{b,d}=R_T-J_c[F(t_1)+ZV(t_1)-R_T]$$

最后利用式（5-3），将 R_s 用检测方法标准中的符号 R_c 代替，得到：

$$R_c=\frac{1}{2}(1-J_c)\cdot[F(t_1)+Z\cdot V(t_1)]+\frac{1}{2}(1+J_c)\cdot\left[F\left(t_1+\frac{2L}{c}\right)-Z\cdot V\left(t_1+\frac{2L}{c}\right)\right] \tag{5-8}$$

这就是标准形式的凯司法计算桩承载力公式，较适宜于长度适中且截面规则的中、小型桩。以后的分析还可说明，它较适宜于摩擦型桩。

3. 关于极限承载力

当单击锤击贯入度大于 2.5mm 时，一般认为公式（5-8）可给出桩的极限承载力。阻尼系数与桩的主要受力土层的类型有关，它是通过静动对比试验得到的。由于世界各国的静载试验破坏标准或判定极限承载力标准的差异，加之与地基条件相关的桩型、施工工艺不同，因此具体应用到某一国家甚至是该国家某一地区时，该系数都应结合地区特点进行调整。表 5-1 是美国 PDI 公司早期通过预制桩的静动对比试验推荐的阻尼系数取值。对比时采用的静载试验相当于我国的快速维持荷载法，极限承载力判定标准采用 Davisson 准则[58]。该准则根据桩的竖向抗压刚度和桩径大小，按桩顶沉降量来确定单桩极限承载力，如此确定的承载力相对保守，信号拟合承载力与其对比的离散性也较小[15]。

PDI 公司凯司法阻尼系数 J_c 经验取值　　　　表 5-1

桩周土类别	砂土	粉砂	粉土	粉质黏土	黏土
J_c	0.1~0.15	0.15~0.25	0.25~0.4	0.4~0.7	0.7~1.0

根据我国 20 世纪 80 年代后期至 90 年代初期的静动对比结果以及对静动对比条件的仔细考察，发现 J_c 值对比的离散性超出表 5-1 范围，而且有些静动对比的试验条件本身并不具有可比性。所以，1997 年发布的《基桩高应变动力检测规程》JGJ 106—1997 就已不再推荐 J_c 的取值，而是要求采用信号拟合法或静动载荷试验对比确定 J_c。由于单桩静

载试验成果的直观性，作为熟悉或擅长桩基工程领域应用研究、具有丰富工程实践经验的专家学者的普遍认知，则更偏重于静载试验校核，即尽可能进行同条件静载试验校核，或在积累相近条件静动对比资料后，再用信号拟合法校核；而作为以基桩检测为职业的技术人员，则更应关注校核或验证方法的有效性，即选择最适宜的测试试验方法。

4. 最大阻力修正法

如前所述，公式（5-8）的推导是建立在土阻力的刚塑性模型基础之上的，此时 t_1 选择在速度曲线初始第一峰处，见图 5-3。事实上，被激发的静阻力与位移相关，t_1 点虽是桩顶速度的最大值，但非桩顶位移的最大值，滞后 t_{lag} 才是出现位移最大值时刻 t_u。如果桩的承载力以侧摩阻力为主，当桩侧土极限阻力 R_u 发挥所需最大弹性变形值 s_q（参见第 2.4 节）较大时，土阻力与位移的关系与刚塑性模型相差甚远，按 $t_1 \sim t_2$ 时段确定的承载力不可能包含整个桩段的桩侧土阻力充分发挥信息。同理，假设桩身阻抗大于桩周岩土介质的阻抗，应力波在桩身中传播（包括桩底反射）只引起波形幅值的变化，在未发生溜桩的理想化条件下，桩端出现最大位移的时刻较 t_u 滞后 L/c。不失一般性，桩锤额定动能不变，随着桩承载力增加，桩端出现最大位移的滞后时间逐渐缩短。作为彼此参照，图 5-4 以相同的时间坐标将桩顶实测的力-速度波形分别与桩顶位移波形 $D(t)$ 和桩底速度波形 $V_b(t)$ 绘制在一起，可较清晰地刻画出与位移相关的土阻力发挥机理。显然，当端阻力所占桩的总承载力比重较大（端承型桩）或桩端阻力充分发挥所需的桩端位移较大（如大直径桩）时，按式（5-8）承载力计算公式得出的承载力也不可能包含全部端阻力充分发挥的信息。通常，桩侧和桩端的土阻力发挥是相互影响、相互制约的，当桩周土的 s_q 值较大时，刚塑性假定与大变形的差异便暴露出来。于是将 t_1 向右移动找出 R_s 的最大值，或者当毗邻第一峰 t_1 还有明显的第二峰时，将 t_1 对准第二峰。这就是凯司法的最大阻力修正法，也称 RMX 法。注意，不论用何种方法计算桩的静阻力（承载力），其值均不得小于时间从 t_1 右移至 t_u，按式（5-3）计算的打桩总阻力 $R_T(t_u)$ 值。因为 $t > t_u$ 后，桩周静阻力自桩顶至桩底陆续发生卸载，设想的动阻力开始反向。

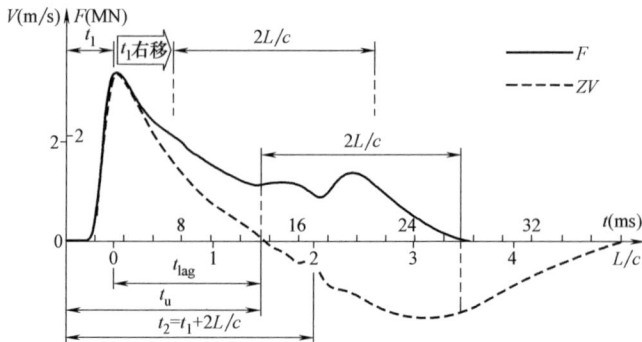

图 5-3　最大阻力修正法

RMX 法常用于端承型桩且端阻力发挥所需位移较大的情况，也称为大 s_q 值情况。但应注意，当桩端持力层阻抗大于桩身阻抗时，如桩端嵌入硬基岩的小位移情况，因强端阻（也包括强侧阻）影响，桩端最大位移时刻为 $t_u + L/c - \Delta t_{b,u} < t_2 + t_{lag}$，见图 5-4（b）。详情见第 7.3.3 节的论述。

图 5-5（a）是一例典型的端承型桩的实测波形，桩上部土层主要为淤泥和淤泥质土，桩端土层为全风化-强风化泥岩，虽然桩端阻力似乎尚未充分发挥，但用该方法修正，延时 2.7ms，用公式（5-8）计算出的 R_c 值比不延时的高 1.32 倍。显然，静载试验 Q-s 曲线为陡降型且桩长适中或较短的摩擦型桩，从机理上讲就不属于该修正方法的范畴。图 5-5（b）给出了桩侧土层依次为粉质黏土、粉土、黏土及夹砂层，桩端持力层为粉质黏土的典型摩擦型灌注桩实测波形，该波形的特点是土阻力的反射主要在 t_2 之前，超过 t_2 后的摩阻力和端阻力反射均不明显。另外，这种修正方法在不少情况下也未必奏效，比如力脉冲有效持续时间不可能很长，桩顶以下部分甚至较大部分桩段在 t_2 之前已出现明显回弹（速度为负）使土阻力卸载，从而无法产生修正效果。

图 5-4 桩端位移达到最大时的土阻力发挥

（a）参照桩顶位移；（b）参照桩底速度

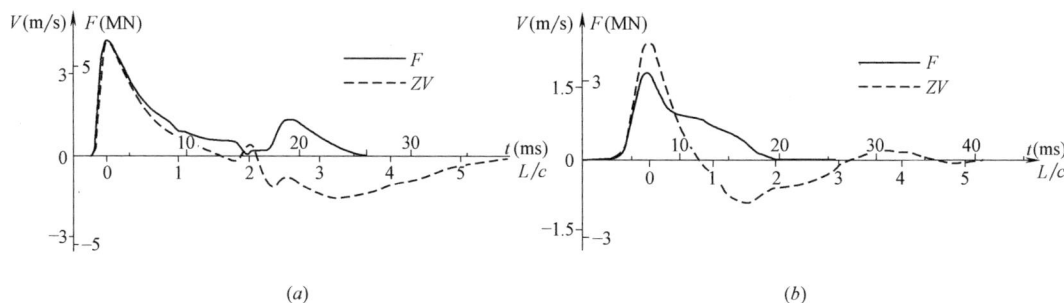

图 5-5 端承型桩和摩擦型桩

（a）适合最大阻力法修正的摩擦端承型桩；（b）不适合最大阻力法修正的摩擦型桩

5. 卸载修正法

公式（5-8）计算的承载力只代表 $t_1 \sim t_2$ 时段作用于桩上的静阻力。当较高荷载水平的激励脉冲有效持续时间与 $2L/c$ 相比小于 1 时，例如：长摩擦桩的桩侧摩阻力较强从而使桩难于打入；或者桩虽不很长，但激励能量偏小；都会使桩上部一小段或较大一段范围在 t_2 前出现过早回弹，即回弹桩段的摩阻力卸载，使凯司法低估了承载力。由式（5-1）呈现的趋势可知，等截面均匀桩在 t_2 时刻前的任意时刻 $t_1 + 2x/c$ 处的桩顶力与阻抗乘以速度的曲线之差，希望能近似表征 x 桩段以上全部激发的土阻力之和 R_x，但遗憾的是 x 桩段的土阻力又包含了 x_u 以上桩段部分卸载土阻力的影响（图 5-6）。记 $t_{\text{lag}} = t_u - t_1$，按下式计算 x_u：

$$x_u = \frac{c}{2}[t_{u,x} - (t_u - t_1)] = x - \frac{c}{2}t_{\text{lag}} \tag{5-9}$$

x_u 段的卸载位移由桩顶向下依次渐弱。从图 5-6 中发现，卸载起始时刻 t_u 甚至小于 $t_1 + L/c$，表明桩身下部随压力波的下行而向下运动，但桩上部由于回弹将向上运动。尤其对于长桩，这种极不均匀的桩身运动状态实际就是明显的波传播现象，与桩受静荷载作用时的桩身荷载-位移传递形态差别凸显。主观上讲，这不是我们希望的；从机理上讲，也是制约 DLT 检测桩承载力准确性提高的主要因素之一。

图 5-6 卸载修正法

（钻孔灌注桩桩径 800mm，桩长 44m，静载极限承载力不小于 6600kN，锤重 120kN，落距 1.7m）

凯司法给出了一种近似的卸载修正方法。不过，与式（5-9）不同的是，它要考虑在 $2L/c$ 时段内卸载的全部土阻力，所以卸载时间宽度和卸载桩段长度分别按以下两式计算：

$$t_{u,L} = \frac{2L}{c} - t_{\text{lag}}$$

$$x_{u,L} = \frac{c}{2} \cdot t_{u,L}$$

为了估计卸载土阻力 R_{UN}，令 $t_1 + t_{u,L}$ 时刻力与速度曲线之差为 $x_{u,L}$ 段激发的总阻力 $R_{u,L}$，取 $R_{\text{UN}} = R_{u,L}/2$，将 R_{UN} 加到总阻力 R_{T} 上，以补偿由于提前卸载所造成的 R_{T} 减小，然后从其中减去阻尼分量而得到修正后的静阻力 R_{s}。这个方法也称为 RSU 法。

6. 其他方法

（1）自动法：在桩尖质点运动速度为零时，动阻力也为零，此时有两种计算承载力与 J_c 无关的"自动"法，即 RAU 法（在第 7 章中称为 t_u 延时法）和 RA2 法。

RAU 法适用于桩侧阻力很小的情况。正如前述第 4 条最大阻力修正法所指出的，桩顶位移的最大值滞后于速度最大值的时间为 $t_{lag}=t_u-t_1$，于是推断桩端位移最大值也会滞后桩端最大速度的时间为 t_{lag}。在桩端速度变为零的时刻，动阻力为零，RAU 法计算的总阻力只包含桩端静阻力随位移全部发挥的信息，该法存在的问题是默认桩端速度变为零的时刻 t_u+L/c，时常比实际发生的时刻滞后，导致承载力计算值成为第 4 条讨论中提到的 $R_T(t_u)$ 低限值。

RA2 法适用于桩侧阻力适中的场合。如果桩侧阻力较强，当桩端速度为零时，用 RAU 法确定的土阻力实际包含了桩上部或大部卸载的土阻力。所以要采用类似于前述第 5 条卸载修正原理，对提前卸去的部分桩侧阻力进行补偿。

（2）通过延时求出承载力最小值的最小阻力法（RMN 法）。但做法与 RMX 法有所差别，它不是固定 $2L/c$ 不动，而是固定 t_1，左右变化 $2L/c$ 值用公式（5-8）寻找承载力的最小值。这个方法主要用于桩底反射不明显、桩身缺陷存在使桩底反射滞后或桩极易被打动等情况，以避免出现高估承载力的危险，它的概念是不清晰的。

7. 凯司计算承载力方法小结

上面介绍的凯司法及其各种子方法在使用中或多或少地带有经验性。各种子方法中，最有代表性的是上述第 4 条和第 5 条介绍的 RMX 和 RSU 修正方法。其实，两种修正方法的具体的修正步骤和计算结果并不重要，重要的是它们体现了短持续 DLT 检测、分析、计算承载力的最基本概念——应充分考虑与位移相关的土阻力发挥性状和波传播效应，使土阻力的发挥程度与位移建立联系。当然，从这两个修正方法本身，也客观地揭示了短持续 DLT 在承载力检测方面存在的局限性。

5.3 桩身完整性和打桩桩身应力计算

5.3.1 桩身完整性计算

对于等截面均匀桩，只有桩底反射能形成上行拉力波，且一定于 $t_2=t_1+2L/c$ 时刻到达桩顶。如果动测实测信号中于 t_2 之前看到了上行的拉力波，那么一定是由桩身阻抗减小所引起。假定应力波沿阻抗为 Z_1 的桩身传播途中，在 x 深度处遇到阻抗减小（设阻抗为 Z_2），且无土阻力的影响，则按公式（2-37），x 界面处的反射波为：

$$F_R=\frac{Z_2-Z_1}{Z_1+Z_2}F_I$$

根据桩身完整性系数的定义 $\beta=Z_2/Z_1$，由上式得到：

$$\beta=\frac{F_I+F_R}{F_I-F_R} \tag{5-10}$$

由于 F_I 和 F_R 不能直接测量，而只能通过桩顶的实测信号进行换算。如果不计土阻力影响，则 x 深度处的入射波 F_I（下行波）和反射波 F_R（上行波）分别与桩顶 $x=0$ 处的实测下行波 F_d 和实测上行波 F_u 有以下对应关系：

$$F_\mathrm{I}=F_\mathrm{d}(t_1)$$

$$F_\mathrm{R}=F_\mathrm{u}(t_x)$$

上式中，$t_x=t_1+2x/c$。

所以，无土阻力影响的桩身完整性计算公式为：

$$\beta=\frac{F_\mathrm{d}(t_1)+F_\mathrm{u}(t_x)}{F_\mathrm{d}(t_1)-F_\mathrm{u}(t_x)} \tag{5-11}$$

当考虑土阻力影响时（图 5-7），桩顶处 t_x 时刻的上行波 $F_\mathrm{u}(t_x)$ 不仅包括了 x 深度处阻抗变化所产生的反射波 F_R，同时也受到了 x 界面以上桩段所发挥的所有侧阻力 R_x 影响，根据公式（2-53），即：

图 5-7 桩身完整性系数计算

$$F_\mathrm{u}(t_x)=F_\mathrm{R}+\frac{R_x}{2}$$

或

$$F_\mathrm{R}=F_\mathrm{u}(t_x)-\frac{R_x}{2}$$

同样对于 x 深度处的入射波 F_I，可以通过把桩顶初始下行波 $F_\mathrm{d}(t_1)$ 与 x 桩段所有侧阻力产生的下行拉力波叠加求得，即按公式（2-54）有：

$$F_\mathrm{I}=F_\mathrm{d}(t_1)-\frac{R_x}{2}$$

将上两式代入式（5-10），得：

$$\beta=\frac{F_\mathrm{d}(t_1)-R_x+F_\mathrm{u}(t_x)}{F_\mathrm{d}(t_1)-F_\mathrm{u}(t_x)} \tag{5-12}$$

用桩顶实测力和速度表示为：

$$\beta=\frac{F(t_1)+F(t_x)-2R_x+Z\cdot[V(t_1)-V(t_x)]}{F(t_1)-F(t_x)+Z\cdot[V(t_1)+V(t_x)]} \tag{5-13}$$

这里，Z 为传感器安装点处的桩身阻抗，相当于等截面均匀桩缺陷以上桩段的桩身阻抗。显然式（5-13）对等截面桩桩顶下的第一个缺陷程度计算才严格成立。缺陷位置按下式计算：

$$x = c \cdot \frac{t_x - t_1}{2} \tag{5-14}$$

上两式中：x——桩身缺陷至传感器安装点的距离；

$\quad\quad\quad t_x$——缺陷反射峰对应的时刻，其值等于 $t_1 + 2x/c$；

$\quad\quad\quad R_x$——缺陷以上部位土阻力的估计值，等于缺陷反射波起始点的力与速度乘以桩身截面力学阻抗之差值，取值方法见图 5-7。

根据式（5-1）的规律，对于均匀截面桩，只要 t_x 时刻前桩顶未出现回弹，可近似取 $R_x \approx 2F_\mathrm{u}(t_x)$。所以，式（5-12）的意义是：只要 $F_\mathrm{u}(t_x)$ 在 t_x 以前是单调不减的（除由于位移减小引起的土阻力卸载外，加载引起的土阻力反射只能是上行压力波），也就是不可能出现因为桩身阻抗减小产生上行的拉力波，则 $\beta = 1$。由式（5-3）的推导可见，对于均匀截面的预制桩，式（5-13）计算 β 值可视同为直接法，但利用 β 值按表 5-2 进行桩身完整性分类时，除应考虑桩的设计、地基条件及成桩工艺外，还应注意计算条件差异及下列情况：

（1）长桩提前卸载越强（见第 5.2.2 节中第 5 条），相当于缺陷上部土阻力被低估愈多，式（5-13）计算的深部缺陷 β 值就越大（偏于不安全），因此该式只适用于缺陷 x 以上桩段的侧阻力 R_x 未出现提前卸载的情况，对长桩或超长桩深部缺陷的计算一般不适用；同样对看似硬化型突变增强的侧阻力 R_x（如灌注桩先扩后缩）引起的 x 桩段卸载将夸大缺陷程度，也要慎用。

（2）对于水平整合型裂缝，因为动力载荷试验锤击使桩身运动显著、裂缝逐步闭合。当初始裂缝宽度 $\delta_\mathrm{w} \to 0$ 时，$\beta \to 1$，而此时低应变信号可能对此类缺陷更为敏感。

（3）需要甄别桩身相对缩颈、扩径以及截面渐变后突然恢复到正常截面尺寸的情况。

桩身完整性判定 表 5-2

类别	β 值	类别	β 值
Ⅰ	$\beta = 1.0$	Ⅲ	$0.6 \leqslant \beta < 0.8$
Ⅱ	$0.8 \leqslant \beta < 1.0$	Ⅳ	$\beta < 0.6$

此外，由图 5-7 可知，对于预制桩的接头缝隙或桩身水平裂缝的宽度 δ_w，可采用下式估算：

$$\delta_\mathrm{w} = \frac{1}{2} \int_{t_\mathrm{a}}^{t_\mathrm{b}} \left(V - \frac{F - R_x}{Z} \right) \cdot \mathrm{d}t$$

5.3.2 打桩桩身应力计算

1. 现象

对于等截面预制桩，最极端的阻抗突变一定出现在桩端。所以寻找桩身危险应力的前提是 t_1 时刻的初始最大入射力波已传至桩底，根据持力层阻抗（或端阻力）的高、低产生压力波或拉力波反射，上传途中与后继入射下行的压力波在相遇。两波异号叠加桩身可能出现静拉应力，同号叠加造成压应力放大。

图5-8 桩身应力计算的反向与正向模式

(a) 反向搜寻 σ_t;(b) 反向搜寻 σ_t;(c) 正向搜寻 σ_c

打桩引起的桩身破坏有几种形式:

(1) 锤击压应力过大、锤击偏心和桩头不平整引起局部应力集中,可造成桩头破坏。

(2) 桩端碰到基岩、密实碎石土层使桩端反射的压应力与紧随其后的下行压力波在桩端附近叠加,使接近桩端部位的锤击压应力过大造成桩身破坏;一般情况,当桩穿过上部的软弱土层进入下伏的较硬土层后,在软硬土层界面处将产生桩身锤击压应力放大。

(3) 混凝土的抗拉强度一般在其抗压强度的 1/10 以下,而且并不随抗压强度的增加而正比增加(增加缓慢)。所以对混凝土桩,拉应力引起的桩身破坏是不容忽视的。

2. 忽略侧阻影响的桩身打桩拉应力计算

利用上、下行波分析,很容易查明是否出现拉应力。假如桩侧、桩端土阻力较小,以桩顶锤击力达到峰值的时刻 t_1 作为入射压力波沿桩身传播的起始时刻,在 t_1+L/c 时刻到达桩底并产生幅值最强的拉力波反射,并于 t_1+2L/c 返回桩顶。反射拉力波在上行途中与渐弱的下行压力波尾部叠加为负时,表明桩身在此叠加部位出现了净拉应力。因此要以 t_1+2L/c 返回桩顶的最强桩底反射拉力波作为参照。其值等于:

$$F_u(t_1+2L/c)=\frac{F(t_1+2L/c)-Z\cdot V(t_1+2L/c)}{2}$$

为方便起见,图 5-8(a)示意的波形在 t_1+2L/c 前的很大部分时间段,力与速度曲线重合,意味着桩侧阻力可以忽略,这相当于桩端穿越较深厚的软土层或泥面以上桩的自由长度很长的情况。在此重合段实线所示的桩顶力波形实则为下行波曲线,它是随时间增加渐弱的。显然,桩身最大拉应力就是试图以 $F_u(t_1+2L/c)$ 为固定的幅值参照,由限定的时刻 t_1+2L/c 反向减小时间至 t_1,或等价地变为对以下表达式中下行波的变量 x 搜寻得到:

$$\sigma_t\left(x,\frac{2L-x}{c}\right)=\min_{0<x\leqslant L}\left[F_u\left(t_1+\frac{2L}{c}\right)+F_d\left(t_1+\frac{2L-2x}{c}\right)\right]\frac{1}{A}\leqslant 0 \qquad (5\text{-}15a)$$

或将上式展开，得到传感器安装点下 x 深度处的桩身拉应力计算公式为：

$$\sigma_{\mathrm{t}}=\frac{1}{2A}\left[F\left(t_1+\frac{2L}{c}\right)-Z\cdot V\left(t_1+\frac{2L}{c}\right)+F\left(t_1+\frac{2L-2x}{2}\right)+Z\cdot V\left(t_1+\frac{2L-2x}{2}\right)\right]$$

$$(5\text{-}15b)$$

式中：σ_{t}——桩身锤击拉应力，当桩身计算应力为压应力时，应采用符号 σ_{c} 代表；

$\quad\quad x$——传感器安装点至计算点的距离；

$\quad\quad A$——桩身截面面积。

拉应力引起的桩身破坏一般先在桩身产生细微的局部或环状横向裂缝。在拉应力较大部位，这种环状裂缝可能不止一条，最初出现的裂缝是能闭合的，而且能传递锤击压应力。但当桩受反复锤击时，在曲率半径最小的裂缝边缘处，应力集中现象最显著，于是在此应力集中处先产生混凝土局部破坏，最后导致桩身断裂。有些被打断的桩，表面上看是受压破坏。为证实桩是否是因拉应力引起的破坏，可观察断裂处附近是否还存在其他横向裂缝。

3. 考虑侧阻影响的桩身打桩应力计算

根据图 5-8（a）建立的打桩拉应力计算公式（5-15b）适用于最大拉应力出现的深度 x 在桩身的浅部或中浅部，且在 x 深度范围内打桩侧阻力很小的情况。由图 5-8（b）可知，x 深度范围内的土阻力不能忽略，则在 $t_1+\dfrac{2L-2x}{c}$ 时刻的入射波 $F_{\mathrm{d}}\left(0,t_1+\dfrac{2L-2x}{c}\right)$ 经过时间 $\dfrac{x}{c}$ 传至桩顶以下 x 深度，此间激发的 x 桩段入射侧阻力波 $R_{\mathrm{skn,i,}0\to x}$ 会引起 $F_{\mathrm{d}}\left(0,t_1+\dfrac{2L-2x}{c}\right)$ 衰减：

$$F_{\mathrm{d}}\left(x,t_1+\frac{2L-x}{c}\right)=F_{\mathrm{d}}\left(0,t_1+\frac{2L-2x}{c}\right)-R_{\mathrm{skn,i,}0\to x}$$

同样，x 深度处的上行波 $F_{\mathrm{u}}\left(x,t_1+\dfrac{2L-x}{c}\right)$ 经 $\dfrac{x}{c}$ 时间到达桩顶的过程中也受 $R_{\mathrm{skn,r,}x\to 0}$ 影响：

$$F_{\mathrm{u}}\left(x,t_1+\frac{2L-x}{c}\right)=F_{\mathrm{u}}\left(0,t_1+\frac{2L}{c}\right)-R_{\mathrm{skn,r,}x\to 0}$$

两式分别相加、相减得到：

$$F\left(x,t_1+\frac{2L-x}{c}\right)=F_{\mathrm{d}}\left(0,t_1+\frac{2L-2x}{c}\right)+F_{\mathrm{u}}\left(0,t_1+\frac{2L}{c}\right)-R_{\mathrm{skn,i,}0\to x}-R_{\mathrm{skn,r,}x\to 0}$$

$$(5\text{-}15c)$$

$$V\left(x,t_1+\frac{2L-x}{c}\right)=\frac{1}{Z}\left[F_{\mathrm{d}}\left(0,t_1+\frac{2L-2x}{c}\right)-F_{\mathrm{u}}\left(0,t_1+\frac{2L}{c}\right)-R_{\mathrm{skn,i,}0\to x}+R_{\mathrm{skn,r,}x\to 0}\right]$$

$$(5\text{-}15d)$$

上两式中，利用以下关系：

$$R_{\mathrm{T}}=R_{\mathrm{skn,i,}0\to L}+R_{\mathrm{b}}+R_{\mathrm{skn,r,}L\to 0}$$

$$F\left(x,t_1+\frac{2L-x}{c}\right)\bigg|_{x=L}=R_{\mathrm{b}}$$

式（5-15c）变成了打桩总阻力公式（5-2）。因此，若不再指定 $t=t_1$，式（5-15c）和式（5-15d）就是任意 $t \sim t+2L/c$ 时段的桩身受力和运动状态的通用计算公式，且与打桩总阻力公式同源。

顺便提及，利用以下关系：

$$R_{\text{skn,r},L\to0\text{反射}} = R_{\text{skn,r},L\to x\text{反射}} + R_{\text{skn,r},x\to0}$$

仿照式（5-2）的推导，计及 $t_1+\dfrac{2L-x}{c}$ 时刻通过 x 位置的所有反射（上行）波分量：

$$F_\text{u}\left(x,t_1+\frac{2L-x}{c}\right) = -\left[F_\text{d}(t_1)-R_{\text{skn,i},0\to L}\right] + R_\text{b} + R_{\text{skn,r},L\to x} = -F_\text{d}(t_1) + R_\text{T} + R_{\text{skn,r},x\to0}$$

同样得到式（5-15c）。

为了计算沿 $0\to x$ 入射轨迹在 $t_1+\dfrac{2L-2x}{c} \sim t_1+\dfrac{2L-x}{c}$ 时段的侧阻力波数值和沿 $x\to0$ 反射轨迹在 $t_1+\dfrac{2L-x}{c} \sim t_1+\dfrac{2L}{c}$ 时段的侧阻力波数值，假设 $(0\to x)+(x\to0)$ 全程时段 $2x/c$ 不会出现图 5-6 所示的土阻力提前卸载以及 x 深度处因硬化型突变的侧阻力反射引起的卸载，$t_1+\dfrac{2L-2x}{c}$ 时刻的入射波经 x/c 时段激发的 x 桩段侧阻力可按下式计算：

$$R_{\text{skn,i},0\to x} = \frac{1}{2}\left[R\left(t_1+\frac{2L-x}{c}\right) - R\left(t_1+\frac{2L-2x}{c}\right)\right] = \frac{1}{2}\Delta R_x$$

因为无法根据 $t_1+\dfrac{2L}{c}$ 时刻的反射（上行）波分离桩上段 x 和桩下段 $L\sim x$ 的侧阻力，可尝试将 x 段土阻力的发挥值看作一个不受上、下行波强度影响的常数，用 $t_1+\dfrac{2L-2x}{c} \sim t_1+\dfrac{2L-x}{c}$ 时间段下行波激发的 x 桩段下行土阻力波 $\dfrac{1}{2}\Delta R_x$ 近似代替 $t_1+\dfrac{2L-x}{c} \sim t_1+\dfrac{2L}{c}$ 时间段上行波激发的 x 桩段上行土阻力波数值，即满足 $R_{\text{skn,r},x\to0} \approx R_{\text{skn,i},0\to x} = \dfrac{1}{2}\Delta R_x$ 的对称性假设。可以想见，与此假设的最佳匹配条件为大能量、宽脉冲、桩侧土变形性状呈恒速率的理想塑性状态。于是，考虑侧阻影响修正的打桩桩身应力计算公式可近似写成：

$$\sigma\left(x,t_1+\frac{2L-x}{c}\right) = \frac{1}{A}\left[F_\text{d}\left(0,t_1+\frac{2L-2x}{c}\right) + F_\text{u}\left(0,t_1+\frac{2L}{c}\right) - \Delta R_x\right] \quad (5\text{-}15e)$$

计算桩身压应力的原理和上述利用实测波形直接计算拉应力的原理类似，只需将上式复合时间变量中出现的 L 替换成 x，使 $F_\text{d}(t_1)$ 成为固定参照并实施时间正向搜索。为搜寻除桩头部位以外的桩身最大压应力以及出现最大压应力的深度，可仿照式（5-15a）的方式，采用变量替换后的公式，并通过改变 x 搜索压应力最大值。

式（5-15e）适用于桩身最大净拉应力的搜寻。注意，只有桩底反射拉力波才能使 $R_{\text{skn,r},x\to0}$ 保持非卸载或继续发挥状态，也正是桩底拉力波反射的存在，使桩身压应力控制退居其次。另由图 5-8（b）可知，桩身危险拉应力一般出现在桩的中、上部，而危险压应力通常在桩底，此时如果处于反弹卸载状态的 $R_{\text{skn,r},x\to0}\to0$，中的 ΔR_x 修正项需减半。

对比式（5-15b）可见，忽略入射波和反射波分别激发的 x 桩段侧阻，将低估 x 深度处的桩身拉应力水平或高估 x 深度处的桩身压应力水平。另外还需要指出，式（5-15e）推导采用的对称性假设 $R_{skn,i,0 \to x} = R_{skn,r,x \to 0}$ 在以下情况下不成立：

① 脉冲较宽、桩的整体打桩阻力不高，但桩侧土剪切性状为加工硬化型，此时 $R_{skn,i,0 \to x} < R_{skn,r,x \to 0}$；

② 桩较长、脉冲相对窄，桩侧阻力在 $t_1 + 2x/c$ 前已发生卸载，此时 $R_{skn,i,0 \to x} > R_{skn,r,x \to 0}$，特别对于高承载力桩的强烈反弹，$R_{skn,r,x \to 0}$ 可能降低至零甚至小于零，由式（5-15e）不难发现，高估 ΔR_x 将导致对桩身压应力放大的低估。

4. 关于桩身应力反向计算模式与正向计算模式的说明

对于正常沉桩，桩端持力层阻抗通常小于或远小于桩身阻抗，桩端反射拉力波是桩身出现危险拉应力的主要原因，所以桩身拉应力计算时，先要给出最大反射拉力波路径上的上行波幅值 $F_u(t_1 + 2L/c)$ 作为参照，然后从 $t_1 + 2L/c$ 时刻开始向时间减小的反方向追溯曾经出现的桩顶入射力波的低值，从而发现桩身出现最大拉应力的时刻或深度。如果不以搜索桩端反射波引起的桩身应力为目的，自然会想到沿时间轴正向的图 5-8（c）的模式，相应的桩身轴力和运动的计算公式分别与式（5-15c）、式（5-15d）等价，只需将此两式中固定的桩长 L 改为变化的深度 $x(x < L)$ 即可，参照基准为指定 t_1 时刻的入射力波 $F_d(t_1)$。相应计算公式如下：

$$\begin{cases} F\left(t_1 + \dfrac{x}{c}\right) = F_d(t_1) + F_u\left(t_1 + \dfrac{2x}{c}\right) - R_{skn,i,0 \to x} - R_{skn,r,x \to 0} & (5\text{-}15f) \\[3mm] V\left(t_1 + \dfrac{x}{c}\right) = \dfrac{1}{Z}\left[F_d(t_1) - F_u\left(t_1 + \dfrac{2x}{c}\right) - R_{skn,i,0 \to x} + R_{skn,r,x \to 0}\right] & (5\text{-}15g) \end{cases}$$

以 t_1 时刻 $F_d(t_1)$ 为基准的正向模式分析桩身应力，相当于默认桩身极端压应力不受桩底反射波影响。观察图 5-8（c），$x \to 0$ 反射路径上的 $R_{skn,r,x \to 0}$ 已受到桩上段卸载回弹影响，表明 $R_{skn,i,0 \to x} \neq R_{skn,r,x \to 0}$。但若在 x 深度内，桩侧阻力连续分布、无硬壳层或下伏硬夹层，且 $t_1 + 2x/c$ 时刻前桩顶未明显回弹或至少 $F_d(t_1 + 2x/c) > 0$，令 $\sum R_x = R_{skn,i,0 \to x} + R_{skn,r,x \to 0}$，则 $\sum R_x$ 可近似用 $2F_u(t_1 + 2x/c)$ 代替，故 x 深度处的桩身压力 $F(t_1 + x/c)$ 不会超过 $x = 0$ 处的 $F_d(t_1)$。不过也有例外：例如桩入岩深度较大、嵌固效果良好，极端条件是该硬层变为刚性固端，等价于有效桩长变短；嵌岩段引起的硬层强反射波使桩身强烈反弹，同时对锤产生冲顶并使其回跳（拍皮球现象），在锤与桩即将脱离接触到脱离接触的极短时间内，桩顶将伴生二次入射拉力波，倘若 $\sum R_x = 0$ 且桩端不能承拉，桩身将呈现如同自由杆的拉、压应力波交替现象。

5. 桩身打桩应力计算公式能显含桩身阻抗变化的影响吗？

桩身应力测控对象一般是等截面锤击预制桩。广义上土阻力是一种阻抗，自然联想到当只有桩身截面阻抗改变引起反射波 ΔR_Z 时，能否有形如式（5-15f）的等效桩身轴力计算公式？

$$F\left(x, t_1 + \frac{x}{c}\right) = F_d(0, t_1) + F_u\left(0, t_1 + \frac{2x}{c}\right) - \Delta R_{Z,i,0 \to x} - \Delta R_{Z,r,x \to 0} \qquad (5\text{-}15h)$$

如果桩侧和桩端打桩阻力均为零，只有桩身阻抗改变时，由式（5-2）计算的打桩阻

力 $R(t_1) = R_T \neq 0$，进而推断形式上的式（5-15h）存在实属正常。但答案是否定的：首先从基本概念上讲，式（5-15f）能显含打桩侧阻力是因为 R_{skn} 属于作用于桩上的外力；再者，式（5-2）推导过程中，虽未明示桩身阻抗恒定，但最终将全部（四个）上行波分量叠加时，并无桩身阻抗变化引起的额外上行波分量，因此桩身截面阻抗恒定是隐含假定。

不失一般性，桩侧阻力不为零，且桩身 x 截面阻抗有变化。入射波 $F_d(t_1)$ 到达 x 截面前，由于 $0 \sim x$ 范围阻抗恒定，$\Delta R_{Z,i,0 \to x} = 0$，只有 $0 \to x$ 入射行程激发的侧阻力波 $R_{skn,i,0 \to x}$；$F_d(t_1)$ 到达 x 截面后，阻抗变化引起的反射波 $\Delta R_{Z,r,x \to 0}$ 将对沿 $x \to 0$ 反射行程的桩运动状态产生附加影响，使原本没有截面阻抗变化的 $x \to 0$ 反射行程侧阻力波 $R_{skn,r,x \to 0}$ 随之改变，即 $x \to 0$ 反射行程的侧阻力波 $R_{skn,r,x \to 0}$ 包含了 $\Delta R_{Z,r,x \to 0}$ 影响。显然，式（5-15f）只适用于桩身 x 深度初次阻抗变化桩段的轴力计算，超过初次深度 x 后的二次阻抗变化桩段的轴力计算无效。

6. 借用一维波动理论对桩身出现局部失稳或整体弯曲、弯扭失稳进行预警

对于穿越深厚软弱土层的细长桩，尚无经应力波测试证实的桩身屈曲失稳的案例报道；但在第 7.3.2 节第 7 条介绍的植桩施工（孔径 1m，旋挖成孔后灌注细石混凝土，遂让 PHC800 管桩先靠自重下沉、再锤击沉入孔底硬层）场地，已出现 40m 长桩在 20m 处压弯失稳的案例。另外，为减小锤击沉桩贯入阻力和挤土效应采取提前引孔，但未采取保持孔壁稳定的护壁措施，钻孔坍塌严重，后继沉桩或因锤击偏心再叠加孔壁坍塌桩段缺乏侧向约束而产生桩身屈曲失稳；喀斯特、花岗岩球状风化地貌隐伏基岩起伏大，混凝土桩因桩尖侧滑或桩端受压偏心而弯折，开口钢管桩和 H 型钢桩桩端受力不均而局部卷边或整体弯曲、弯扭失稳。

5.3.3 关于桩身完整性和打桩桩身应力计算公式的能力定位

从本节桩身完整性系数 β 和最大拉应力 σ_t 的计算公式推导过程可以看出，由于没有采用任何受人为主观判断影响的假定，桩身完整性系数和桩身拉应力可以由桩顶的实测力和速度曲线测量直接确定（虽然也涉及近似确定侧阻力 R_x，但无区分静、动阻力的要求，可不计侧阻力发挥对称性的影响）。所以，对于等截面均匀桩，β 和 σ_t 的测量与第 5.1 节打桩土阻力测量一样，可以认为属于直接法的范畴。但应注意以下例外：

（1）式（5-13）和式（5-15e）都近似假定"$0 \to x$ 入射段"和"$x \to 0$ 反射段"的侧阻发挥值相等，但事实上两者的波形可辨识性差别很大。对式（5-13），$(0 \to x) + (x \to 0)$ 全程的侧阻发挥值以初值为零的 t_1 时刻为起点，且不受 x 以下的任何反射波影响；而式（5-15e）是以 $t_1 + 2L/c$ 为终点的反向搜寻，$0 \to x$ 行程的侧阻初值一般不为零；虽然 $R_{skn,r,x \to 0}$ 不显含 $x \sim L$ 桩段的侧阻力和端阻力，但 $x \to 0$ 行程的桩侧阻力发挥状态还受 $F_d(t_1)$ 下行至桩底并向 x 截面反射（包括端阻力）的上行波影响，说明 $R_{skn,r,x \to 0}$ 发挥值更难根据波形预估；再者，实体桩的侧阻力发挥性状不可能一直保持着单调恒定状态。因此，两种方法对 $(0 \to x) + (x \to 0)$ 全程侧阻估值的不确定性，以需经"长途跋涉"的桩身应力 σ 计算式（5-15e）为大。

（2）长桩、超长桩出现提前卸载，这对于较深部桩身缺陷和打桩应力的量测，应该是超出适用范围了，因为此时的 β 值将偏大，低估缺陷程度不安全；同时，公式（5-15e）

中 ΔR_x 的估值不确定性增大，桩身的拉应力或压应力水平都有被低估的可能，也不安全。

（3）式（5-15c）虽然是兼顾弱端阻和强端阻两种极端情况的通用桩身内力计算公式，但在桩较长、桩侧阻不能忽略时，$R_{skn,r,x\to 0}$ 的估值具有更大的不确定性。因此，为了强化概念、突出针对性、便于应用，如软土中容易打入桩的拉应力控制，有 $R_{skn,i,0\to x} \approx$ ≈ 0，或强端承桩强烈反弹的压应力控制（但可能存在拉力波二次入射问题），有 $R_{skn,r,x\to 0} \approx -R_{skn,i,0\to x}$，则属于式（5-15$a$）寻找最小或最大桩身应力的问题。

5.4 锤与桩-土系统相互作用

5.4.1 考虑锤与桩-土系统相互作用的意义

谈到基桩动力检测的"锤与桩-土系统相互作用"，乍一听有点抽象，但如果说它是"锤与桩-土系统阻抗匹配"的近义词，就不难理解了。同样以应力波理论为基础的低应变动力检测 LSDT 和短持续动力载荷试验 DLT，前者谈锤与桩-土系统的相互作用意义不大，因为手锤与桩顶撞击接触时间仅为 $0.5\sim 1$ms，锤随即反弹脱离桩顶；而后者则不同，重锤与桩顶撞击后并未立即脱离桩顶，而是继续与桩顶保持一定的接触压力，期间桩身阻抗变化引起的反射波和被激发的桩周岩土阻力波陆续上传至桩顶，通过替打（桩垫、桩帽、锤垫、砧座等部件）向锤传递，并对锤的后继运动状态（与替打保持接触、静止、反弹脱离）产生影响。

即使 DLT 存在锤与桩-土系统相互作用的问题，但目前的测试和计算分析模式与锤是脱钩的（图 5-9）——波动方程对桩顶（或近桩顶）以下的实测信号进行数值分析计算，无需输入桩顶测点以上的桩垫、桩帽、锤垫、砧座、锤等参数数值，只需以桩顶测点为边界按时间递增逐步向桩端开展计算，该计算过程的输出只能反映桩-土相互作用的结果。当然，也有能考虑锤与桩-土系统相互作用的波动方程分析程序，它就是通过锤、替打、桩和土建模数值分析实现了桩的可打性预估，但要直面锤与桩-土系统的匹配是否合适，似乎不是这类程序的主要功能。

V_0—锤的初始撞击速度；E_k—锤的动能；E_{tr}—桩-土系统获得的能量

图 5-9 考虑和不考虑锤与桩土系统相互作用的差异

一种计算方法是否考虑锤与桩-土系统相互作用很容易识别。例如：基于输入锤击能量与桩-土系统克服桩周岩土阻力做功消耗能量的关系，某些桩身应力计算公式、半理论-半经验的动力打桩公式（如著名的 Hiley 公式），计算时至少需要输入拟采用锤型（如筒式/导杆式柴油锤、气动/液压锤）的能效，亦称能量传递比 C_r，等于桩实际获得的冲击能量 E_{tr} 与锤芯初始冲击动能 E_k 的比值。这类打桩公式在地层结构相对稳定、桩型及其规格单一，且已取得经验的局部地区应用不会出大纰漏。但若跨地域使用，桩的几何尺寸、桩周岩土阻力数值及其分布发生了改变，C_r 也将随之改变，尽管锤型未发生改变。如果是考虑锤与桩-土系统的相互作用的公式或算法，C_r 是计算成果的输出。

探究锤与桩-土系统相互作用的现象和机理，对夯实和拓展动力载荷试验方法的理论基础，具有以下三方面意义：

① 追求波动力学和工程概念清晰而不失方法的可操作性；

② 避免简化计算模型的牵强，减少经验修正系数的随意；

③ 实现 DLT 与 RLT 互补融合发展，提升方法的可靠性。

5.4.2 锤与桩-土系统相互作用时的动量和能量传递

1. 冲量

正如单桩静载试验（SLT）反力配重不足无法测定桩的极限承载力，动载试验更关注高强度荷载的持续时间长短，因为桩周岩土阻力发挥产生的反射压力波强弱与冲量正相关。视锤体 m_r 运动如刚体，桩对锤的反作用力可采用桩顶与锤之间的荷重传感器或锤体安装加速度计的方式直接测量，或近似地在接近桩顶的桩身采用应变计间接测量。由图5-10，在锤与桩顶接触压力 $F>0$ 的时间段 t_d，锤的运动状态变化可通过动量定理与冲量积分建立联系：

$$m_r \cdot \Delta V_r = \int_{t_0}^{t_0+t_d} F \cdot dt \tag{5-16}$$

式中：t_0——锤以初速 V_0 对桩撞击的时刻；

ΔV_r——锤体的速度改变量，当锤反弹轻微时 $\Delta V_r \approx V_{end} - V_0$；当桩或锤尚未出现反弹，取积分上限为 t_0+t_u，$V_{end}=V(t_0+t_u)=0$，$\Delta V_r=V_0$。

式（5-16）表明：作用于锤体 m_r 上的力冲量是锤与桩-土系统相互作用的结果，对于有"土"参与的复杂锤-桩-土系统，因式（5-16）不涉及组成并影响系统力学行为的各物体材料本构关系，故属于定量计算公式。例如，试验准备阶段，可按预期的荷载峰值和持续时间计算冲量值，由 $V_{end}=0$ 直接估计最大锤重或锤落距；灌注桩不得已采用应变环测量桩身应变，常因混凝土非线性导致换算力值虚假放大显著，则可根据冲量积分和实测锤落距进行力值偏高修正。

由式（5-16）可知，t_d 时段发生初次撞击，冲量积分值 $I(t_d)$ 的大小是锤与桩-土系统相互作用效果的度量指标。除了荷载持续时间极长的静态情况，t_d 时段后，锤将与桩顶脱离接触，在锤对桩二次追赶撞击发生前，锤和桩-土体系分属两个力学系统。初次撞击相互作用越强，后期脱离表现越烈。典型的波形表现见图 5-10（a）、（b），图中有关试桩的勘察、设计、施工等资料见表 5-3。

图 5-10 冲量计算

(a) 桩反弹对锤冲顶；(b) 溜桩现象发生

桩的勘察、设计、施工及试验资料　　　　　　　　　表 5-3

桩参数	地基条件	单桩静载试验结果	对应图号
直径 0.8m 灌注桩，桩长 44m，桩头 2m 范围用钢筒加固	桩上部土层为填土、流塑—软塑状淤泥质黏土和粉质黏土；中部为可塑状粉质黏土、密实粉土、粉砂；下部为可塑状粉质黏土、密实粉土；桩端为密实粉砂	极限承载力≥6600kN，对应沉降约 25mm	图 5-10(a)
直径 0.8m 人挖桩，桩顶下 3m 范围无护壁，桩长 12.4m	桩侧土层主要为可塑—硬塑状粉质黏土、密实粉细砂，桩端为密实粉细砂，但桩底埋设了 50cm 厚稻草笼	加载至 1800kN 桩顶出现陡降，对应沉降 6.9mm	图 5-10(b)

图 5-10 (a) 是动力试桩常见的波形类型。桩顶位移随时间增大至时刻 t_u 达到最大，以后沿桩身自上而下出现桩周岩土阻力卸载、桩反弹，卸载阻力通过桩对锤产生向上冲顶，锤与桩顶接触压力逐渐下降并于 t_d 时刻降至零，此刻的桩顶速度 V_{end} 即为锤最终脱离桩顶回跳的初速度。注意 V_{end} 通常是以接近桩顶处的桩身测量速度来标识的，锤被桩冲顶与桩顶脱离接触后，锤的实际回跳速度大于 V_{end}，这是因为锤击力信号的有效高频分量的波长尽管明显大于锤的高度，即锤的运动看似刚体，但波传播效应不可能完全消除，撞击力达到峰值开始卸载的过程可视为锤顶自由端不断反射（下行）拉力波使锤产生向上运动（反弹）过程，并持续到锤底与桩顶脱离接触，锤底突变为自由端，这对于后继由锤顶向下传来的下行拉力波，将在锤底产生全反射的上行压力波。由于锤体已为自由杆，这种下行拉力波-上行压力波的反复交替和不衰减，造成视觉上的锤体回跳速度 $V_{rbd,r}$ 大于

V_{end}。所以，为了使式（5-16）严格成立，可通过高速摄像测量锤的回跳高度，反算锤的回跳初速度 $V_{rbd,r}$。

在波动力学意义上，冲顶作用的强弱是桩-土系统抗压刚度或广义阻抗大小的表现，桩-土系统完全刚性时，"拍皮球"现象发生，即 $V_{end}=0$、$V_{rbd,r}=V_0$。由图 5-10（a），取 $V_{end}=0.83m/s$ 推算的锤回跳高度至少为 3.5cm，锤回落对桩的二次撞击至少在 170ms 以后才会发生，这已超出了信号的记录时长。注意，按式（5-16）左边的锤动量计算值略低于式右边的冲量积分值，主要原因是 V_{end} 只是锤与桩顶脱离瞬间的锤速度，而锤的最大反弹速度一定大于 V_{end} 的绝对值。另外，本例传感器安装测点到桩顶的距离为 1.8m，桩头质量 2.2t，如果忽略桩头的惯性力，直接用桩顶下测点的换算力代表桩顶对锤的反作用力，由于测点和桩顶两处的力时间曲线存在相位差（见第 5.6.6 节的第 8 条），导致锤的力冲量计算以及锤与桩顶脱离时刻的定位两个误差同时显现。因此，为减小锤受力的冲量曲线计算误差，对于自由落锤，应优先选用桩顶安装荷重传感器的直接测力方式，倘若采用桩顶下安装应变环的测力方式，传感器应靠近桩顶安装；对于冲击式打桩锤，应尽量采用轻薄替打。

与图 5-10（a）不同，图 5-10（b）这类波形在基桩质量验收动力检测中虽不多见，但查找承载力低下的非正常桩本应是动测抽检的真正初衷。例如桩长较短且端阻不足，桩端反射拉力波陆续传至桩顶，引起锤与桩顶接触压力快速降低并于 t_d 时刻发生短暂溜桩现象——桩比锤下沉速度快、冲量增量为零。因为 t_d 时刻 $V_{end}>0$，锤的动量改变量 $m_r \cdot \Delta V_r$ 减小，溜桩时段桩顶沉降出现二次跳跃增加，直至桩顶沉降停止或轻微反弹，锤与桩发生二次撞击，溜桩结束。仔细观察图 5-10（b）中的速度曲线，若采用理论基础同为波动方程的低应变反射波法判读，则无法解释反射峰宽度 T_2 大于入射峰宽度 T_1 的问题[56]；而依据锤与桩-土系统相互作用所涉及的广义阻抗匹配概念则能做出合理解释（见第 7.1 节的简化模型计算验证）。在桩-土条件不变的情况下，随着锤重增加，溜桩的时长和沉降增加，整桩的运动趋于刚体，因桩长短信号特征也容易符合下式：

$$t_d \geqslant 10 \times L/c$$

之于 RLT 的要求[55]，桩-土体系已成为与锤无关的独立力学系统。如此，RLT 视整桩为刚体，通过整桩惯性力修正，将实测的冲击激励与响应转换成准静态的桩顶荷载-沉降曲线。这种做法看似简便直观，但实际效果有违力学常理，因为至少在临近发生溜桩前，修正后的桩顶荷载为拉力，而沉降却是增大的。究其原因，溜桩时的桩体运动与理想化的两等长弹性杆撞击不同，被撞击的小阻抗杆以恒速（加速度为零）整体飞离，而实际的桩多少受到桩周土影响，加速度递减。

2. 实际传递给桩的能量

为了与打桩锤的额定能量相区别，打桩时桩实际获得的能量，一定是在桩顶或其附近的桩身部位测量得到的能量，并按下式计算：

$$E_{tr} = \int_0^{t_e} F \cdot V dt \tag{5-17}$$

式中：E_{tr}——桩锤实际传递给桩的能量；

t_e——采样结束的时刻。

以下三点是补充说明：

（1）桩锤实际传递给桩的能量不仅因不同锤重和锤型而异，而且即使锤型和锤重相同，但对不同的桩几何尺寸和承载能力，当锤与桩-土系统的匹配效果变差时，也会下降。另外，锤下落中的导向摩擦，锤垫、桩垫产生塑性变形和发热，都会消耗能量。所以应通过实测并按式（5-17）计算桩锤实际传递给桩的能量。

（2）桩锤最大动能 E_k 宜通过测定锤芯最大运动速度确定，当为自由落锤时，锤芯最大运动速度 $V_0 = \sqrt{2gH}$（式中 g 为重力加速度，H 为锤的落高）。

（3）能量传递比 C_r 应按桩锤实际传递给桩的能量 E_{tr} 与桩锤的冲击动能 E_k 的比值确定；桩锤效率应按实测的桩锤最大动能与桩锤额定能量的比值确定。注意：在不少锤击沉桩工程中，因为无法实测沉桩设备的锤芯冲击动能，则默认桩锤效率为 100%，将锤的冲击动能近似用额定能量代替，造成不同程度的 C_r 值偏低。例如影响液压锤效率的负压损耗，双作用液压锤锤芯向下加速运动的加速度未达到标称值。

打桩阻力的高发挥值是动测信号呈现高冲量值的充分条件，但不一定必要，因为低打桩阻力的长桩在未出现溜桩前冲量未必小。而高值的能量传递 E_{tr}，是确保打桩阻力充分发挥的充分必要条件。

充足、无害、高效的冲击能量传递更是动载试验有效性的体现。"充足"与"无害、高效"的合理制衡就是重锤低击原则的核心。但是，如何根据实际传递给桩的能量追溯试验的有效性以及成果分析的合理性却鲜有研究[61]。动测承载力的可靠性普遍采用静动对比试验验证：对于短持续 DLT，采用信号拟合计算承载力并根据已建桩-土系统力学模型反推桩的静荷载-沉降曲线；对于长持续 DLT 即 RLT，采用卸荷点法 UPM，根据桩顶出现最大动位移时刻 t_u 对应的荷载和加速度，计算承载力并按预设的双曲线线型拟合出静荷载-沉降曲线[55]。由图 5-11 的两条静载试验 Q-s 曲线可见：曲线 1 表现出承载力高、沉降 s 小，曲线 2 承载力低、沉降 s 大。静载 Q 作用下桩顶达到最大沉降 s_{max} 时，由下式：

$$E_{max,s} = \int_0^{s_{max}} Q \cdot ds \qquad (5\text{-}18)$$

计算的桩-土系统吸收能量 $E_{max,s}$，以曲线 2 为大。相较于动载，静载试验持荷时间极长，无需计较上式中荷载 Q 克服桩-土系统阻力做功的大小是否与时长有关，因为 Q-s 曲线已直观呈现了桩身抗压刚度和桩周岩土支承刚度协调后的桩承载性状。而动载试验成果缺乏静载试验校核时，比如桩-土系统建模及其参数的合理

图 5-11 桩-土系统吸收能量的差异

性只能凭第 5.7.5 节介绍的实测信号拟合程度主观评判，再无其他量化的力学指标控制。因此，将动力计算成果通过能量关联以静力形式表达，当桩身与桩侧土并联形成的桩-土系统抗压刚度大于桩底持力层的抗压刚度时，可利用经信号拟合确认的桩-土系统模型和位移，用位移传递法模拟桩的静载 Q-s 曲线并按式（5-18）计算 $E_{max,s}$，以如下不等式评价桩-土系统建模的合理性和高估承载力的危险性：

$$E_{\max,s} \leqslant E_{tr} \leqslant E_k \tag{5-19}$$

上式中，桩实际获得的冲击能量 E_{tr}（与超出采样时间段锤与桩的后继碰撞无关），可理解为桩顶冲击力克服桩-土系统阻力所做的功；E_k 为锤的冲击动能，E_{tr}/E_k 为能量传递比 C_r 可惜，式（5-19）是不等式，因为打桩阻力既包含了与位移相关的静阻力，也包含了与变形速率相关的动阻力。不论是 DLT 还是 RLT，激励和速度响应的幅值差别不会很大，但它们对时间的积分——冲量和位移的差别较大。运动速度幅值不变而位移增大，将使位移相关的静阻力在打桩阻力中所占的份额增大。这也就解释了用于动阻力修正的经验阻尼系数以及计算承载力的数值有时会出现很大变异的原因，也预示着分别在静、动荷载条件下，能量吸收 $E_{\max,s}$ 与 E_{tr} 的差异随着 DLT 向 RLT 锤重增加的良性过渡而减小。

5.5 适 用 性

5.5.1 短持续动力载荷试验的主要功能与性价比

短持续 DLT 的主要功能是判定单桩竖向抗压承载力是否满足设计要求。这里所说的承载力是指在桩身强度满足桩身结构承载力的前提下，得到的桩周岩土对桩的抗力（静阻力）。所以要得到极限承载力，应使桩侧和桩端岩土阻力充分发挥，否则不能得到承载力的极限值，只能得到承载力检测值。

为使 DLT 长远、良性发展，改善 DLT 锤击能量较低、桩-土间相对变形较小、桩周岩土阻力难以充分发挥的境况，RLT 通过增大落锤或等效配重的重量（比常规的短持续 DLT 高 3~5 倍），提高了试验有效性，但现场试验实施难度和成本的陡增也显而易见。当桩的广义阻抗明显与锤不匹配，如长、大直径灌注桩的设计承载力被低估，高承载力端承型桩桩端未到持力层或沉渣过厚等，RLT 刚体力学简化导致的原理性缺陷可能放大承载力计算误差。由于试验锤（配）重的选配只与桩的设计预期承载力挂钩，桩的真实承载力远超设计预期的后果是锤重资源不足，反之是资源浪费。

与手锤敲击的低应变法检测桩身完整性的快捷、廉价相比，DLT 检测桩身完整性存在设备笨重、效率低及费用高等缺点，但由于激励能量大、有效检测深度深的优点，特别在判定桩身水平整合型缝隙、预制桩接头等缺陷时，能够在查明这些"缺陷"是否影响竖向抗压承载力的基础上，合理判定缺陷程度，因而可作为低应变检测这类缺陷桩的一种补充验证手段。需要强调，从原理上讲，等截面桩的 DLT 桩身完整性检测可视为直接定量的测试方法。当然，带有普查性的灌注桩完整性检测，采用低应变法更为快捷、廉价。

DLT 检测技术是从打入式预制桩发展起来的，试打桩和打桩监控属于其特有的功能。它能监测预制桩打入时的桩身应力、锤击能量的传递、桩身完整性变化，为沉桩工艺参数及桩长选择提供依据，是静载试验无法做到的。

5.5.2 客观条件的限制

DLT 在检测桩承载力方面属于半直接法，因为通过应力波测量虽然能直接得到打桩阻力,但只笼统地代表了打桩过程中桩周岩土对桩体运动的抵抗力,与桩的承载力并非一一对应关系。我们关心的承载力——也就是静阻力信息,需从打桩土阻力中提取,数值分析时还与桩的位移建立关系。于是要假设桩-土力学模型及其参数,而模型的建立及其参数的选择只能是近似的,甚至是经验性的,它们是否合理、准确,需通过大量工程实践经验以及特定桩型和地基条件下的静动对比来不断验证。这一问题在现行标准中仍得到充分强调,但随着"重锤低击"原则的充分体现会趋于淡化。

灌注桩的截面尺寸和材质的非均匀性、施工的隐蔽性(干作业成孔桩除外)及由此引起的承载力变异性普遍高于打入式预制桩;混凝土材料应力-应变关系的非线性、桩头加固措施不当、传感器安装条件差及安装处混凝土质量的不均匀,导致灌注桩检测采集的波形质量低于预制桩,波形分析中的不确定性和复杂性又明显高于预制桩。与静载试验结果对比,灌注桩 DLT 检测判定的承载力误差也如此。因此,积累灌注桩现场测试、分析经验和相近条件下的可靠对比验证资料,提高检测人员素质,对确保检测质量尤其重要。

除嵌入基岩的大直径桩外,大直径灌注桩、扩底桩(墩)的静载 Q-s 曲线一般为缓变型,端阻力发挥所需的位移很大;相较于桩侧摩阻力随桩径的增加,桩身截面阻抗随桩径的平方增加,造成锤与桩的匹配能力下降,锤击能量传递效率低下,达不到使土阻力充分发挥所需的位移量。根据以往测试经验,能使桩顶产生 $10 \sim 20mm$ 的动位移已很困难了,这与静载试验产生的沉降相比,明显偏低。所以短持续 DLT 可用于嵌岩桩(非位移桩)的检测,但锤重偏轻时去检测静载 Q-s 曲线表现为缓变型的大直径灌注桩可能不是明智之举。

软土中不以竖向承载为主的桩,其设计竖向抗压承载力与桩身结构承载力相差接近或超过 10 倍,动测目标承载力值与同几何尺寸的正常承载桩的波形测试以及承载力分析的误差相当,因此尽量避免采用动测法检测设计承载力极低的桩。

5.6 现 场 检 测

5.6.1 测试仪器

检测方法标准对检测仪器的主要技术性能指标要求是按《基桩动测仪》JG/T 518—2017 提出的(见第 3 章表 3-2),比较适中,大部分型号的国产和进口仪器能满足该表规定的 2 级要求。除性能指标外,仪器还应具有保存、显示实测力与速度信号和信号处理与分析的功能,但不包括出于无线传输、数据共享、实时监管等目的的扩展功能。由于动测仪器的使用环境较恶劣,所以仪器的环境性能指标和可靠性也很重要。

检测方法标准对加速度计的量程未做具体规定,原因是对不同类型的桩,各种因素影响使最大冲击加速度变化范围很大。建议根据实测经验并按以下原则选择量程——至少为预估最大冲击加速度值的 $1 \sim 2$ 倍。如对钢桩,宜选择 $20000 \sim 50000 m/s^2$ 量程的加速度计。因为加速度计的量程越大,其自振频率越高,故在除钢桩外的其他情况下,如采用自制自由落锤检测灌注桩,加速度计的量程也不应小于 $10000 m/s^2$。这也包括锤体上安装加速度计的测试,但根据重锤低击原则,试验时锤体上的加速度峰值不宜超过 $2000 m/s^2$。

对于环形电阻应变式力传感器，虽然桩身轴向平均应变一般在 $\pm 1000 \mu\varepsilon$ 以内，但考虑到锤击偏心、传感器安装初变形以及钢桩测试等极端情况，一般可测最大轴向应变范围不宜小于 $\pm(2500\sim3000)$ $\mu\varepsilon$，而相应的应变适调仪应具有较大的电阻平衡范围。

5.6.2 锤击设备

1. 对锤击设备的原则性要求

不论是长持续还是短持续动力载荷试验，对桩顶施加的荷载均属于瞬态冲击荷载。在开展短持续动载试验时，对冲击类型锤击设备的选用并无过多的限制。但要注意，导杆式柴油锤荷载上升时间可能过于缓慢（缸锤触底与桩帽直接碰撞除外），易造成速度响应信号低频失真。各种锤击设备的检测能力和主要特征，可参见第 3、6 章的相关介绍。

细心的读者会发现，在 2014 版《建筑基桩检测技术规范》JGJ 106 的"高应变法"一章中的三条强制性条文，是在沿袭了原 2003 版规范强制性条文的基础上修改删减而成，而且这些强制性条文都不是针对分析计算方法的规定。其目的是很明显的：如果没有实测信号质量的保证或者信号反映的桩-土相互作用信息不充分，再好的计算分析方法也不可能得出可靠的承载力结果。以下（一）、（二）条是 2014 版规范关于锤击设备的强制性规定，第（三）条是原 2003 版基桩检测规范的强制性条文，后已修订为一般性条文：

（一）高应变检测专用锤击设备应具有稳固的导向装置。重锤应形状对称，高径（宽）比不得小于 1。

（二）采用高应变法进行承载力检测时，锤的重量与单桩竖向抗压承载力特征值的比值不得小于 0.02。

（三）当采取自由落锤安装加速度传感器的方式实测锤击力时，重锤应整体铸造，且高径（宽）比应在 1.0～1.5 范围内。

接下来对上述（一）～（三）条逐一进行解释。

2. 第（一）条关于自制自由落锤的导向和锤体形状

无导向锤的脱钩装置多基于杠杆式原理制成，操作人员需在离锤很近的范围内操作，缺乏安全感，且脱钩时会不同程度地引起锤的摇摆，更容易造成锤击严重偏心而产生垃圾信号；锤瞬时脱钩因锤的重量突然释放造成吊车的吊臂强烈反弹，对吊臂造成损害。因此稳固的导向装置的另一个作用是：在落锤脱钩前需将锤的重量通过导向装置传递给锤击装置的底盘，使吊车吊臂不再受力。扁平状锤如分片组装式锤的单片或强夯锤，下落时平稳性差且不易导向，更易造成严重锤击偏心并影响测试质量。于是规定锤体的高径（宽）比不得小于 1。

3. 第（二）条关于锤重选择

为提高强制性条文的可操作性，2014 年修订将原强制性条文——"进行高应变承载力检测时，锤的重量应大于预估单桩极限承载力的 $1.0\%\sim1.5\%$，混凝土桩的桩径大于 600mm 或桩长大于 30m 时取高值"，进行了修改与拆分，保留了锤重低限值的强制性要求，将"混凝土桩的桩径大于 600mm 或桩长大于 30m 时取高值"的要求改为一般条文，但取消了范围上限。主要理由如下：

（1）锤的重量大小直接关系到桩侧、桩端岩土阻力发挥的高低，只有充分包含土阻力发挥信息的信号才能视为有效信号，也才能作为高应变承载力分析与评价的依据，否则其结果不具有可信度。锤重不变的条件下，随着桩横截面尺寸、桩的质量或单桩承载力的增加，锤与桩的匹配能力下降，试验时的直观表象就是锤的强烈反弹，锤落距提高带来的桩顶动位移或贯入度增加不明显，而桩身锤击应力增加却很显著。确实存在验收检测后的桩基承载力不确定性不减反增的情况：为了降低运输（搬运）、吊（安）装成本和试验难度，一味采用轻锤进行试验，由于土阻力（承载力）发挥信息严重不足，遂随意放大调整实测信号，编造出的承载力虚高；有时，轻锤高落距锤击还引起桩身破损。

（2）本条是保证信号有效性规定的最低锤重要求，也是体现高应变法"重锤低击"原则的最低要求。国际上，应尽量加大动测用锤重的观点得到了普遍推崇，如美国材料与试验协会 ASTM 在 2008 年颁布的《桩的高应变动态试验的标准试验方法》D4945-08[53] 中提出：锤重选择以能充分调动桩侧、桩端岩土阻力为原则，并无具体低限值的要求；而在以后的几次修订版本中，对预制桩和灌注桩均要求"落锤的锤重至少为极限承载力预期值的 $1\% \sim 2\%$"，对照我国现行标准，相当于锤重为单桩竖向抗压承载力特征值的 $2\% \sim 4\%$。

（3）桩较长或桩径较大时，一般使侧阻、端阻充分发挥所需位移大。

（4）桩是否容易被"打动"取决于桩身"广义阻抗"的大小。广义阻抗与桩身截面波阻抗大小和桩周岩土阻力大小两个因素有关。随着桩直径增加，波阻抗的增幅速度快于土阻力，而桩身阻抗的增加实际上就是桩的惯性质量增加，仍按预估承载力特征值的 2% 选取锤重，将使锤对桩的匹配能力下降。因此，不仅从土阻力（承载力）大小，而且从桩身惯性质量两方面考虑，提高锤重是更科学的做法。不论是国外还是国内标准，只规定了锤重的最低限值。当桩径或桩长分别明显超过 600mm 或 30m 时，还应继续提高锤重。例如，1200mm 直径灌注桩，桩长 20m，设计要求的承载力特征值较低，仅为 3000kN，即使采用 120kN 重锤（锤重为承载力特征值的 4%）仍嫌锤重偏轻。

4. 第（三）条关于锤上测力方式的原理及优缺点

自由落锤安装加速度计测量桩顶锤击力的依据是牛顿第二和第三定律。其成立条件是同一时刻锤体内各质点的运动和受力无差异，也就是说，虽然锤为弹性体，只要锤体内部不存在波传播的不均匀性，就可视锤为一刚体或具有一定质量的质点。波动理论分析结果表明：当沿正弦波传播方向的介质尺寸小于正弦波波长的 1/10 时，可认为在该尺寸范围内无波传播效应，即同一时刻锤的受力和运动状态均匀。除钢桩外，软垫缓冲条件下较重的自由落锤在桩身产生的力信号中，有效频率分量（占能量的 90% 以上）在 200Hz 以内，超过 300Hz 后可忽略不计。按最不利估计，对力信号有贡献的高频分量波长也不小于 20m。所以，在大多数采用自由落锤的场合，牛顿第二定律能较严格地成立。要求锤体需整体铸造且高径（宽）比不大于 1.5 正是为了避免分片锤体在内部相互碰撞和波传播效应造成的锤内部运动状态不均匀。与在桩头附近的桩侧表面安装应变式力传感器的测力方式相比，在锤体上安装加速度计的直接测力方式有以下优缺点：

（1）避免了应变式传感器安装部位的劣质混凝土、桩头损伤等导致的测力失败以及传感器的经常损坏。即使桩头开裂，锤上测力方式的力信号形态仍完好，只是锤击力幅值不同程度下降，表明锤击能量因混凝土开裂被吸收了。

（2）避免了因混凝土非线性造成的力信号失真（混凝土受压时，将对实测力值放大，不安全，故对于灌注桩，不主张采用桩身安装应变环的测力方式）。

（3）直接测定锤击力，即使混凝土波速、弹性模量改变，也无需修正。

（4）测量响应的加速度计只能安装在距桩顶较近的桩侧表面，尤其不能安装在桩头变阻抗截面以下的桩身上。为使牛顿第三定律成立，需假设锤与桩顶接触面上的锤击力等于桩顶下的加速度计安装水平断面处的锤击力，但严格地讲，桩顶面与测量响应传感器的安装面所感受到的锤击力不可能相等，原因是桩顶至安装面距离范围内的桩体惯性质量一般不能忽略，也即存在惯性力，应予以修正。

（5）桩顶只能放置薄层桩垫，不能放置尺寸和质量较大的桩帽（替打），因为厚垫和大尺寸桩帽（替打）将引起较大的锤击力与桩顶速度响应的时间差，桩帽（替打）质量较大时的惯性力不能忽略，也即在桩顶面牛顿第三定律不成立。

（6）需采用重锤或软锤垫以减少锤上的高频分量。对于自制自由落锤，锤体高度一般不超过 3m，则最大使用的锤重可能受到限制，除非采用厚软锤垫减少锤上的波传播效应。

（7）自由下落的锤体有 $-1g$（g 为重力加速度）的加速度，当以信号前沿为基准进行基线修正的方式或时刻选择不同时，可能出现 $1g$ 的偏差。撞击后，若锤反弹与桩顶脱离接触再回落，此过程整个锤体具有 $-1g$ 加速度，使其后的力曲线负向不归零（实际上，锤对桩顶的作用力为零），锤越轻、桩的承载力或桩身阻抗越大，锤反弹以及与导架碰撞摩擦越强烈，力曲线后期基线负向下沉就越明显。由于锤体内部的运动和受力状态多少会存在不均匀性，大锤上的测试效果可能比小锤差。

（8）重锤撞击桩顶瞬时难免与导架产生碰撞或摩擦，导致锤体上产生高频纵、横干扰波，锤的纵、横尺寸越小，干扰波频率就越高，也就越容易被滤除。

5.6.3　贯入度测量

利用打桩机作为锤击设备，可根据一阵锤的桩总下沉量确定单击贯入度。重锤对桩冲击造成桩周围地基振动，若通过在受检桩附近架设基准梁测量贯入度，应注意架设仪表受地基振动出现松动移位；若桩的贯入度采用精密水准仪观测，仪器最好架设在试桩附近的工程桩上。另一种贯入度估测方法是采用加速度信号两次积分得到的最终位移替代贯入度，但最终位移的积分时长小于 0.5s（信号计算分析终止的历时不超过 0.1s），比按锤击数或水准仪测得的贯入度在历时上短了 100～1000 倍，信号采样终止后桩顶位移还会继续变化一段时间，显然用永久贯入度判断桩是否被打动和用信号最终位移控制拟合分析质量的意义不同。

即使用加速度的短时积分位移替代贯入度方便且实时，但要注意下列问题：

（1）由于信号采集时段短，信号采集结束时桩的受力和运动尚未停止，如柴油锤打桩。通常，只有位移曲线尾部为一水平线即位移基本不随时间变化，替代贯入度才可信。

（2）压电式加速度计的质量优劣影响积分（速度）曲线的趋势，零漂大和低频响应差（时间常数小）时积分趋势项（误差）愈加明显。

对贯入度测量精度要求较高时，建议采用精密水准仪，选择适宜的仪器架设位置测量。用加速度测量近似替代时，可用低频性能较好的压阻式加速度计（见第 7.5 节）。

5.6.4 休止时间

试验时桩身混凝土强度（包括加固后的混凝土桩头强度）应达到设计强度值。

承载力时间效应因地而异，以沿海软土地区最显著。成桩后，若桩周土未出现隆起、侧挤、沉陷、软化等现象，承载力将随时间增长。工期紧、休止时间不够时，除非承载力检测值已满足设计要求，否则应休止到满足表 5-4 规定的时间为止。

休止时间   表 5-4

土的类别		休止时间(d)
砂土		7
粉土		10
黏性土	非饱和	15
	饱和	25

注：1. 对于泥浆护壁灌注桩，宜适当延长休止时间。休止时间未考虑桩在使用中因桩周土沉陷、液化等引起的承载力降低。

    2. 当桩端穿越不同土层时，建议休止时间按不同类别土层休止时间的最长者取值。

预制桩承载力的时间效应可通过复打确定，因打桩结束时测到的初打（End of Initial Driving，简称 EOID）承载力和休止一定时间后的复打（Beginning of Restrike，简称 BOR）承载力主要因土性不同有一定或很大的差异，静载试验结果也是如此。国内外大量试验结果的统计趋势表明：受超孔隙水压力消散速率的影响，砂土中桩的承载力恢复随时间增加较快且增幅较小，黏性土中则较慢或很慢且增幅很大。桩承载力的增长与时间的对数基本呈线性关系。除此之外，承载力的歇后效应可能还与桩型和几何尺寸稍有关系。国内文献［49］引述了国外 Paikowsky 等[48] 统计 206 根预制桩初打承载力的时间效应（直接用静载做到破坏后或复打后再做静载试验）的比较数据，发现初打动测承载力与复打或静载结果离散很大，主要趋势是初打承载力明显偏低。虽然我国不主张利用初打进行承载力验收检测，但是对黏性土中的摩擦桩，即便经短时间休止，承载力的时效仍需予以关注。下面举两个实例：

（1）渤海海上平台超长钢管桩与时间效应有关的打桩监测实例。钢管桩外径 1219mm，水深 30m，桩倾斜 8°，设计桩长 121.2m，入土深度 80.5m，分四节打入，其中最下节部分 54m 范围的钢管壁厚为 31.8mm，以上部分的壁厚为 38.1mm。地层条件相对简单，为密实的砂和粉细砂互层，偶夹砂质粉土薄层。为穿越如此厚的密实砂层，桩端下端开口，以减少挤土效应。采用 Vulcan560 蒸汽锤施打，锤芯质量 28t。图 5-12 是沉入第三节桩（总桩长为 98.1m）时，入土深度从 33.8~55.5m 的几个代表性监测波形。其中图 5-12（a）为休止 45d 后刚开始施打的动测波形，此时桩表现出明显的拒锤现象，波形的速度曲线在接近 $2L/c$ 时的负向陡降反映出明显的"土塞"效应，第一个 300mm 的贯入深度竟锤击了近 3000 锤！以后土塞效应逐渐减弱，锤击数逐渐减小；至入土深度 40.1m 后基本进入正常打入阶段，锤击数为 200~100 击/m，桩底反射趋于明显，分别见图 5-12（b）、（c）；入土深度大于 45m 后，沉桩速率明显加快，锤击数小于 100 击/m，此时的桩底反射非常强烈，分别见图 5-12（d）、（e）；当桩入土深度达 55.5m，总锤击数接近 9000 锤，因锤垫（用石棉板和钢板叠合而成）产生高热起火，遂更换锤垫。虽然仅耗时 1h，由于孔隙水压力消散，再重新施打时已出现较明显的承载力恢复迹象，见图 5-12（f）。

图 5-12　入土深度 33.8～55.5m 时的代表性监测波形

（a）入土深度 33.8m，桩端为粉砂，休止 45d 后开始施打；（b）入土深度 40.1m，桩端为细砂，连续打入；
（c）入土深度 44.6m，桩端为粉砂，连续打入；（d）入土深度 49.1m，桩端为粉砂，连续打入；
（e）入土深度 54.6m，桩端为细砂，连续打入；（f）入土深度 55.5m，桩端为细砂，更换锤垫停 1h 后开始施打

（2）福州某场地两根预制桩的初打和复打信号比较。桩截面尺寸为 500mm×500mm 方桩，锤型为 D60。地层结构主要为较深厚的淤泥、淤泥质土以及残积土，厚薄不匀。5 号桩的初打和 3d 后复打信号分别见图 5-13（a）、（b），显然初打信号表现出极低的承载力，3d 后复打信号分析的极限承载力也不超过 2500kN，经充分休止后做静载试验，极限承载力不小于 4500kN。另一根 2 号桩，休止 4d 后的复打波形表现出明显的承载力恢复，桩底拉力波反射消失，动测分析的极限承载力已超过 4500kN 的设计要求，分别见图 5-13（c）、（d）。

5.6.5　检测前的现场准备工作

1. 桩头加固处理

对不能承受锤击的桩头应加固处理，混凝土桩的桩头处理按下列步骤进行：

图 5-13　初打与复打对比波形

(*a*) 5 号桩初打；(*b*) 5 号桩 3d 后复打；(*c*) 2 号桩初打；(*d*) 2 号桩 4d 后复打

① 混凝土桩应先凿掉桩顶部的破碎层和软弱混凝土。

② 桩头顶面应平整，桩头中轴线与桩身上部的中轴线应重合。

③ 桩头主筋应全部直通至桩顶混凝土保护层之下，各主筋应在同一高度上。

④ 距桩顶 1～2 倍桩径范围内宜用厚度为 3～5mm 的钢板围裹或箍筋加密，箍筋间距不得大于 100mm。桩顶应设置钢筋网片 2～3 层，间距 60～100mm。对于灌注桩，强烈建议采用钢护筒加固桩头。

⑤ 桩头混凝土强度等级宜比桩身混凝土提高 1～2 级，且不得低于 C30。

⑥ 桩头测点处截面尺寸应与原桩身截面尺寸相同。

⑦ 施工缝应凿毛并清洗干净。

2. 锤击装置安装

为了减小锤击偏心和避免击碎桩头，锤击装置导向应与桩轴线平行，锤击应平稳对中。这些措施对保证测试信号质量很重要。对于自由落锤装置，锤架底盘与其下的地基土应有足够的接触面积，以确保锤架承重后不会发生倾斜以及锤体反弹对导向横向撞击使锤架倾覆。

3. 传感器安装

为了减小锤击偏心和桩顶应力集中的影响，应在离开桩顶一定距离的合适部位安装传感器，原则上讲，传感器安装位置越往下越好。检测时至少应对称安装冲击力和冲击响应（质点运动速度）测量传感器各两个，通过两对称安装传感器信号叠加平均，抵消锤击偏心的影响，传感器安装见图 5-14。需要指出：在距桩顶同一深度测量断面安装的应变式冲击力测量传感器与响应测量的加速度传感器相比，前者对锤击偏心更为敏感，原因是冲击力测量传感器实为表贴式的大标距纵向应变传感器，在测量冲击力引起的桩身受压方向（纵向）应变和偏心弯矩引起的弯曲应变（纵向）的同时，传感器安装面不平整、锤击偏心还会分别引起传感器标距段内的局部附加横向弯曲，而传感器横向变形产生的信号输出无法部分或大部分补偿（消除）。根据早年的研究[60]，随机抽查应变传感器的横向弯曲输出灵敏度的离散性很大，高低相差 5～10 倍。遗憾的是，至今未见对应变传感器横向弯曲灵敏度的大小限值要求。

冲击力和响应测量可采取以下方式和步骤：

（1）在桩顶下的桩侧表面分别对称安装加速度传感器和应变式力传感器，直接测量桩身测点处的响应和应变，并将应变换算成冲击力。在此条件下，传感器宜分别对称安装在距桩顶不小于 $1.5D$ 的桩侧表面处（D 为试桩的直径或边宽），如条件允许，应尽量往下安装。对于大直径桩（特别是大直径灌注桩），桩顶在地面标高以下，下挖深度受到限制，允许传感器与桩顶之间的距离适当减小，但不得小于 $1D$。安装面处的材质和截面尺寸应与原桩身相同，传感器不得安装在截面突变处附近。

（2）在桩顶下的桩侧表面对称安装加速度传感器直接测量响应，在自由落锤锤体 $0.5H_r$ 处（H_r 为锤体高度）对称安装加速度传感器直接测量冲击力。在此条件下，对称安装在桩侧表面的加速度传感器距桩顶的距离为 $0.4H_r$。对于混凝土桩，其波速一般为钢材的 $0.65～0.8$ 倍，使桩侧表面安装的加速度计距桩顶 $0.4H_r$ 是为了消除锤上测力方式时的锤击力和桩顶以下加速度响应信号间的时间差。

图 5-14 传感器安装示意图（单位：mm）

（3）采用应变式力传感器（应变环）测力时，传感器安装应特别给予专注，因为除 DLT 锤击设备能效不足外，导致 DLT 垃圾信号的原因多源自应变环的输出失真或过载。

① 应变传感器与加速度传感器的中心应位于同一水平线上；同侧的应变传感器和加速度传感器间的水平距离不宜大于 80mm。安装完毕后，传感器的中心轴应与桩中心轴平行。

② 各传感器的安装面材质应均匀、密实、平整，并与桩轴线平行，否则应采用磨光机将其磨平。

③ 安装螺栓的钻孔应与桩侧表面垂直；安装完毕后的传感器应紧贴桩身侧表面，绝对不能靠螺栓悬挂固定！锤击时传感器不得产生滑动。安装应变式传感器时应对其初始应变值进行监视。由于锤击偏心不可避免，所以不计安装后的传感器初始应变值，应预留锤击时的可测轴向变形余量为：

a. 混凝土桩应大于 $\pm 1000\mu\varepsilon$；

b. 钢桩应大于 $\pm 1500\mu\varepsilon$。

（4）对于灌注桩，强烈建议采用图 5-14 的锤上安装加速度计或荷重传感器直接测力的方式，不得已使用了应变环，应根据锤的落距和实测冲量 $I(t_u)$ 对换算力值予以降幅修正。

（5）当连续锤击监测时，应将传感器连接电缆包括电缆接头有效固定。

（6）不宜采用基准设在试桩附近的相对式动态位移测量装置（解释见第 7.5 节）。

4. 桩垫或锤垫

对于自制自由落锤装置，桩头顶部应设置桩垫，桩垫可采用 30～100mm 厚的木板或胶合板等材料。

5.6.6　测试参数的设定、调整以及实测信号后处理功能的正确使用

所有的传感器设定值应按校准或检定的结果采用。

1. 采样时间间隔

采样时间间隔宜为 50～200μs，信号采样点数不宜少于 1024 点。

采样时间间隔为 100μs，对常见的工业与民用建筑的桩是合适的。但对于超长桩，例如桩长超过 60m，采样时间间隔可放宽为 200μs，当然也可增加采样点数。

2. 桩的几何参数设定

测点以下桩长和截面积可采用设计文件或施工记录提供的数据作为设定值。

测点下桩长是指桩头传感器安装点至桩底的距离，一般不包括桩尖部分。

3. 桩身材料质量密度设定

除混凝土灌注桩外，桩身材料质量密度的变异性小，可直接按表 5-5 取值。

桩身材料质量密度（t/m³）　　　　　　表 5-5

钢桩	混凝土预制桩	离心管桩	混凝土灌注桩
7.85	2.45～2.50	2.55～2.60	2.10～2.40

注：采用超流态混凝土、细石混凝土的灌注桩，质量密度可取低值。

4. 桩身波速的设定和调整

桩身波速可结合本地经验或按同场地同类型已检桩的平均波速初步设定，现场检测完成后再根据实测信号确定的波速进行调整。

对于普通钢桩，桩身波速可直接设定为 5120m/s。对于混凝土桩，桩身波速取决于混凝土的骨料品种、粒径级配、成桩工艺（导管灌注、振捣、离心）及龄期，其值变化范围

大多为 3500～4500m/s。混凝土预制桩可在沉桩前实测无缺陷桩的桩身平均波速作为设定值；混凝土灌注桩应结合本地区混凝土波速的经验值或同场地其他同类型桩的已知值进行初步设定，但回到室内计算分析前，应根据实测信号进行修正。

5. 弹性模量的设定和调整

初次设定或纵波波速修正后，都应按下式：

$$E = \rho \cdot c^2 \tag{5-20}$$

计算或调整桩身材料的弹性模量 E。

6. 应变式力传感器（应变环）测量通道参数设置

应变式力传感器（应变环）不能直接测量锤击力，而是通过测量距桩顶不小于 $1.5D$（D 为试桩的直径，方桩时为边宽）的桩侧表面"局部应变"后再换算成锤击力。即根据实测的应变 ε 按下式换算成锤击力：

$$F = A \cdot E \cdot \varepsilon$$

式中：F——锤击力；

A——测点处桩身横截面积；

E——代表传感器安装位置处的桩材弹性模量，对于不同材料组成的桩身截面（如钢管混凝土），宜采用复合弹性模量；

ε——实测应变值。

显然，锤击力的正确换算依赖于测点处设定的桩参数是否符合实际。严格地讲，混凝土的应力-应变关系存在不同程度的非线性，E 值随应变增加而递减，采用低应变水平时的 E 值使换算的力值偏高。考虑到弹性模量、波速和质量密度三者之间需满足式（5-20），以及质量密度变异相对很小、可视其为常数的特点，应尽可能按实际测量或经验的波速值合理设定弹性模量。另外，测点处的桩截面尺寸也应按实际测量确定，因为计算测点以下原桩身的阻抗变化，包括计算的桩身运动及受力大小，都是以测点处桩头单元为相对"基准"的。

在一些仪器的实际操作中，锤击力是按下式：

$$V = c \cdot \varepsilon$$

以速度为单位归一化存储的，通道设定值直接采用应变灵敏度。可见，当根据已测信号调整波速后，以上式的形式存储的"原始力值"数据也要随之调整。

7. 锤上安装加速度计测力方式下的参数设定

满足锤上安装加速度计测力的前提条件是能够将与桩顶发生碰撞的落锤视为刚体。如前述，具有一定波长的应力波在介质中传播时所行走的距离（尺度）小于应力波波长的 10 倍或更多时，可以近似认为在这一尺度范围内的介质运动和受力是均匀的，即该尺度范围内波传播效应可忽略不计。短持续落锤动力荷载试验的桩顶力脉冲作用持续时间一般大于 10ms，否则被视为锤重不足。作用于混凝土桩的激励脉冲，其有效高频（即短波长）分量的波长不小于 20m，锤的高度不超过 3.0m，即可根据牛顿第二定律按下式计算桩顶锤击力（图 5-15）：

$$F_{top} = m_r \times a_r$$

上式表明：力的设定值由加速度传感器设定值与落锤质量 m_r 的乘积确定。例如，自由落锤的质量为 10t，加速度计的电压灵敏度为 2.5mV/g（g 为重力加速度，其值等于 9.8m/s^2），则锤体测力的设定值为 39200kN/V。

8. 锤上安装加速度计测力方式下对测点以上桩头质量的惯性效应修正

由图 5-15 可发现，桩顶响应加速度测点位置并非在桩顶，而是在桩顶以下深度 h_p 的测点布置断面，因此需要将 F_{top} 换算到该测点断面处。如果牛顿第三定律在桩的顶面成立，即置于桩顶上的桩垫质量 $m_c \to 0$ 且其厚度可以忽略，则桩顶以下深度 h_p 测点处的锤击力 F 由下式计算：

$$F = F_{top} - m_{p,h} \cdot a_p \tag{5-21}$$

式中：$m_{p,h}$——测点以上部分的桩头质量；

a_p——测点处测量加速度。

图 5-15 锤上测力示意图

例如，直径 1000mm、高 1m 的混凝土桩头质量 $m_{p,h}$ 接近 2000kg。若 t 时刻桩头测量加速度 $a_p = 100g = 980\text{m/s}^2$，则该时刻桩头的惯性力为 1960kN。图 5-16 给出了桩头惯性效应修正前后的力曲线对比。可以预见，当桩头质量较大或桩顶撞击加速度很高时，不进行桩头惯性效应修正将导致力曲线产生明显的相位畸变。当然修正也必须基于桩头 h_p 范围内的受力和运动是均匀的。

图 5-16 桩头惯性效应修正前后的力曲线对比示意

9. 信号基线修正

测试信号的基线修正不能根据所谓"统计"特征进行"经验修正"。理由很简单，桩的动态测试信号不属于随机信号，"经验修正"涉嫌篡改数据。DLT 信号的基线修正应在正确的力学概念导引下，利用合理的边界条件和初始条件求出修正常数或修正函数的系数。举例来说，应变环测力方式下得到的力曲线尾部不归零，原因是测点处混凝土塑性变形造成了力值虚假放大，采用常量修正（强制力曲线下降尾部归零）解决了视觉上的不归零，但对修正效果是否有效仍需靠正确概念进行推敲：塑性变形是因压应力水平过高引起还是锤击偏心导致？混凝土本构关系并非理想弹-塑性，而是应力随应变变化的全程非线性。

（1）速度曲线基线的线性修正。压电加速度计的有限低频响应以及存在不同程度的零漂，一般在实测加速度曲线上表现并不明显，但将加速度积分成速度时，这些存在于信号中的低频或极低频"趋势"项将随积分被逐步放大，故可强制速度曲线在信号结束时刻的幅值为零而进行线性基线修正。

（2）锤上安装加速度计测力方式下的力信号基线修正。约定锤与桩顶碰撞时锤体上的加速度以向上为正，锤体自由下落受重力作用的加速度为 $-1g$。对于瞬态冲击信号采集，很多仪器有信号自动复位（清零）功能，采集信号起升沿看似从零开始，其实是整个信号基线上抬 $1g$。撞击后，锤受桩身回弹顶推跳离桩顶。锤与桩顶失去接触后，式（5-21）中 $F_{top} \equiv 0$，若忽略桩头惯性效应，桩身测点处的力值 $F=0$。但图 5-17 中锤跳离桩顶后的 F/Z 曲线出现负基线，而 F/Z 曲线与锤体加速度 $a_r(t)$ 曲线形态相同，说明锤受桩冲顶、跳离桩顶的初速度 $V_{rbd,r}$ 大于两者脱离接触的瞬时桩顶速度 V_{end}。其原因是锤体尚存的拉-压应力波的交替入射和反射现象未消失，如 $a_r(t)$ 信号中的高频毛刺。这不仅与桩-土系统卸载刚度的强弱、也和锤重（锤的高度和阻抗）有关。锤体回跳全程中受重力作用

图 5-17 锤上安装加速度计测力曲线的基线变化

的 $-1g$ 加速度是固有的，但是否遇到锤击设备导架的摩擦阻碍是随机的。因桩顶不可能承拉，锤跳离桩顶后式（5-21）中的 $F_{top} \equiv 0$，桩顶以下 $h_{p,h}$ 位置的力值 F 受桩头惯性质量 $m_{p,h}$ 的影响已很微弱，应该可以对"负基线"进行归零处理。假设锤获得的反弹初速度为 $0.5m/s$，锤从跳离桩顶至回落二次撞击的往返行程仅为 $25mm$，但耗时超过 $100ms$，说明二次撞击不会对第一次撞击时段的信号分析产生交叉影响，当然更多的情况是二次撞击发生时信号采集已经结束。为便于读者理解，图 5-18 描绘了自由落锤从脱钩到二次撞击发生的整个时段锤体运动速度的变化情况。

图 5-18 锤体运动速度变化

10. 信号滤波

对于采用应变环测力的混凝土桩动力检测，只要桩顶冲击荷载作用时间超过 10ms，

则信号中有效频率分量基本落在 200Hz 以内的低～中频段。对于压电加速度计，更期望其低频响应下限能接近零，所以不需要对信号进行高通滤波；同时，由于重锤强冲击，信号信噪比很高，亦无必要对信号进行低通（≥200Hz）滤波。但有一个例外，锤上测力方式下锤体上将出现高频波，成因源自两方面：一是锤与桩撞击引起的高频纵波，除前述"负基线"分析的原因外，还与锤（桩）垫的刚度有关，刚度大纵波信号中的高频成分相对强；二是可能叠加锤与导架摩擦、碰撞产生的纵波和横波。最易直观判断的应该是沿锤体竖向传播的纵波，锤的高度越高，一阶纵振频率越低。虽然钢锤的横向尺寸一般小于竖向，但横波的波速仅为 3200m/s 左右，故横波的波长或许与纵波相当。当锤的高宽（径）比接近 1 时，横波的频率比纵波还低。据工程现场测试经验，当锤与锤架撞击发出的声响清脆响亮时，锤上测力曲线的高频毛刺一般会加剧。另外，锤的侧面、顶面均为自由面，锤体中高频波衰减很慢，且可能伴随二阶甚至更高阶的纵、横振型。

明显的高频毛刺至少是视觉上的干扰。所幸这些高频波一般落在接近或高于 1kHz 以后的高频段，而信号有效成分多集中在 0～200Hz（钢桩作为极端情况可放宽至 500Hz）的通带内，与干扰波的主频相距很远。可灵活运用带阻、低通滤波技术消除这些干扰，而几乎不造成原始有效信号失真。图 5-19 所示的干扰波幅值较弱，主要是在锤体反弹与导架碰撞瞬时激发的；图 5-20 的滤波前波形表明，干扰波出现在锤体初次下落与桩顶碰撞的瞬时，也不能排除锤体反弹的第二次碰撞激发的干扰波。因为干扰波幅值较强，所以必须滤波。

图 5-19 φ400 灌注桩滤波前后对比（锤质量 4.1t）

图 5-20 $\phi 800$ 灌注桩滤波前后对比（锤质量 8.5t）

11. 信号调整功能的必选与禁忌

本章第 5.7.2 节还会专门讲解当根据实测波形重新调整波速后，除弹性模量需随之调整外，采用应变环测力方式时的力值必须按调整的比例重新标定；而采用锤上测力方式，力值在任何情况下不得调整！两者截然不同。灌注桩 DLT 检测报告通篇的测试波形都是力和速度信号在第一峰处完全成比例，视觉上看似"漂亮"的波形无异于虚假信号。作为一条基本原则：任何改变原始信号真实性的功能都须禁止。

对于诸如传感器灵敏度（或设定值）事先输入错误需要事后补正，锤上测力信号无法自动基线修正而需借助手工基线修正等正常的信号调整，应该保留原始信号和修改痕迹。作为一个有资质的、管理有序的试验检测机构，对保证记录的真实、完整也应有相应的管理规定。

5.6.7 检查和确认仪器的工作状态

对于动力载荷试验，很难像低应变完整性检测那样，可以通过反复调整锤击点和接收点位置、锤垫的软硬和施力大小，最终测到满意的响应波形。DLT 虽非破坏性试验，但有时也不具备重复多次的锤击条件。比如，需要开挖试桩桩头以暴露传感器安装部位，此时地下水位较高、地基土松软，锤架受力后倾斜，试坑周边塌陷，使锤架倾斜或传感器被掩埋；桩头过早开裂或桩身缺陷进一步发展。这些都有可能使试验暂时或永远终止。因此，每一锤的 DLT 测试信号都非常宝贵，这就要求检测人员在锤击前仔细检查和确认仪器的工作状态。

传感器外壳与仪器外壳共地，测试现场潮湿，传感器对地未绝缘，交流供电时常出现50Hz干扰，解决办法是良好一点接地或改用直流供电。利用仪器内置的模拟信号触发所有测试通道实施自检，以确认包括传感器、连接电缆在内的仪器系统处于正常工作状态。

5.6.8　重锤低击

采用自由落锤为锤击设备时，应重锤低击，最大锤击落距不宜大于2.5m。根据波动理论分析，若视锤为刚体，则桩顶的最大锤击应力与锤冲击桩顶时的初速度成正比，锤撞击桩顶的初速度与落距的平方根成正比。落距越高，锤击应力和偏心越大，越容易击碎桩头。轻锤高击并不能有效提高桩锤传递给桩的能量和增大桩顶位移，如可见的较高荷载水平的脉冲作用持续时间变窄并伴有锤更强烈的反弹。增加锤重是改善这些不利情况之关键，锤垫缓冲不可能增加能量和桩的位移；锤击脉冲越窄，波传播的不均匀性，即桩身受力和运动的不均匀性（惯性效应）越明显，实测波形中土的动阻力影响加剧，而与位移相关的静土阻力呈明显的分段发挥态势，使承载力的测试分析误差增加。事实上，若将锤重增加到预估单桩极限承载力的5%以上，即达到长持续动力载荷试验（Rapid Load Test）要求的锤重水平，势必造成桩身中的波传播效应大大减弱，桩侧、桩端岩土阻力的发挥更接近静载作用时桩的荷载传递性状。因此，"重锤低击"是保障动测桩承载力准确性的基本原则，这与低应变法充分利用窄脉冲的波传播效应准确探测缺陷位置有着概念上的区别。

5.6.9　检查采集数据质量

检测时应及时检查采集数据的质量；每根受检桩记录的有效锤击信号应根据桩顶最大动位移、贯入度以及桩身最大拉、压应力和缺陷程度及其发展情况综合判断。

DLT成功的关键是信号中的桩-土相互作用信息充分以及信号质量。信号信息是否充分首先要检查测试各个环节，如动位移、贯入度小可能预示着土阻力发挥不充分；初步判别采集到的信号是否符合检测目的；检查混凝土桩锤击拉、压应力和缺陷程度大小，以决定是否进一步锤击，以免桩头或桩身受损。自由落锤锤击时，锤的落距应由低到高；打入式预制桩可按每次采集一阵（3～10击）的波形进行判别。

现场测试波形紊乱，应分析原因；桩身有明显缺陷或缺陷程度加剧，应停止检测。

检测工作现场情况复杂，经常遇到各种不利影响。为确保采集到可靠的数据，检测人员应能正确判断波形质量，熟练地诊断测量系统的各类故障，排除干扰因素。

5.6.10　桩是否被打动——贯入度判据和采用特殊桩-土模型修正的合理性

桩未被打动意指承载力发挥不充分，便捷的衡量指标是贯入度，推荐取值范围在2～6mm之间，较DLT（高应变法）推广应用初期时的建议值范围2.5～10mm有所减小。

贯入度的大小与桩尖刺入或桩端压密塑性变形量相对应，是直观反映桩侧、桩端土阻力是否充分发挥的重要标志。贯入度小，即通常所说的"打不动"，动测承载力将低于极限值。目前贯入度范围的推荐值，是从保证短持续DLT动测承载力分析计算结果的可靠性出发，给出的贯入度合适范围，不能片面理解成在检测中应减小锤重使单击贯入度不超过 6mm。贯入度大且桩身无缺陷的波形特征是 t_2 时刻桩底反射强烈，其后的土阻力反射或桩的回弹不明显。贯入度过大加大了桩周土扰动，使得 DLT 承载力分析建立的桩-土力学模型，对实际桩-土相互作用的模拟效果变差。据国内的一些实例和国外统计资料：采用常规的理想弹-塑性土阻力模型对贯入度较大的低承载力桩信号进行信号拟合分析，预示的承载力与静载试验结果相差甚远，且多为"低上加低"；而贯入度较小甚至桩几乎未被打动时，静动对比的误差相对较小，统计结果的离散性也不大。美国马萨诸塞大学的 Paikowsky[48] 从 206 根前期进行过打桩监测的静载试验桩中挑选出部分数据来说明此现象（图 5-21）。但必须指出这 206 根桩的监测数据不是严格意义上的动测复打信号，即休止时间可能不足，而桩的休止时间越短，承载力越低、贯入度越大，且歇后效应一般以黏性土中的桩为显著。虽然这些"静动对比"数据可能欠严谨，也难证明桩的动测承载力可靠性，但对动测时贯入度大、动测承载力变异大的趋势反映还是很明显。图 5-21 中 K_{sw} 为静载试验承载力与动测信号拟合所得承载力之比；BPI 为每英寸（1 英寸等于 25.4mm）的锤击数；面积比 $A_R = A_{skin}/A_{tip}$（式中 A_{skin} 和 A_{tip} 分别为桩的入土侧表面积与桩端面积），如对直径为 0.4m、埋深 35m 的桩，$A_R = 350$。Paikowsky 将 $A_R < 350$ 定义为"大位移桩"，反之为"小位移桩"。图 5-21（a）中挑选的 42 个样本皆为动测贯入度大的"大位移桩"，K_{sw} 平均值为 1.782，标准差为 1.008；相比之下的图 5-20（b），K_{sw} 的平均值和标准差分别为 1.140 和 0.370，变异明显减小。

图 5-21　几种岩土分类的静-动承载力之比与锤击数的关系（引自 Paikowsky[48]）

（a）BPI<4、A_R<350 的 42 个样本；（b）BPI≥4 的 59 个样本，其中 A_R≥350 的样本 36 个

A_R 较小意味着桩侧摩阻力相对较弱，若此时端承也不强，桩端的运动势必十分强烈，一般伴有溜桩现象即桩端较大沉降。对于长细比较大、摩阻力较强的摩擦型桩（A_R 较大），上述效应就不会明显。

中国测桩实践也曾遇到过静动对比误差很大的案例，大误差发生的概率基本符合图 5-21（a）的趋势。单击贯入度大的所谓"大位移桩"，也包括一些设计以端承为主的大直径灌注桩（虽然动测时贯入度并不大），它们的共性是试测波形桩底正向反射强，桩侧阻、端阻反射弱。所以出于安全考虑，将适宜贯入度的参考限值 10mm 调低为 6mm。

厘清"大误差"案例产生的原因。这其中有世界各国的静载承载力判定标准不同、信号拟合程序的计算建模差异等客观因素，更有原理认知程度的主观影响。认知程度的高低离不开波动力学基础与工程经验的密切结合。例如，默认桩侧阻力发挥是桩体侧表面相对于桩周土体的剪切滑移所致，即"桩动土不动"。这对发生较大沉降或达到承载极限状态的桩是合理的；反之桩未被打动，桩侧土体与相邻桩体表面之间的滑移不明显，可想象为一定程度的土体伴随运动。鉴于此，将传统黏弹塑土模型的刚性支承条件扩展成附加土质量 $m_{s,i}$ 的黏性支承 $J_{sk,i}$（有限刚度支承），即考虑桩侧或桩端附加土质量能量耗散的辐射阻尼模型（图 5-22），以改善桩打不动时拟合计算承载力偏低和 Smith 阻尼系数 J_s 反常高的状况[50]，并设定 $J_{sk,i}\to\infty$ 代表完全刚性支承，辐射阻尼模型退化为传统的黏弹塑模型。虽然此模型描述更贴近端阻发挥特征，但桩端大变形与桩体较强烈的运动加速度和速度对应，附加土质量产生的惯性力和动阻力恰好分别与加速度和速度成正比，可能造成传统土模型中的静阻力 $R_{s,i}$ 和阻尼 $J_{s,i}$ 调节失控。

图 5-22　土阻力模型对比

对于开口管桩内腔土芯完全闭塞而出现拒锤的情况，土塞质量 m_p 的效果，可近似等效为相邻桩单元的截面阻抗增加，力学概念也算明晰，例如图 5-12（a）的信号便是一个证明。虽然阻抗增加同样是耗能机制，但其对计算承载力的影响应该与辐射阻尼模型不同。对比仅含附加土质量的土模型[54]，辐射阻尼模型的附加土质量 $m_{s,i}$ 虽然也与传统的黏弹塑土模型串联，但 $m_{s,i}$ 不是传统黏弹塑模型的"绝对刚性"支承，仅当 $J_{sk,i}\to\infty$ 时才退变为传统模型，否则在纯静载作用下 $R_i=R_{s,i}\to0$。可见，不同的人对土阻力发挥力学机制理解的差异，会导致土阻力计算建模及其模型参数取值的差异，即使土模型参数的力学意义清晰，但至今能直接通过静载试验验证的土参数只有 R_u 和 s_q。模型越复杂，引入的模型参数越多，对使用不同计算软件的群体或使用同一计算软件的不同个体，其计算成果的变异就越大。对那些力学上未经缜密推敲、应用上缺乏直接验证的拓展土模型及其参数，需慎重使用，以免数值计算过程变成一场"数字游戏"。

5.7　检测波形分析与结果判定

5.7.1　分析前的信号选取

1. 一般要求

对以检测承载力为目的的试桩，从一阵锤击信号中选取分析用信号时，宜取锤击能量较大的击次。除要考虑有足够的锤击能量使桩周岩土阻力充分发挥这一主因外，还应注意下列问题：

（1）连续打桩时桩周土的扰动及残余应力。

（2）锤击使缺陷进一步发展或拉应力使桩身混凝土产生裂隙。

（3）在桩易打或难打以及长桩情况下，速度基线修正带来的误差。

（4）对桩垫过厚和柴油锤冷锤信号，压电加速度测量系统的低频特性所造成的速度信号误差或严重失真。

2. 不得用作承载力计算分析的信号

可靠的信号是得出正确分析计算结果的前提，对劣质信号的分析计算只能是"垃圾进、垃圾出"。除柴油锤打桩信号外，力的时程曲线应最终归零。对于混凝土桩，动测信号质量不但受传感器安装好坏、锤击偏心程度和传感器安装面处混凝土是否开裂的影响，也受混凝土的不均匀性和非线性影响。应变式传感器测得的力信号对上述影响尤其敏感，如：

（1）传感器安装面不平整，产生非理想受压变形平面外的额外弯曲、弯扭变形；

（2）锤击偏心导致传感器产生附加的局部弯曲变形，大偏心时加剧测点处的混凝土拉、压应力-应变的非线性；

（3）环形应变传感器某一固定螺栓松动可引起略大于 1kHz 的振荡；

（4）传感器未与桩侧表面紧贴或某支点悬空、安装部位附近混凝土锤击时出现微裂，使实测力曲线基线突变甚至出现巨大的正、负过冲。

混凝土的非线性一般表现为：随应变的增加，弹性模量（实为割线模量）减小。在单桩竖向抗压静载试验的桩身内力测试时，尚可通过在桩顶设置标定断面，消除桩身荷载换算中的非线性误差。但在动测时，这种非线性误差的明显标志就是可见的塑性变形，使据此变形（应变）换算的力值偏大且力曲线尾部不归零。控制锤击偏心的主要目的是避免出现严重非线性。衡量严重锤击偏心的标准是：两侧力信号之一与力平均值之差的绝对值超过了平均值的 33％。通常锤击偏心很难避免，因此严禁用单侧力信号代替平均力信号。

当出现下列情况之一时，DLT 锤击信号不得作为承载力分析计算的依据：

① 传感器安装处混凝土开裂或出现严重塑性变形使力曲线最终未归零。

② 严重锤击偏心，相当于两侧同向力信号幅值之差超过低值的 1 倍。

③ 除采用荷重传感器外，四通道测试数据不全。

5.7.2 桩身平均波速的确定以及相应的应变力信号调整

桩底反射明显时，桩身平均波速可根据速度波形第一峰起升沿的起点和桩底反射峰的起点之间的时差与已知桩长值确定（图 5-23），也可根据下行波波形起升沿的起点到上行波下降沿的起点之间的时差与已知桩长值确定。桩底反射信号不明显时，可根据桩长、混凝土波速的合理取值范围以及邻近桩的桩身波速值综合确定。

对桩底反射峰变宽或桩身有水平裂缝的桩，不应根据峰与峰间的时差来确定平均波速。当桩身存在缺陷例如水平裂缝时，桩身平均波速一般低于无缺陷段桩身波速是可以想见的，如水平裂缝处的质点运动速度是 1m/s，则 1mm 宽的裂缝闭合所需时间为 1ms。桩较短且锤击力波上升缓慢时，反射峰与起始入射峰发生重叠，以致难以确定波速，可采用低应变法确定平均波速。

当测点处原设定波速随调整后的桩身平均波速改变时，桩身弹性模量应按式（5-21）

图 5-23 桩身波速确定

重新计算。当采用应变式传感器测力时，应对原实测力值校正，除非原实测力信号是直接以实测应变值保存的。这里需特做解释以引起读者的注意：

通常，当平均波速按实测波形改变后，测点处的原设定波速也按比例线性改变，模量则应按平方的比例关系改变。当采用应变式传感器测力时，多数仪器并非直接保存实测应变值，如有些是以速度（$V=c\cdot\varepsilon$）的单位存储。若模量随波速改变后，仪器不能自动修正以速度为单位存储的力值，则应对原始实测力值校正。由

$$F=Z\cdot V=Z\cdot c\cdot\varepsilon=\rho\cdot c^2 A\cdot\varepsilon \tag{5-22}$$

可见，如果波速调整变化幅度为 5%，则对力曲线幅值的影响约为 10%。因此，测试人员应了解所用仪器的"力"信号存储模式。

5.7.3 实测力和速度信号在第一峰处不成比例

可进行信号幅值调整的情况仅两种：一是如式（5-22）所示，因波速改变需调整通过实测应变换算得到的力值；二是传感器设定值或仪器增益的输入错误。

在多数情况下，正常施打的预制桩，由于锤击力波上升沿非常陡峭，力和速度信号第一峰应基本成比例。但在以下几种情况下，比例失调属于正常：

（1）桩浅部阻抗变化和土阻力影响。

（2）采用应变式传感器测力时，测点处混凝土的非线性造成力值明显偏高。

（3）锤击力波上升缓慢或桩很短时，土阻力波或桩底反射波的影响。

除第（2）种情况降低力幅值可避免计算的承载力过高外，其他情况的比例调整均是对实测信号的歪曲，并产生虚假的结果，因为这种比例调整往往是对整个信号乘以一个标定常数。因此，禁止将实测力或速度信号重新标定。这一点必须引起重视，因为有些仪器具有比例自动调整功能。高应变法最初传入我国时，曾把力和速度信号第一峰的比例是否失调作为判断信号优劣（漂亮）的一个标准，但中国现实情况与国外不同：DLT 主要用于验收阶段检测，借用打桩设备检测的机会相对较少，而且被测桩型有相当数量的灌注桩，因此采用自制自由落锤的机会较多。此外，曲线拟合法更强调土阻力响应区段的拟合质量，而该区段出现在信号第一峰之后。所以，2003 年版和 2014 年版的《建筑基桩检测技术规范》JGJ 106 曾做出如下强制性规定——高应变实测的力和速度信号第一峰起始段不成比例时，不得对实测力或速度信号进行调整。

5.7.4 对波形直观判断的重要性——承载力不可能完全靠计算机"算"出来

对波形的直观正确判断是指导计算分析过程并最终产生合理结果的关键。

DLT 分析计算结果的可靠性高低取决于动测仪器、分析软件和人员素质三个要素。其中起决定作用的是具有坚实理论基础和丰富实践经验的高素质检测人员。DLT 之所以有生命力，表现在 DLT 信号具有不同于随机信号的可解释性——即使不采用复杂的建模数值计算和提炼，只要检测波形质量有保证，就能定性地反映桩的承载性状及其他相关的动力学问题。21 世纪初建设部工程桩动测资质复查换证过程中，发现不少检测报告对波形的解释与分析计算已达到盲目甚至是随意的地步。对此，如果不从提高人员素质入手加以解决，这种状况的改观显然仅靠技术规范以及仪器和软件功能的增强是无法实现的。事实上，在通过计算分析确定单桩承载力时，不仅是凯司法，就是实测曲线拟合法往往也是在人的主观意念干预下进行，否则很多情况下会得到不合理的结果，当然也不能排除心理作用的影响——拿动测结果对照设计要求的承载力值"凑大数"。信号拟合法的解不是唯一的，其变异程度与地基条件、桩的尺寸、桩型、试验锤重等很多因素有关。所以，承载力分析计算前，应由高素质和具有丰富经验的检测人员结合地基条件、设计参数，对测波形特征进行定性检查：

① 实测曲线特征反映出的桩承载性状；

② 观察桩身缺陷程度和位置，连续锤击时缺陷的扩大或逐步闭合情况。

努力做到"先入为主"，至少是心中有数。

5.7.5 实测信号拟合法判定单桩承载力

1. 技术要求及限制条件

实测信号拟合法是通过波动问题数值计算，反演确定桩和土的力学模型及其参数值。其过程为：假定各桩单元的桩和土力学模型及其模型参数，利用实测的速度（或力、上行波、下行波）信号曲线作为输入边界条件，数值求解波动方程，反算桩顶的力（或速度、下行波、上行波）曲线。若计算的曲线与实测曲线不吻合，说明假设的模型或其参数不合理，有针对性地调整模型及参数再行计算，直至计算曲线与实测曲线（以及贯入度的计算值与实测值）的吻合程度良好且不易进一步改善为止。虽然从原理上讲，这种方法相对理性和客观，但由于桩、土以及它们之间的相互作用等力学行为的复杂性，实际运用时还不能对各种桩型、成桩工艺、土层条件，都能达到十分准确地求解桩的动力学和承载力问题的效果。所以，采用实测信号拟合法判定桩承载力时，应注意以下操作环节上的限制条件和技术要求：

（1）所采用的力学模型应明确合理，桩、土的力学模型应能分别反映桩和土的实际力学性状，模型参数的取值范围应能限定。

（2）拟合分析选用的参数应在岩土工程的合理范围内。

（3）曲线拟合时间段长度在 $t_1 + 2L/c$ 时刻后延续时间不小于 20ms；对于柴油锤打桩信号，在 $t_1 + 2L/c$ 时刻后延续时间不小于 30ms。

（4）各单元土的最大弹性位移赋值不应超过相应桩单元的最大计算位移值。

（5）拟合完成时，土阻力响应区段的计算曲线与实测曲线应吻合，其他区段的曲线应基本吻合。

（6）贯入度的计算值应与实测值接近。

（7）除桩端持力层岩土的支承刚度（阻抗）大于桩身的抗压刚度（阻抗）外，模拟的桩顶静荷载作用下桩-土系统吸收的能量，应小于桩实际获得的锤击能量。

2. 对技术要求及限制条件的逐一解释

（1）关于桩与土模型。①目前已有成熟使用经验的土的静阻力模型为理想弹-塑性或考虑土体硬化或软化的双线性模型；模型中有两个重要参数——土的极限静阻力 R_u 和土的最大弹性位移 s_q，可以通过静载试验（包括桩身内力测试）来验证。在加载阶段，土体变形小于或等于 s_q 时，土体在弹性范围内工作；变形超过 s_q 后，进入塑性变形阶段（理想弹-塑性时，静阻力达到 R_u 后不再随位移增加而变化）。对于卸载阶段，同样要规定卸载路径的斜率和弹性位移量。②土的动阻力模型一般习惯采用与桩身运动速度成正比的线性黏滞阻尼，带有一定的经验性，且不易直接验证。③桩的力学模型一般为一维杆模型，单元划分应采用等时单元（实际为连续模型或特征线法求解的单元划分模式），即应力波通过每个桩单元的时间相等，由于没有高阶项的影响，计算精度高。④桩单元除考虑 A、E、c 等参数外，也可考虑桩身阻尼和裂隙。另外，也可考虑桩底的缝隙、开口桩或异形桩的土塞、残余应力影响和其他阻尼形式。⑤所用模型的物理力学概念应明确，参数取值应能限定；避免采用可使承载力计算结果产生较大变异的桩-土模型及其参数。

（2）拟合时应根据波形特征，结合施工和地基条件合理确定桩土参数取值。因为拟合所用的桩、土参数的数量和类型繁多，参数各自和相互间耦合的影响非常复杂，而拟合结果并非唯一解，需通过综合比较判断进行取舍。正确判断取舍条件的要点是参数取值应在岩土工程的合理范围内。

（3）拟合时间段长短的考虑基于以下两点：一是自由落锤产生的力脉冲持续时间通常不超过 30ms（除非采用很重的落锤），但柴油锤信号在主峰过后的尾部仍能产生较长的低力幅延续；二是与位移相关的桩周静阻力一般会不同程度地滞后于 t_2 发挥，当端承型桩的端阻力发挥所需位移很大时，土阻力发挥将明显滞后，故规定 t_2 后应延时足够的时间，使曲线拟合能包含土阻力响应区段的全部土阻力信息。图 5-24 给出了一根桩端进入硬塑-坚硬残积土层的 $\phi550$mm 管桩的实测信号拟合实例。由图 5-24（a）的实测力和速度波形或图 5-24（d）的实测上行力波 F_u、下行力波 F_d 曲线可知，该桩承载性状介于端承摩擦和摩擦端承之间。因为 t_2-t_r 时刻前的土阻力信息不会包含桩端土阻力信息，且桩各截面土阻力的发挥滞后于相应位置处的最大速度，所以一般可取 t_2-t_r 时刻后的 $5\sim$10ms 时段作为土阻力响应区段。显然，若按最大桩顶速度和桩顶最大位移出现的时间差 t_{lag}（图 5-6）估算，至少应取 7ms；而根据图 5-24（d），t_2 以后 $6\sim8$ms 的时间段都有明显的土阻力波反射，且这其中包含了足够的桩端土阻力信息。因此土阻力响应区段的长度并非固定值，它应根据充分发挥静阻力所需的最大位移来确定。对于较长的摩擦型桩，桩侧大部分土阻力反射可能提前于 t_2-t_r，则土阻力响应区的起始时刻就应提前。本例采用 FEIPWAPC[27] 信号拟合软件计算，实测与拟合计算的力和速度曲线分别由图 5-24（b）、（c）绘出，桩顶、桩中和桩端的计算速度和位移时程曲线图分别由图 5-24（e）、（f）绘出。最后，模拟的静荷载-沉降曲线见图 5-24（g），桩身剖面、静阻力和桩身轴力沿桩分布见图 5-24（h）。

图 5-24 土阻力响应区和实测信号拟合实例

（a）实测力和速度波形；（b）实测与拟合的力曲线；（c）实测与拟合的速度曲线；（d）实测上行波 F_u、下行波 F_d；

（e）计算的桩顶、桩中和桩端的速度时程曲线；（f）计算的桩顶、桩中和桩端的位移时程曲线；

（g）模拟的桩顶静荷载-沉降曲线；（h）桩身剖面和静阻力及桩身轴力沿桩身分布图

（4）为防止土阻力未充分发挥时的承载力外推，设定的 s_q 值不应超过对应单元的最大计算位移值。若桩、土间相对位移不足以使桩周岩土阻力充分发挥，则给出的承载力结果只能验证岩土阻力发挥的最低程度。

（5）土阻力响应区是指波形上呈现的静土阻力信息较为突出的时间段。所以应特别强调此区段的拟合质量，避免只重波形头尾，忽视中间土阻力响应区段拟合质量的错误做法，并通过合理的加权方式计算总的拟合质量系数，突出土阻力响应区段对其的影响。不同的实测信号拟合程序对土阻力响应区段的划分方式和各拟合时间段加权系数大小的考虑都不尽相同，所以用拟合质量系数衡量信号拟合好坏的标准是不同的。

（6）贯入度的计算值与实测值是否接近，是判断拟合选用参数，特别是 s_q 值是否合理的辅助指标。

（7）有了经拟合确认的桩-土模型及其参数所构成的桩-土支承系统，也就等价获知了系统各单元的组合刚度（由桩弹簧 $E_i \cdot A_i / \Delta L$ 和土弹簧 $R_{u,i} / s_{q,i}$ 并联构成），将信号拟合计算得到的桩端最大位移由低到高分级，经位移传递计算模拟出桩顶的静荷载-沉降（Q-s）曲线。该曲线在位移 s 轴上的积分代表了静荷载 Q 作用下模拟桩-土支承系统所吸收的能量。注意到 Q-s 曲线与动阻力无关，而与 E_{tr} 耗能相关的不仅有静阻力还有动阻力。在信号拟合质量"满足"要求的条件下，采用式（5-19）的前级不等式，判断桩-土系统建模及其参数取值明显不合理或实测信号包含的有效信息不充分（如输入能量 E_{tr} 不足）的可能性：

$$E_{max,s} = \left[\int_0^{s_{max}} Q \cdot ds \right]_{\text{模拟}Q\text{-}s\text{曲线}} \leqslant E_{tr} \tag{5-23}$$

显然，这可以降低桩土参数取值合理性和信号拟合质量导致的分析成果严重偏离的风险。需要提醒，按位移传递计算模拟的静载 Q-s 曲线，可从桩底向桩顶进行逐级位移传递计算，直至达到桩端最大计算位移后卸载，这对于位移桩（如摩擦型桩、非岩质地基中的端承型桩，或虽为嵌岩端承型桩，但基岩按坚硬程度属于软—极软岩）应无疑义；但对于桩端在坚硬基岩上的非位移桩，波动理论预示着桩端的速度、位移均很小，桩端阻力（反力）显著放大，而桩端阻力中与速度相关的动阻力常因扣除欠充分，使模拟的 $E_{max,s}$ 反超 E_{tr}。

短持续 DLT 锤击能量不足造成承载力发挥不充分的情况并不罕见，如何客观辨识以规避高估承载力的风险并非易事。对照式（5-23），当摩擦型桩的 $E_{max,s} / E_{tr}$ 比值大到接近 1 时，拟合承载力被高估的可能性大增。与此相反，t_u 时刻按式（5-3）计算的打桩阻力 $R_T(t_u)$ 一定是承载力的低限值。

5.7.6 主要土参数变化对信号拟合曲线的影响

土的模型及其参数的作用已在本书第 2.4 节讨论。下面根据图 5-24 的算例并以其计算结果作为参照（图 5-25a），通过单独改变土的静阻力 R_u、阻尼 J_c、加载与卸载最大弹性变形值 s_q 和 s_{qu}、卸载弹性限 U_{NL}，观察一下这些土参数单独改变时对拟合曲线的影响：

（1）静阻力的增减直接影响计算（拟合）力曲线的升降，见图 5-25（b）、（c）。另外，当 s_q 值增大时，其对计算曲线的影响将滞后出现。

（2）加载最大弹性变形值 s_q 的减小使土弹簧刚度增加，加载速度加快，即土阻力发挥超前；反之，则减弱土弹簧刚度，使土阻力发挥滞后。本例（图 5-25d）仅给出了 s_q 值降低 50% 的情况，因为这根管桩动测时的桩顶最大动位移约为 15mm，而桩端最大动位移才 7mm 左右，土阻力发挥并不十分充分，再提高 s_q 值将使假定的 R_u 值不能发挥。

（3）土阻尼的增减作用与静阻力的增减作用相近，见图 5-25（e）、（f）。但它的作用是局部的，不会像静阻力那样，随 s_q 的增大而出现明显的滞后。另外，阻尼增大将使计算曲线趋于平缓，有减少计算波形振荡的作用。

（4）卸载弹性变形值 s_{qu} 一般以 s_q 值的百分比表示，如 $s_{qu}=100\%$ 则表示卸载弹性变形值与加载弹性变形值相等，$s_{qu} \rightarrow 0$ 则表示刚性卸载，s_{qu} 值越小，卸载越快，造成回弹时段的计算力曲线下降，见图 5-25（g）。

图 5-25　土参数变化对拟合曲线的影响

（a）参照曲线；（b）静阻力提高；（c）静阻力减小；（d）s_q 降低；（e）阻尼提高；

（f）阻尼减小；（g）s_{qu} 降低；（h）U_{NL} 增加

（5）卸载弹性限 U_{NL} 也以 R_u 的百分比表示，显然 U_{NL} 越大，计算力曲线就越往下移，不过，它造成的计算力曲线下降要比 s_{qu} 来得晚，见图 5-25 （h）。注意，由于桩端一般不能承受拉力，所以桩端的 U_{NL} 值恒为零。

事实上，上述主要土参数的影响都不是孤立的，比如：土阻尼的增加限制了桩的位移，从而使静阻力的发挥速率延缓；桩较长、侧阻力较强时，$t_1 + 2L/c$ 以前桩中、上部出现回弹卸载，但桩下部的岩土阻力仍处于加载阶段，则卸载弹性变形参数 s_{qu}、卸载弹性限 U_{NL} 将提前发挥作用。

5.7.7　凯司法判定单桩承载力

凯司法与实测信号拟合法在计算承载力上的本质区别是：前者在计算极限承载力时，单击贯入度与最大位移是参考值，计算过程与它们的大小无关。另外，凯司法承载力计算公式（5-8）是基于以下三个假定推导出的：

（1）桩身阻抗基本恒定；

（2）土阻力在时刻 $t_2 = t_1 + 2L/c$ 已充分发挥；

（3）动阻力只与桩底质点运动速度成正比，即全部动阻力集中于桩端。

前两个假定隐喻着凯司法只适用于桩身材质、截面基本均匀的桩，且要求桩的荷载-沉降特性不能为缓变型，显然，这类桩一般为长度适中的中、小直径摩擦型桩，但这与第三个假定是相悖的，原因就是形似解析解公式（5-8）的推导需要。

公式（5-8）中的唯一未知数——凯司法无量纲阻尼系数 J_c 仅与桩周土性有关，一般遵循随土中细粒含量增加阻尼系数增大的规律。J_c 的取值是否合理在很大程度上决定了计算承载力的准确性。所以，缺乏同条件下的静动对比校核，或大量相近条件下的对比资料时，将使其应用范围受到限制。当贯入度达不到规定值，尤其是上述三个计算假定得不到满足时，J_c 值实际上变成了一个无明确意义的综合调整系数。特别值得一提的是灌注桩，也会在同一工程、相同桩型及持力层时，可能出现 J_c 取值变异过大的情况。为防止凯司法的不合理应用，1997 版检测标准就已规定：阻尼系数 J_c 宜根据同条件下静载试验结果校核，或应在已取得相近条件下的可靠对比资料后，采用实测信号拟合法确定 J_c 值，拟合计算的桩数不应少于检测总桩数的 30%，且不应少于 3 根。在同一场地、地层条件相近和桩型及其几何尺寸相同情况下，J_c 值的极差不宜大于平均值的 30%。很难按上述规定执行或达到预期效果。

再看第 5.2 节介绍的两种承载力提高修正法：由于式（5-8）给出的 R_c 值与位移无关，仅包含 $t_2 = t_1 + 2L/c$ 时刻之前所发挥的土阻力信息，除桩长较短的摩擦型桩外，通常土阻力在 t_2 时刻不会充分发挥，尤其是端承型桩。因此需要采用将 t_1 延时求出承载力最大值的最大阻力法（RMX 法），发掘滞后 t_2 发挥的位移相关静阻力，以实现提高修正。桩身在 t_2 之前产生较强的向上回弹，使桩身自上而下逐渐产生土阻力卸载（此时桩的中下部土阻力仍属于加载）。这对于桩较长、摩阻力较大而荷载作用持续时间相对较短的桩较为明显。因此，需要采用将桩中上部卸载的土阻力进行补偿提高修正的卸载法（RSU 法）。

于是，对土阻力滞后于 t_2 时刻明显发挥或先于 t_2 时刻发挥并造成桩中上部强烈反弹这两种情况，建议分别采用以下方式对 R_c 值进行"概念意义上"的提高修正：

① 适当将 t_1 延时，确定 R_c 的最大值；

② 考虑卸载回弹部分土阻力对 R_c 值进行修正。

另外，还有几种凯司法的子方法可在积累了成熟经验后采用。其一，通过延时求出承载力最小值的最小阻力法（RMN 法）。其二，当桩尖质点运动速度为零时，动阻力也为零，此时有两种计算承载力与 J_c 无关的"自动"法，即 RAU 法和 RA2 法。前者适用于桩侧阻力很小的情况，后者适用于桩侧阻力适中的场合。

5.7.8 单桩竖向抗压承载力特征值的确定

动载试验的承载力检测值多数情况下不会与静载试验桩的明显破坏特征或产生较大的桩顶沉降相对应，总趋势是沉降量偏小。为了与静载的极限承载力相区别，可称为"动测法得到的承载力或动测承载力"。这里需要强调指出：现行桩基分项工程验收检测中，尚无对单桩竖向抗压承载力进行数理统计的具体要求。其实，单桩竖向抗压静载试验常因加荷量或设备能力限制，也无法测出试桩的极限承载能力。不论静载承载力是否取算术平均，只要一组试桩有 1 根桩的极限承载力达不到设计要求特征值的 2 倍，结论都是不满足设计要求。动测承载力则不同，可能出现部分桩的承载力远高于承载力特征值的 2 倍。所以，即使个别桩的承载力不满足设计要求，但"高"和"低"取平均后仍能满足设计要求。考虑人的主观干预可能造成离散性小的假象，加之 DLT 抽检数量仍有限，动测承载力的算术平均值不一定有代表性。为了规避高估承载力的危险，不宜按平均值进行整体合格与否的统计评定。

5.7.9 桩身完整性判定

DLT 检测桩身完整性具有锤击能量大、对缺陷程度几乎是直接定量计算、连续锤击可观察缺陷的扩大和缝隙逐步闭合情况等优点。与 RLT 相比，由于荷载上升和持续时间较短，除桩浅部缺陷外，缺陷反射的信号形态变化以及深度定位都比较清晰。但和低应变法一样，检测的仍是桩身阻抗变化，一般不宜判定缺陷性质。在桩身情况复杂或存在多处阻抗变化时，可优先考虑用实测信号拟合法判定桩身完整性。桩身完整性判定可采用以下方法进行：

（1）采用信号拟合法判定时，拟合所选用的桩、土参数应按承载力拟合时的有关规定；根据桩的成桩工艺，拟合时可采用桩身阻抗拟合或桩身裂隙（包括混凝土预制桩的接桩缝隙）拟合。

（2）对于等截面桩，可按表 5-2 并结合经验判定；桩身完整性系数 β 和桩身缺陷位置 x 应分别按式（5-13）和式（5-14）计算。注意：式（5-13）仅适用于截面基本均匀桩的桩顶下第一个缺陷的程度定量计算。

（3）出现下列情况之一时，桩身完整性判定宜按地层条件和施工工艺，结合信号拟合法或其他检测方法综合进行：

① 桩身有扩径；

② 混凝土灌注桩桩身截面渐变或多变；

③ 力和速度曲线在起始峰附近不成比例（比例失调），桩身浅部有缺陷；

④ 锤击力波上升缓慢；

⑤ 长桩土阻力提前出现卸载且缺陷在桩的深部。

具体采用实测信号拟合法分析桩身扩径、桩身截面渐变或多变的情况时，应注意合理选择土参数，因为土阻力（土弹簧刚度和土阻尼）取值过大或过小，一定程度上会对阻抗变化程度产生掩盖或放大作用。

DLT 锤击的荷载上升时间一般不小于 2ms，因此对桩身浅部缺陷位置的判定存在盲区，不能定量给出缺陷的具体部位，也无法根据公式（5-13）来判定缺陷程度，只能根据力和速度曲线不成比例（比例失调）的情况来估计浅部缺陷程度；当锤击力波上升缓慢时，可能出现力和速度曲线不成比例的似浅部阻抗变化情况，但不能排除土阻力的耦合影响。对浅部缺陷桩，宜用低应变法检测并进行缺陷深度定位。

5.7.10　桩身最大锤击拉、压应力

有关内容将在第 6 章详述。

5.7.11　检测报告的要求

只有原始信号才能反映出短持续 DLT 的有效性和质量，并据此判断信号的真实性和分析结果的可靠性。因此，DLT 检测报告应给出实测的力与速度信号曲线。除上述要求的内容外，检测报告还应给出足够的信息：

（1）工程概述，包括检测背景、地基条件、桩基设计与施工梗概。

（2）检测方法、原理、仪器设备（锤重）和过程的叙述。

（3）受检桩的桩号、桩位平面图和施工记录，复打休止时间。

（4）以合适的纵、横坐标尺度绘制的实测信号曲线，实测贯入度。

（5）所用承载力计算方法：采用凯司法应给出阻尼 J_c 值，采用第 7 章的分析方法应给出相关的参数限值，采用实测信号拟合法尚应提供：信号拟合分析建模所选用的各单元桩土模型参数、拟合曲线、土阻力沿桩身分布图。

（6）按第 6 章开展试打桩和打桩监控：所采用的桩锤型号、替打及缓冲垫类型，监测的锤击数、桩侧和桩端静阻力、桩身锤击拉应力和压应力，桩身完整性以及能量传递比随入土深度变化。

（7）必要的说明和建议，比如异常情况和对验证或扩大检测的建议。

5.8　工　程　实　例

5.8.1　设计条件为端承型桩

（1）$\phi 800mm$ 钻孔灌注桩，桩端持力层为全风化花岗片麻岩，测点下桩长 16m。试验采用 60kN 重锤，先做 DLT 检测，后做静载验证检测。图 5-26（a）实测波形反映出的桩承载性状与设计条件不符（基本无侧阻、端阻反射，桩顶最大动位移 11.7mm，贯入度大于 6mm）。采用信号拟合法分析的承载力比按勘察报告估算的低很多。该桩极限承载力

设计取值仅为 2000kN，相较"正常"竖向抗压桩低约 3～6 倍。静载验证试验虽未压至破坏，但已显现出承载力较低的性状。静、动试验得出的荷载-沉降曲线对比见图 5-26（b），动测承载力相比更低，但 DLT 的锤重符合要求，贯入度表明承载力已"充分"发挥。本例属于第 5.6.10 节中图 5-21（a）显示的承载力离散情形。

图 5-26 实测波形和 Q-s 曲线

（a）高变实测波形；（b）静载和动测拟合的 Q-s 曲线

（2）ϕ1600mm 人工挖孔灌注桩，桩长 18.8m。桩侧土层依次为淤泥质粉砂、粉细砂、软塑状粉质黏土、坚硬状粉质黏土，桩端持力层为半岩半土状强风化泥岩。设计要求的极限承载力为 13500kN。DLT 采用 80kN 重锤，实测波形见图 5-27（a）；静载 Q-s 曲线见图 5-27（b），表明单桩极限承载力不满足设计要求。由于动测锤重严重偏低，桩顶最大动位移仅为 5.2mm，信号拟合承载力明显低于静载结果是必然的。当然，即使增加锤重使锤击传递能量 E_{tr} 增加 50%～100%，预计桩顶的动位移和激发的承载力仍不会大幅提高，这可以从图 5-27（b）的 Q-s 曲线或其在 s 轴上包围的面积（代表桩-土系统吸收的能量）变化趋势直接得出预判。

图 5-27 实测波形和静载 Q-s 曲线

（a）实测波形；（b）静载 Q-s 曲线

上述两例"端承型桩"还具有这样的共性：

① 桩低反射波宽而强烈，在 t_2 时刻附近发生了约 5ms 的溜桩现象。

② 采用常规的黏-弹-塑土阻力模型拟合效果差，主要体现在端阻力拟合上。由于桩端运动强烈，可能引起计算承载力的成倍变异。

③ 静载 Q-s 曲线特征接近缓变型，桩的变形大，端承较差。

（3）03F 号桩为 ϕ600mm 潜水钻孔灌注桩，桩长 13.4m。桩侧土层依次为填土、粉质黏土、淤泥质黏土和中粗砂，桩端持力层为强风化花岗岩（但长石大部分已风化为高岭土）。设计要求的极限承载力为 1766kN。由图 5-28（a），该桩静载试验加载至 1078kN 时发生了陡降。造成桩端刺入式破坏的原因可能是桩端沉渣所致，也可能是桩端并未嵌入强风化岩。时隔三年后的动载试验采用 78kN 重锤，传感器安装在 600mm×600mm 加固后的方桩头上。该桩的 DLT 测试信号曾作为 1994 年全国第一次桩动测资质考试用数据。当时有个别单位通过计算分析提交的动测承载力成倍地高于静载结果（当然考虑桩周岩土休止期较长以及静载试验的桩端沉渣压密导致动测承载力适当提高是可以接受的）。与参考人员交谈中获知高估承载力的缘由是：按桩端持力层为强风化花岗岩估算的单桩极限承载力最高可达到 3000kN。显然，导致误判的原因是参考人员虽桩基工程经验丰富，但动测波形识别的能力欠缺。客观地讲，桩头与其下的桩存在接桩身施工缝类的缺陷，增加了波形判断的难度。在完全不考虑瞬态加荷速率（阻尼）效应的情况下，按式（5-3）计算的

图 5-28　03F 号桩的 Q-s 曲线和实测波形

（a）静载和动测模拟的 Q-s 曲线；（b）实测波形

打桩阻力 R_T 近 3000kN，若将 t_2 后的土阻力反射视为端阻反射，其强度明显低于 3000kN。

结果令人唏嘘：信号拟合承载力为静载承载力的 1.15～2.15 倍，全部为高估！

顺便提及，图 5-28（a）中的"动测模拟"曲线是在已知静载试验结果的前提下建模并经信号拟合分析得到的。由于桩底反射明显，信号拟合时采用了桩端抛物线缝隙模型以及能使动阻力滞后发挥的 Smith 阻尼，提高了信号拟合质量，也使相对低估的拟合承载力值能与前期静载试验结果接近。为了加深理解，现将与 03F 号桩同属一个场地、同样设计桩径及承载力、相距约 100m 的 366 号桩的静动对比及其他相关情况描述如下：

① 地基条件除上部填土层、粉质黏土层之间夹带了一层约 5m 厚的松散砾砂层外，其余大体与 03F 号桩相同；

② 桩长为 25m，混凝土灌注的充盈系数较大，折算平均桩径为 0.79m，结合图 5-29 实测波形可判断为砾砂层塌孔所致；

③ 静载试验最大加荷为 1766kN，相应桩顶沉降仅为 3mm，端承力尚未发挥。

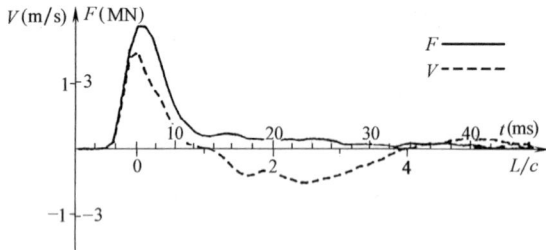

图 5-29　366 号桩实测波形

366 号桩与 03F 号桩动测波形的区别在于前者有明显的侧阻反射。根据 366 号桩波形特征初步判断，该桩不仅侧阻得到基本发挥，而且端阻也得到一定程度的发挥，估计极限承载力接近 3000kN，并表现为摩擦型桩的承载特性。根据设计意图，366 号桩和 03F 号桩均按端承型桩设计，设计相对保守，静载试验表明 366 号桩的工作性状与摩擦型桩相当。

5.8.2 设计条件为摩擦型桩

（1）1994 年全国第一次桩动测资质考试[51] 北京基地的 3 号桩为 ϕ800mm 人工挖孔灌注桩，桩长 12.4m，桩上部 3m 无护壁。桩侧土层为粉质黏土、粉砂，桩端虽在密实粉细砂层，但桩底放置了 0.5m 厚稻草笼，且对所有参考单位都保密。3 号桩静载试验曲线表现为典型的摩擦型桩特性，出现陡降时的沉降为 6.9mm，对应的极限荷载为 1800kN。作为比较，同一场地的 ϕ800mm 挖孔桩，入土深度 5.0m，桩端持力层为粉质黏土，桩底有、无草笼时的极限承载力分别为 900kN 和 1500kN。3 号桩 DLT 采用 60kN 重锤，落距约 1.7m，实测波形见图 5-30。根据波形直观判断，桩底反射速度峰宽度 T_2 明显宽于初始峰宽度 T_1，原因是桩底反射后该桩出现了短暂溜桩现象，波形中反映出的土阻力信息很少，正常信号拟合比较困难，勉强给出的承载力仍明显低于静载试验结果，亦属于第 5.6.10 节中图 5-21（a）显示的情形。奇怪的是，28 家参考单位通过信号拟合提交的承载力除 5 家误差在 ±20% 以内，其余 23 家全部为高估静载承载力 1.2～2.3 倍！这不乏有两种情况：一是牺牲拟合质量，按地勘报告估承载力，二是桩-土相互作用的模型欠合理。总之，无论是信号拟合法还是凯司法，各参考单位给出的动测承载力离散甚大，不少单位给出的承载力成倍地超过静载承载力。估计是在无奈的情况下根据地基条件"猜出"的结果。所以，既不能主观臆断，也不宜采用能使拟合结果产生很大变异的桩-土模型及其参数。

图 5-30　3 号桩的实测波形

虽然桩端埋置草笼的情况在日常工程桩检测中可能再无二例，但有一种情况的检测波形特征可借鉴此例——桩端灰岩持力层因岩溶发育出现了溶洞、土洞等的不良地质情况。

（2）河南某地的 $\phi800$mm 灌注桩，桩侧土层依次为粉质黏土、粉土、粉质黏土、黏土、粉质黏土、粉土、细砂、粉质黏土，桩端为粉质黏土，桩长 21.8m。动测采用 4.15t 重锤，实测波形见图 5-31（a）。根据波形直观判断，该桩属于摩擦型桩，土阻力前期发挥很快，没有承载力滞后 $2L/c$ 发挥的现象，如果阻尼系数取值得当，凯司法同样可得到理想的承载力结果。采用实测信号拟合法分析承载力时，拟合曲线形态的变化对静阻力的改变比较敏感，意味着承载力拟合的变异性较小（图 5-31b）；动载模拟的 Q-s 曲线与静载试验十分接近（图 5-31c）。

图 5-31　实测波形、拟合曲线和静动对比 Q-s 曲线

（a）实测波形；（b）拟合曲线；（c）静载与动载模拟的 Q-s 曲线

5.8.3 利用动力载荷试验排除预制桩低应变完整性判定时的存疑

1. 大连某码头泊位的 PHC1200B150 大管桩工程

该工程场地水深近 4m，地层条件自上而下依次为：①$_1$ 粉细砂、松散；①$_2$ 淤泥质粉质黏土、软塑；②粉细砂、稍密；③粉质黏土、可塑；③$_1$ 粉土、稍密-中密；④粉质黏土、可塑-硬塑；⑤粉质黏土、硬塑；⑥中风化板岩、局部强风化石英岩，岩面埋深 −40.5～−54.9m。设计要求桩端持力层为⑥层，采用锤重 125kN 的柴油锤沉桩（锤重明显偏轻，m_r/m_p＝1/5～1/4），管桩桩端开口。下面从天津港湾工程质量检测中心提供的 83 根受检桩中挑选有代表性的 4 根桩检测情况进行比较、分析说明：

（1）E2-39 号桩桩长 L＝30m（上节）＋13m（下节）＝43m。图 5-32（a）为该桩的休止三周后的 DLT 复打信号。由图可见：该桩在接近时间 L/c 时力和速度曲线迅速分离，属于强土阻力或桩身阻抗明显渐增的情况；比较休止近一周的低应变信号（图 5-32b），也显现类似特征；再对比图 5-33（c），判断有土塞影响。

（2）47-8 号桩桩长 L＝30m（上节）＋13m（下节）＝43m。图 5-33（b）为施打前桩完全自由状态时测得的低应变波形，依据时间 $2L/c$～$4L/c$ 确定的波速 c＝4600m/s，比按时间 0～$2L/c$ 确定的波速低约 1.5%。图 5-33（a）为该桩的初打信号，此时的打桩阻力较小，但轻锤高击的桩身最大锤击拉应力已达 13MPa（个别桩高达 15MPa）。图 5-33（c）为该桩休止两周后的瞬态低应变信号，在深度 12～17m 出现了看似强土阻力或桩身阻抗明显增加引起的负向反射。

图 5-32　E2-39 号桩 DLT 和低应变信号比较
（a）休止三周后的 DLT 复打信号；（b）休止一周后的低应变波形

（3）D-11B 号桩桩长 L＝29m（上节）＋24m（下节）＝53m。图 5-34（a）DLT 初打信号反映出距桩顶 29.1m 处桩身存在严重缺陷。休止两个月后截桩 8.0m 并进行低应变检测（图 5-34b），除在深度 18～22m 有类似强土阻力或桩身阻抗明显增加引起的负向反射外，

图 5-33 47-8 号桩 DLT 和低应变信号比较

（a）DLT 初打信号；（b）桩入土前的低应变速度信号；（c）休止两周后的低应变速度信号

图 5-34 D-11B 号桩 DLT 和低应变信号比较

（a）DLT 初打信号；（b）休止两个月后的低应变速度信号

未发现与 DLT 信号相对应的 21m 接桩部位的缺陷反射。遗憾的是,经桩孔内清土进行水下摄像,证实 21m 接桩部位断裂,但与此情况相仿的 44-5 号桩的低应变波形(图 5-35b)有清晰缺陷反射不同,未见缺陷反射。凑巧的是,有较多桩的 DLT 严重缺陷反射位置与瞬态低应变明显负向反射位置彼此接近,由此引发了对波动理论的怀疑,即负向反射是否为"缺陷反射"的担忧。

(4) 44-5 号桩桩长 $L=30m$(上节)$+21m$(下节)$=51m$。图 5-35 (a) DLT 初打信号反映出距桩顶 30.7m 处桩身存在严重缺陷。休止一个月后截桩 10.0m 并进行低应变检测(图 5-35b),发现 19.8m 处有严重缺陷反射,与 DLT 信号严重缺陷位置(20.7m)相接近,考虑到低应变尺寸效应使所测缺陷偏浅,可认为两者的结果是吻合的,且在该缺陷前(深度 12~16m),也有类似强土阻力或桩身阻抗明显增加引起的负向反射。通过比较、分析上述 4 根管桩的测试结果,可以得到以下结论:

图 5-35 44-5 号桩 DLT 和低应变信号比较
(a) DLT 初打信号;(b) 休止一个月后的低应变速度信号

① 结合桩型和场地地层条件可排除强侧阻反射的可能性。

② 桩孔内土芯经一定时间休止后可形成土塞;将桩孔内土塞的阻抗与桩身截面阻抗(EA/c)相比可知:土塞低应变幅弹性模量比混凝土低 1~2 个数量级,但其横截面积比桩身大 1 倍、波速小约 3 倍,因此不排除土塞影响较显著的可能。

③ 对于低应变波形,土塞效应主要表现为类似阻抗逐渐增强的效果;对于 DLT 复打信号(另参见图 5-12 (a) 钢管桩土塞信号),则还兼有提高桩承载力的效果。

④ 虽采用 8MPa 级的 B 型预应力管桩,但因柴油锤锤芯过轻,初打时的轻锤高击仍

能产生较高的锤击压应力，故相伴而生的桩身拉应力也较强；锤越轻、桩越长，拉应力损伤的部位就越向下移。

⑤ 桩身破损时土塞应该尚未形成。

⑥ 类似 44-5 号桩高、低应变缺陷检测结论能相互吻合的情况在本工程中为数很少，多数受检桩和 D-11B 号桩相仿，DLT 能检测出桩身明显或严重缺陷，但低应变法不能；故怀疑低应变负向反射来自于"缺陷"。

⑦ 本工程桩孔内摄像发现的桩身破损情况，并非 D-11B 号桩接头附近横向断裂的一种模式，多数是在相近深度处纵、横裂缝相伴出现的。横向裂缝成因应与初打前期的拉应力有关，而竖向裂缝可能是因桩孔内土芯（初打时尚未形成土塞）阻力导致压应力放大有关。如果桩身非全断面水平断裂，加上缝隙处完全被泥沙填充，低应变缺陷反射信号由于纵向尺寸效应被较大程度的弱化是可能的；而对于纵向裂缝，高、低应变动测通常是检测不到的。

⑧ 可排除对低应变波形负向反射的存疑，明确负向反射由土塞所致。

2. 锦州某场馆的 PHC400AB95 管桩工程

该建筑场地原为海水养虾池，经开山取土、回填后打桩。场地地基条件自上而下依次为：4m 厚填土夹带强—中风化花岗岩岩块；7m 厚淤泥质粉质黏土；2m 厚粉质黏土；5m 厚细砂、稍密；再往下是残积土、强风化岩。

本工程设计桩长 21m，采用 6.3t 导杆式柴油锤沉桩，管桩桩端开口。锦州某检测公司首先进行了低应变桩身完整性抽检，发现部分管桩在 4.6～5.2m 出现了图 5-36（a）所示的负向反射以及其后的等周期正向反射。根据管桩的横截面尺寸，即使桩孔内土芯变成土塞，也不可能引起较明显的似阻抗增大反射，况且这批桩的土芯高度均未超过 2m。因此可以认为负向反射为强土阻力所致。由于担心强土阻力位置处的二次正向反射可能为桩身缺陷反射所致，检测机构采用 DLT 对其进行了验证（图 5-36b）。由 DLT 波形并结合场地填土情况可知：判定低应变曲线中的负向反射为局部强侧阻力所致是合理的，因为 4m 厚填土为夹杂较坚硬岩块的开山土，沉桩时岩块可能随桩尖挤入土中一定深度后被挤至桩侧，最终形成局部强侧阻层。

图 5-36 DLT 和低应变信号比较

（a）低应变速度信号；（b）DLT 信号

5.9 识别和克服局限性

通过对 40 年短持续动力检测技术应用情况的总结，结合笔者曾经历过的一些案例，其中确有一部分案例具有一定或相当程度的复杂性和技术难度，不论这些案例成功与否，但基本上能使读者比较清晰地看到：DLT 检测绝非是依靠一本"权威"的技术标准就能无往而不胜。随着理论与实践的不断深入，可能还会发现更多的局限性，特别是在大直径灌注桩上应用的限制条件。也正因为如此，我们才不会去当"包治百病的医生"，而是对可能出现误差过大或无法定论的情况，提出了采用静载试验或其他有效方法进一步验证的建议。例如以下六种情况：

(1) 桩身存在缺陷，无法判定桩的竖向承载力。

(2) 桩身缺陷对水平承载力的影响。

(3) 单击贯入度大，桩底同向反射强烈且反射峰较宽，侧阻力波、端阻力波反射弱，即波形表现出竖向承载性状明显与勘察报告中的岩土工程条件不符合。

(4) 嵌岩桩桩底同向反射强烈，且在时刻 $t_1 + 2L/c$ 后无明显端阻力反射；也可采用钻芯法核验。

(5) 桩侧土触变效应明显，桩在多次锤击后承载力下降。

(6) 存在较深厚的欠固结土层，而勘测时欠固结土层的沉降基本未发生，使设计本应扣除的工后沉降引起的桩侧负摩阻力，在 DLT 信号中表现为"正摩阻力"，需深入了解地基条件和设计意图，对高估承载力的风险进行评估。

第 (1) 和 (2) 种情况很容易理解，因 DLT 难于分析判定承载力和预示桩身结构破坏的可能性，只能采取 SLT 验证检测。

第 (3) 和 (4) 种情况其实都具有桩底反射强烈——桩端运动很强并伴有桩顶出现溜桩的共性，对于中、小直径桩，DLT 的最明显现象是桩顶的位移和贯入度均很大；对于大直径桩，因为锤击能量有限，虽然桩顶位移和贯入度不会很大，但就其波形特征而言，已然明显能反映出缺乏打桩阻力。对于具有一定或较大端承力的桩，DLT 信号拟合分析时，如果按部就班地去分析，时常得到的承载力结果低得令人难以置信——总的极限阻力甚至比预估的极限侧阻力还低，于是根据当地经验（或设计要求）按勘察报告评估，可能又得出比真实极限承载力高出很多的结果。这种情况不仅在我国的动测资质考试中出现（如第 5.8.2 节中的图 5-30 案例[51]），也在国际上的多家同行比对试验中发生[49-50]。动测承载力成倍地低于或高于 SLT 得到的承载力值。对此，不能片面地认为凡此极端情况都与 DLT 的桩-土相互作用机理或力学模型方面的研究不充分有关，至少严重高估承载力的主因多与人的理论水平和经验不足有关。

传统的桩基设计理论认为：桩侧阻力与桩端阻力是各自独立互不影响的，即桩的承载力是桩侧和桩端阻力的简单代数叠加。事实上，这一传统观念正面临着挑战，相继有不少试验证实：桩端土强度或刚度的高低直接影响着桩侧阻力发挥的多少，桩侧阻力、桩端阻力并非简单的代数相加[52]。

承载力动测结果的可靠性直接关系到上部结构的安全或正常使用。相对于低估承载力造成的浪费，高估承载力导致安全的后果更可怕。高估承载力的技术原因可部分归咎为目前的数值计算模型的不确定性和计算结果的多解性。但如前述，往往严重的承载力高估是基于对实测波形的不信任，说得直白点，就是没有把握辨别波形的低承载力特征甚至是轻锤低能量的垃圾信号，只能习惯性地按勘察设计条件结合施工经验估计承载力。或许这里面还存在深层次的职业道德问题，但显然这已超出了本书的范围。尽管我们目前尚不能完全解决 DLT 动测方法在某些方面存在的局限性，但是只要通过认真总结、积累经验，客观评价这些局限性对动测承载力可能产生的后果，找出其中规律性的东西，扬长避短，不仅从反面，更要从正面积极挖潜，相信动力载荷试验仍有广阔的应用前景。正如本章在第5.8.3 节中列举的两个管桩工程实例：一方面较好地挖掘了 DLT 在锤击预制桩应用上的技术优势，排解了对低应变桩身完整性检测结论的疑惑；另一方面充分利用了纵向尺寸效应的研究成果，结合岩土、设计和施工条件，对低应变法在预制桩检测中尚未被充分了解的波动力学现象和局限性进行了论证；同时也从理论联系实际的角度体现了熟练掌握波动力学基本概念的重要性。

第6章 预制桩打桩应力预控与监控

6.1 问题的提出

竖向承压桩在静荷载作用下，桩身绝不可能出现拉应力，桩身轴向压力分布一定是上大下小。因此"打桩拉应力"作为另类，对其产生机理的关注度相对更高。

锤击产生的入射压力波在沿桩身向下传播途中，受桩侧土阻力影响其幅值是逐渐衰减的。严格地讲，入射压力波在初遇土层界面引起的侧阻力波一方面使继续向下传播的入射压力波幅值衰减，另一方面与后继到来的入射压力波叠加，造成只在初遇土层界面深度处的桩身压应力有一定程度放大。不过，能够产生明显压应力放大效果的初遇土层一定是"硬壳层"或软土层下伏的"硬夹层"。所以，对于穿越不同土层、最终正常打到设计桩底标高或持力层的摩擦型桩，桩身锤击压应力总体呈现为随入土深度衰减，可视的打烂桩头多为锤击偏心或锤-桩撞击接触面凹凸不平引起的应力集中所致。

与桩底反射拉力波引起的混凝土桩桩身损伤不同，有一种桩身受压破坏模式较隐秘。这就是桩打入硬层（如风化岩）时桩端附近出现桩身压应力放大，特别是钢管桩、H型钢桩、大直径混凝土薄壁管桩，当桩端闭口或虽非闭口但桩内腔涌入土体完全闭塞时，其桩端破坏要比同条件（桩外径、桩长、持力层相同）的打入式实心混凝土桩更容易发生。破坏模式可见于桩穿越深厚软土层，由于打桩扰动、桩侧土强度尽失，锤击入射压力波几乎不衰减地传至桩底硬层，若硬层的波阻抗明显大于桩身阻抗，则桩底反射压力波与后继的入射压力波在桩端处叠加产生压应力放大，或打烂桩尖，或由桩端局部破损演变为常见于钢桩、空心桩的桩身屈曲失稳，而失稳状态的承载力低于按材料抗压强度控制的正截面受压承载力。

与桩端压应力放大正好相反，沉桩过程中泥面下的桩段尚处于软土层，入射压力波几乎不衰减地传至桩底，若桩端阻力此时也明显缺失，尽管入射压力波并不强，但桩底几乎产生全反射的拉力波，当锤重/桩重比较低时，混凝土桩桩身受拉开裂的风险明显上升。

上述现象描述，共性是深厚软土中传至桩端的入射压力波几乎不受侧阻影响而衰减；差别是桩端遇基岩时反射压力波，与后继到来的入射压力波同号叠加，使桩端附近的压应力放大；或桩端进入软弱土层时反射拉力波，从桩底向上传播途中与后继渐弱的入射压力波异号叠加，最终在离桩底渐远的某一位置出现桩身净拉应力超限。

不仅如此，能出现桩端压应力放大的端承型混凝土桩，可能同样出现桩身拉应力损伤，不过导致损伤的起因是入射拉力波。沿桩身向上传播的强端阻力反射引起桩身强烈反弹，并对锤产生强烈的冲顶作用，使锤芯反弹脱离桩顶的趋势大增，锤与桩顶的接触压力迅速下降，桩顶的力边界条件几乎变成了零应力的自由端，这对后继到达桩顶的端阻力反射波来说，势必会转变成与其幅值的绝对值相当的二次入射拉力波。由于打桩侧阻力很小，该拉力波在下行途中将遇到强度逐渐减弱的上行端阻力波，一旦拉力波幅值的绝对值超过端阻力反射波的幅值，桩身将出现净拉应力。

为满足长度和直径不断增加的长、大桩沉桩要求，打桩锤系统结构的复杂程度以及各组成部件的工作性能在不断提升。但同一工作原理的锤型由不同厂家制造时，却在打桩锤的组成结构上存在差异。因此锤-替打-桩-土相互作用的计算，往往要针对厂家特定的锤型和与其匹配的替打组合体（含锤、桩垫）组成的锤击系统进行建模。图 6-1 给出了 4 种常见锤型的原理示意图，不具有广泛代表性。只期望能为替打-缓冲组合体的建模计算提供参照。以下三点是对图 6-1 的补充说明：

图 6-1 几种常见打桩锤简图

(a) 筒式柴油锤；(b) 液压锤、蒸汽锤；(c) 双作用液压锤；(d) 起重机或卷扬机、液压提升自由落锤

（1）替打、桩帽等称谓比较混乱，如砧座 anvil（亦称下活塞或冲击块 striker plate/impact block 并可独立于砧座存在）、桩盔 helmet（亦称桩帽 cap 或套筒 sleeve）等称谓。本书中，将起传递冲击力作用的各部件串联组合简称为替打，这也包括对冲击力传递有影响的部件，如锤/垫、与替打刚性连接的惯性质量；而起定位导向作用的部件称为桩帽。不过，两者组合后有时不加区别地统称为替打或桩帽，希望不要产生误解。分体式替打是上或下套筒与替打分开制作后用螺栓连接，整体式替打是两者做成一体。计算建模时，可扣除静力学上未参与冲击力传递、动力学上不随替打运动（不产生惯性力）的部分外套筒或内插销质量。

（2）对于筒式柴油锤，波动理论模拟弹性杆相互碰撞直到锤芯以最大初始撞击速度 V_0 撞击下活塞为止，因为锤芯与下活塞碰撞瞬时，先前喷注在下活塞凹面上的柴油被冲击雾化，经大约 1ms 的延时[12] 与气缸内的高温气体混合后便发生燃爆，发生在锤芯底面与砧座顶面之间的燃爆压力 $P_c(t)$ 属于锤-替打-桩系统的外部压力作用，可用理想气体状态方程模拟。

（3）对于双作用液压锤，锤芯上升至设定高度下落，活塞下行压力室的加压作用使锤

芯加速下降，锤芯与替打发生撞击时的初速度 V_0 可以测定；但若考虑撞击后下行压力室对锤芯的继续保压作用，只要锤顶边界的作用压力已知，则弹性杆碰撞的应力波理论继续适用。

6.2 不计侧阻影响的桩顶初始撞击力计算

6.2.1 替打-缓冲组合体力学阻抗 Z_c 和锤体阻抗 Z_r 的计算

1. 替打-缓冲组合体材料的受压弹性模量

钢材弹性模量约为 205000MPa，混凝土弹性模量约在 30000～45000MPa 范围变化。起缓冲作用的锤/桩垫材料有木板、橡胶、胶合板、尼龙、聚氨酯等，钢丝绳专用于锤垫，纸垫、棕绳多用于混凝土桩的桩垫。木材顺纹时的受压弹性模量很高，约为 10000MPa，故一般采用横纹木板，弹性模量为 100～500MPa。锤/桩垫材料的弹性模量（或近似取割线模量）可在一维平面应变条件下用压力试验机获得。但是，实际取值应考虑打桩的实际情况，例如胶合板、木板、纸垫的模量很低，但经反复锤击后变硬，模量明显增大。

2. 替打-缓冲组合体的抗压刚度

锤垫刚度 k_{c-r} 和桩垫刚度 k_{c-p} 可分别按以下公式计算：

$$k_{c-r} = \frac{E_{c-r} \cdot A_{c-r}}{\delta_{c-r}}$$

$$k_{c-p} = \frac{E_{c-p} \cdot A_{c-p}}{\delta_{c-p}}$$

上两式中：E_{c-r}、A_{c-r}、δ_{c-r}——锤垫的模量、受压面积和厚度；

E_{c-p}、A_{c-p}、δ_{c-p}——桩垫的模量、受压面积和厚度。

由于缓冲体（锤垫与桩垫串联）刚度 $k_c = \dfrac{k_{c-r} \cdot k_{c-p}}{k_{c-r} + k_{c-p}}$ 远小于钢质替打的抗压刚度 k_{st}，故替打-缓冲组合体的抗压刚度 k_{ass} 可近似按缓冲体的刚度 k_c 赋值：

$$k_{ass} = \frac{k_c \cdot k_{st}}{k_c + k_{st}} \approx k_c$$

当然，有些打桩锤不设锤垫（如 IHC 液压锤），则 $k_c = k_{c-p}$。

3. 替打-缓冲组合体的等效力学阻抗

首先要计算组合体的等效质量 m_c。原则上应按承受、传递和影响冲击力传递的各替打组件的质量之和赋值，若需精确计算，可计入锤垫和桩垫的质量以及对组合体受压刚度有贡献的部分桩帽上套筒和下套筒质量。替打-缓冲组合体的等效力学阻抗 Z_c 按下式计算：

$$Z_c = \sqrt{m_c \cdot k_{ass}} \approx \sqrt{m_c \cdot k_c} \tag{6-1a}$$

4. 应力波通过替打-缓冲组合体的等效时间

替打-缓冲组合体的质量 m_c、阻抗 Z_c 和轴向抗压刚度 k_c 可由下列公式建立联系：

$$m_c = Z_c \cdot t_{c\text{-eq}} = k_c \cdot t_{c\text{-eq}}^2 \tag{6-1b}$$

其中

$$t_{c\text{-eq}} = \sqrt{\frac{m_c}{k_c}}$$

同时得到与式（6-1a）等价的公式：

$$Z_c = k_c \cdot t_{c\text{-eq}} \tag{6-1c}$$

上式中，$t_{c\text{-eq}}$ 为应力波通过替打-缓冲组合体的等效时长。它的作用体现在两方面：一是决定桩身锤击压应力 σ_c 计算公式的适用性，如替打（由砧座或冲击块、桩盔或桩帽两部分钢质部件串联组成）十分轻薄或干脆不设置替打，因 $m_c \rightarrow 0$ 使 $t_{c\text{-eq}} \ll H_r/c_r$（$H_r$、$c_r$ 分别为锤的高度和波速），σ_c 可能被明显低估；二是为离散建模数值计算时的单元划分提供参考。

5. 非均匀截面锤体的等效力学阻抗

很少有打桩锤的锤芯横截面是完全均匀的，这时可以根据已知的锤芯质量和高度反算其平均横截面积 A_r，进而得到非均匀横截面锤芯的等效阻抗 Z_r。通常锤芯阻抗 Z_r 远大于替打-缓冲组合体阻抗 Z_c 和桩身阻抗 Z，Z_r 取值的偏差不会显著影响桩身应力的计算结果。

6. 关于建模计算替打-缓冲组合体阻抗 Z_c 的两点说明

（1）由于各种冲击锤替打的组成形式（包括称谓）不同、全高度范围内横截面尺寸各异，不论采用替打哪一部位、哪一高度处的横截面力学阻抗都很难有代表性。好在替打的高度一般明显小于锤高 H_r，相对于应力波通过锤体的时间 H_r/c_r，替打可近似看成刚体，而替打的整体质量数据容易获得；又因为替打与缓冲体（锤垫、桩垫）组成替打-缓冲体时，$k_{st} \gg k_c$，于是就能采用式（6-1b）或式（6-1c）近似得到 Z_c。

（2）替打组合体单元建模并非一个固定模式，如对图 6-1（b）的非细长锤，可以将锤垫弹簧与锤组合，构成刚度较小的"弹簧锤"。由于锤垫弹簧已划归给锤，则对替打-缓冲组合体刚度有贡献的就只有桩垫了。

6.2.2 初始撞击力计算公式

1. 以应力波通过锤芯和替打-缓冲组合体的等效时间相对长短为条件的计算公式

初始撞击时的桩顶锤击力简称为初始撞击力，是指高阻抗锤与低阻抗替打-缓冲组合体从初始碰撞开始直到后继多次撞击结束的各次矩形撞击力脉冲中的幅值较高者。这是一个锤-替打-桩三者相互作用的波动力学问题。作为直观，可将锤-替打-桩的相互作用视为 3 根已知阻抗的弹性杆碰撞问题。在锤与替打、替打与桩发生多次碰撞的矩形力脉冲中，关键要找到替打与桩碰撞达到最大幅值时的矩形入射力脉冲。鉴于 Z_r 一般远大于 Z_c 和 Z、沉桩施工穿越软弱土层会不同程度引起桩侧土体强度降低等因素，为了切合实际、简化应用，锤的高矮胖瘦以及桩顶以下一定深度范围的桩侧土阻力反射影响可不予考虑。于是由图 6-2（a）、（b），按 $t_{c\text{-eq}}$ 相对 $t_{r\text{-eq}}(=H_r/c_r)$ 的大小并结合入射力波遇到大阻抗截面会使截面两侧力幅值放大的特点，导出桩身初始撞击压应力 σ_c 的计算公式如下：

$$\sigma_{c,\langle 1 \rangle} = \frac{2Z_r \cdot Z_c}{(Z_r + Z_c)(Z_c + Z)} \cdot \frac{Z \cdot V_0}{A} \quad (t_{c\text{-eq}} \geqslant t_{r\text{-eq}}) \tag{6-2a}$$

$$\sigma_{c,\langle 2\rangle} = \frac{4Z_r \cdot Z_c(Z_r \cdot Z + Z_c^2)}{(Z_r + Z_c)^2(Z_c + Z)^2} \cdot \frac{Z \cdot V_0}{A} \quad (t_{c\text{-eq}} < t_{r\text{-eq}}) \tag{6-2b}$$

上两式中：V_0——锤芯的初始撞击速度❶；

　　　　　A——桩身截面积。其中针对 $t_{c\text{-eq}} < t_{r\text{-eq}}$ 的情况使用式（6-2b），可避免式（6-2a）计算的 σ_c 被低估；当 $Z_c = Z$ 时，式（6-2a）与式（6-2b）等价。

　　式（6-2a）对应的计算模式（图 6-2a），表征了相对窄脉冲 $t_{r\text{-eq}} \leqslant t_{c\text{-eq}}$ 条件下，锤与替打碰撞产生的入射压力波，第一次通过替打传至桩顶，并以式（6-2a）计算的峰值应力幅值沿图 6-2（a）的路径〈1〉下行传播；而式（6-2b）计算的峰值撞击应力，表征了相对宽脉冲 $t_{r\text{-eq}} > t_{c\text{-eq}}$ 条件下，替打受锤的较长压力脉冲作用对桩产生二次撞击，超过第一次撞击力峰值的二次桩身入射压力波沿图 6-2（b）的路径〈2〉传播。按图 6-2 的规律可以预期，随着 $t_{c\text{-eq}}$ 与 $t_{r\text{-eq}}$ 的比值进一步减小，力阶跃脉冲幅值达到最大时的撞击次数将随之增加。锤-替打-桩系统的建模及其模型参数赋值的合理性，直接关系到预估桩身撞击力的准确性，例如式（6-2）应用中遇到的以下特殊情况：

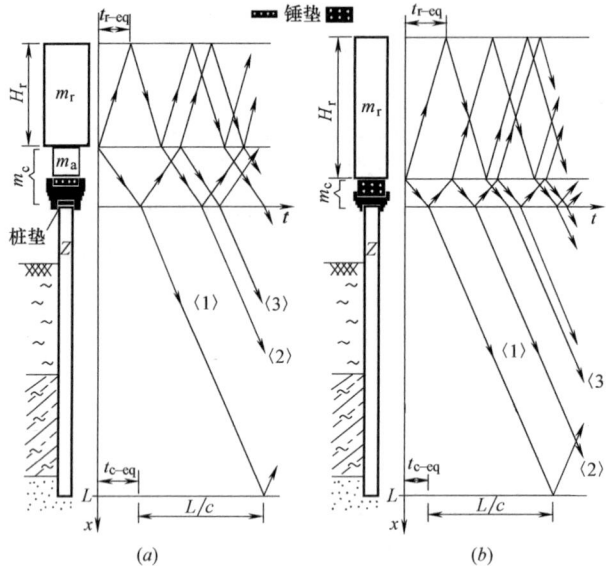

图 6-2　波的传播轨迹（不计桩侧阻力反射影响）

（a）$t_{c\text{-eq}} \geqslant t_{r\text{-eq}}$；（b）$0.5 \times t_{r\text{-eq}} \leqslant t_{c\text{-eq}} < t_{r\text{-eq}}$

---

❶　自由落锤忽略下落过程中的导向摩擦力，锤芯初始撞击速度 V_0 可根据锤的落距计算，但除此之外，如对于单作用液压锤，还应考虑液压系统的负载损耗，即按已知落距的自由落体计算的锤芯初始撞击动能要打折扣；同样，双作用液压锤的锤芯加速下落加速度值也只是标称值。筒式柴油锤与导杆式柴油锤对桩的冲击方式也有差异，筒式锤是锤芯（上活塞）与下活塞先碰撞，使柴油雾化，迅速与高温气体混合便发生燃爆，所以只要上、下活塞碰撞瞬时不出现提前燃爆（负延时）时，可用波动理论公式（6-2）计算的撞击力近似代表初始撞击力峰值；而导杆锤没有缸锤与下活塞的接触碰撞，只有燃爆冲击，故式（6-2）不适用，且其冲击缓冲效果较筒式锤明显，冲击力幅值相对较低。最后重申，筒式柴油锤的锤-替打-桩-土系统数值建模波动方程分析，模拟的是上、下活塞碰撞与柴油燃爆对桩实施冲击的整个时间过程，而式（6-2）计算在时间"点"上只与锤芯的最大初始撞击动能（或 V_0）相对应，不涉及冲击全过程，因为关注点是锤-替打-桩-土相互作用过程"初期"的最不利桩身应力状态。

① 轻-薄-软替打与"矮胖"锤组合（即 $Z_c \ll Z_r$ 和 $Z_c < Z$）虽满足式（6-2b）应用条件，但遇锤与桩顶之间只设缓冲垫而无替打时，改用"弹簧锤"方式即式（6-1a）计算；

② 厚-重-硬替打与细长锤组合虽满足式（6-2b）应用条件，但合理性存疑；

③ 锤（桩）垫材料的力学特性为递增硬化型，随着锤垫受压变硬，模量从低到高递增，应力波通过时间加快，尤以纸垫、木板明显，而建模计算采用的弹模近似用割线模量代替。

2. 公式（6-2）计算不确定性分析

注意，条件公式（6-2）并未在式（6-2b）的基础上再提供替打对桩的撞击次数为 3，4，…的计算公式，主要是出于替打组合体建模的不确定性和方便工程实用的考量：

（1）轻质或无质量替打再加上软厚锤（桩）垫的情况：此时 $t_{c\text{-eq}}$ 和 Z_c 均为低值，替打-缓冲组合体的阻抗 Z_c 明显小于桩身阻抗 Z。虽然替打与桩的撞击次数超过 2 才能使桩身撞击应力达到最大值，但该最大值比起非轻质替打、非软厚垫时的总体锤击压应力峰值已有不同程度降幅，即软厚垫的多次撞击最大应力幅值还是比薄硬垫的一次撞击要低，已非危险应力状态。此外，由于软厚垫的缓冲，也使桩身出现极端应力的幅值和区域均减小。

（2）"矮胖"锤模式下锤和替打-缓冲组合体阻抗计算的不确定性及修正：从锤与替打组合体的相互作用上看，单次碰撞矩形力脉冲宽度为 $2H_r/c_r$，因 Z_r 显著大于 Z_c，这种碰撞将几乎不衰减地持续多次；从替打-缓冲组合体与桩的相互作用上看，一般 $Z_c < Z$，入射波通过替打传至桩顶虽使桩身力值有所放大、但压应力得到缓冲；根据替打组合体的锤（桩）垫一维平面应变压缩条件，缓冲垫材料的本构关系为递增硬化型，恰为冲击波产生的要件。因此尽管等效时间 $t_{r\text{-eq}} = H_r/c_r < t_{c\text{-eq}}$，但沿图 6-2（a）的路径〈1〉计算初始撞击压应力 $\sigma_{c,\langle 1 \rangle}$ 存在力学机理上的偏差，可改按图 6-2（b）的路径〈2〉。具体做法是按已知的 $t_{c\text{-eq}}$ 调高锤高 H_r，使 $H_{r,\text{调}} = t_{c\text{-eq}} \times c_r$，再计算调整后的锤阻抗 $Z_{r,\text{调}} = (H_r / H_{r,\text{调}}) \times Z_r$，而后尝试式（6-2b）计算 $\sigma_{c,\langle 2 \rangle}$。

（3）细长锤模式下锤和替打-缓冲组合体阻抗计算的不确定性：超大直径钢管桩普遍采用液压打桩锤沉桩，图 6-3 是打桩锤锤芯-桩帽（套筒）-桩组成的局部示意图。锤芯的高度与其平均直径之比接近或超过 10，起传递锤击力作用的替打有分体式和整体式两类，一是图 6-3 中的实心带凸台锥形替打＋替打环的分体式组合；二是两者锻造为整体的实心（或部分中空）锥形（或圆柱形）替打。

以 IHC-S3000 双作用液压打桩锤的应用案例说明：该锤型的额定打击能量 3000kJ。施打对象为钢管桩［长度 81.5m、外径和壁厚不规则变化（7000mm×80mm 为起始截面尺寸并在桩顶以下 4.8m 范围内不变，以后按 7000mm×75mm、7500mm×75mm、7500mm×80mm、7500mm×70mm、7500mm×80mm 变化）］，桩顶截面的阻抗 $Z = 69827\text{kN} \cdot (\text{m/s})^{-1}$。一体化桩帽（套筒）的总质量 $m_r = 290\text{t}$。整体式的实心锥形替打质量 $m_c = 210\text{t}$，高度 1320mm。不计固结在锤芯顶端的活塞杆及活塞质量，锤芯质量 $m_r = 150\text{t}$，变直径锤芯总高度 H_r 接近 15m，估计锤芯直径在 1300～1500mm 之间变化，取锤的平均阻抗 $Z_r = 61870\text{kN} \cdot (\text{m/s})^{-1}$，与桩身阻抗 Z 的比值为 0.886。由于锤头与替打之间不设锤垫，替打与桩顶之间不设桩垫，故替打阻抗可尝试用式（6-1b）直接计算：

图 6-3 锤-分体式替打-桩的局部组成示意

$$Z_c = \frac{m_c}{t_{c\text{-eq}}} = \frac{210}{(1.32/5120)} = 814545 \text{kN} \cdot (\text{m/s})^{-1} = 11.7 \times Z = 13.2 \times Z_r$$

可以预料，用式（6-2b）计算的桩顶初始撞击力很难让人采信，因为对于锤芯而言，如此大的 Z_c 值意味着替打几乎成了固定端，通过替打向桩顶传递的锤击能量非常有限，尽管锤击力通过大阻抗替打传至小阻抗桩能在桩身产生压力放大。此时计算的桩顶初始撞击力仅为桩顶实测力峰值的 44%。由于替打阻抗 Z_c 是力学意义上的一维纵波波阻抗，不适合有明显压弯效应的"圆盘受集中力作用"的静力学模式。直观判断，实心锥形替打只在与钢管桩管壁接触的局部范围传递压力波，即真实的一维纵波波阻抗 Z_c 应小于按实心替打全截面计算的波阻抗。事实上，当 Z_c 接近 $2Z$ 时，本例所计算的撞击力峰值才能与实测值吻合。

由此特例可知，细长锤应用条件具有较大的不确定性。

3. 公式（6-2）分别在重锤低击和轻锤高击条件下的计算结果趋势

假如桩-土条件和锤芯初始势能恒定，在重锤低击和轻锤高击条件下，正常打入桩的锤击能量传递效率是前者高，而桩身初始锤击压应力则是后者高；桩容易打入时，重锤低击引起的溜桩现象更严重，初始锤击压应力较弱，由桩底反射引起的桩身净拉应力更轻微。

6.3 桩身危险应力预控

6.3.1 桩身最大锤击拉、压应力产生机理

1. 按波的传播方向划分和描述

为了准确查明或预估桩身锤击应力的危险状态，第 5.3 节已对沉桩过程中基于实测或监测信号的桩身受力、运动状态计算的通用和简化公式，进行了详细阐述。下面按桩身危险应力产生的机理作如下归类、补充：

（1）反射型——反射波导致的危险应力出现，发生时段在 $t_1 \sim t_1 + 2L/c$。

桩身锤击拉应力是关乎混凝土预制桩施工是否开裂的指标。在深厚软土地区，打桩时侧阻和端阻虽小，但桩很长，桩锤能正常爆发起跳，桩底反射回来的上行拉应力波的头部（拉应力幅值最大）与下行传播的锤击压力波尾部叠加，在桩身某一部位产生净拉应力。当拉应力幅值超过混凝土抗拉强度时，引起桩身拉裂。开裂部位一般发生在桩的中上部，且桩越长或锤重/桩重比 α_{rp} 越小，最大拉应力部位就越往下移。而桩进入硬土层后，随着打桩阻力的增加拉应力逐步减小，桩身压应力逐步增加。因桩在易打情况下已出现横向拉应力裂缝，渐强的压应力在已有裂缝处产生应力集中，使裂缝处混凝土桩身的损伤加剧。

入射压力波遇桩身截面阻抗增大时，会引起小阻抗桩身段压应力放大，遇有极强阻力的桩周岩土层也类似。破坏形态常为桩身纵向开裂、桩身主筋屈服凸出、局部混凝土压碎。打桩过程中突然出现贯入度骤减或拒锤，很可能是桩身结构发生破坏的征兆，表明桩尖碰上了硬层（基岩、孤石、漂石等），继续施打会造成桩身压应力过大而破坏。此时，最大压应力部位不在桩顶，而是在接近桩端的部位。

（2）入射型——入射波导致的危险应力出现，出现时刻一般大于 $t_1 + 2L/c$。

对于打入式混凝土桩，这是一种特殊情况。沉桩过程中，桩尖突遇坚硬基岩，桩底出现强压力波反射，传至桩顶的压力波前沿已表现出对桩锤的强烈冲顶，使锤与桩顶脱离接触。这对后继反射回桩顶的压力波，桩顶就成了自由端，于是产生异号的入射拉力波。该拉力波下行入射途中与渐弱的上行反射压力波叠加在桩身出现净拉应力，其幅值的绝对值超过桩身抗拉强度时，便会引起桩身开裂。考虑到桩底不能承拉，如果桩身不存在妨碍入射拉力波下传的裂缝，则入射拉力波到达桩底引起的二次反射仍为压力波。

2. 提高对危险应力产生机理的认知程度，减少打桩破损率

对于桩基施工和设计人员，由于专业擅长的不同，往往不像职业的基桩检测人员那样，对打桩拉应力的产生和桩端碰到硬层出现的压应力放大机理十分熟悉。作者遇到一些打桩质量事故引起的争议，从原因分析上看，有些确实不该是打桩或制桩单位承担的责任，却被他们承担了。

桩身危险应力产生机理是比较复杂的锤-桩-土相互作用问题，正确的理解和分析离不开波动力学。然而，或许是专业跨度较大的原因，真正需要控制危险应力之人往往不是掌握机理之人，"经验"凌驾于理论之上，概念陈旧，甚至错误的计算假定或公式仍然在某些标准中体现和流行，而且还被出现桩身破损的工程事故所验证，却未怀疑是标准自身的问题。

6.3.2 打桩拉应力控制

1. 极端条件下的打桩拉应力控制

打桩拉应力控制对混凝土预制桩尤为重要。有害的桩身拉应力一般发生在桩易打的场合，桩锤以接近正常的冲击动能（柴油锤则能正常爆发起跳）打桩，桩穿越较深厚软土层，或虽非软土层但反复锤击造成桩侧土受扰动强度基本丧失；除此之外，还和锤-桩的阻抗匹配有很大关系，例如软土场地打桩出现的溜桩情况。按第 2.5 节所述，两相同阻抗、等长度弹性杆发生碰撞时，被撞击杆杆身不出现净拉应力；当撞击杆（锤）的阻抗与

被撞击杆（桩）的阻抗之比 $Z_r/Z \geqslant 1$ 时，溜桩现象加剧。为了提供可操作的量化指标，将作为弹性杆件的锤简化为具有同等质量 m_r 的刚体，根据第 2.5 节图 2-22 证明的弹性锤和简化刚体锤对半无限长弹性杆撞击的力冲量不变性，可以采用锤与桩的质量比 $m_r/m_p \geqslant 1$ 和严重溜桩判据，作为无需考虑桩身拉应力的两个并列条件。当然，为了直观判别溜桩的严重程度，可将单击贯入度大于 $10 \sim 20$ cm 作为判定严重溜桩的指标。当混凝土预制桩锤击沉桩满足以下条件：

① $m_r/m_p < 1$，打桩锤能基本以正常能量施打，桩容易打入但未出现严重溜桩；

② 桩穿越深厚或较深厚软土层，或非软土但因土的触变效应强度尽失。

可视为强度等于初始撞击力的入射压力波几乎不衰减地传至桩端，而尚处于软土中的桩尖将产生拉力波全反射；随着 m_r/m_p 比值的减小，桩身出现较强拉应力的风险增大。显然，以式（6-2）计算的压应力 σ_c 作为桩身出现的最大拉应力幅值的绝对值，肯定偏于安全。

2. 非极端条件下的打桩拉应力

首先，严重溜桩情况不在此讨论之列，于是关注点成为按式（6-2）计算确定的初始撞击压应力波向桩底传播，因打桩侧阻力的衰减和端阻力的抵消两者共同作用导致的桩底反射拉力波幅值，以及该反射拉力波与陆续下行的入射压力波相遇叠加造成的桩身静拉力幅值下降。因此可根据桩周主要土层、锤与桩的物理力学指标建立较为简洁的危险桩身拉应力 σ_t 计算表达式：

$$\sigma_t = \beta_t \eta_{tc} \sigma_c \tag{6-3a}$$

式中：β_t——计入打桩阻力影响的桩底拉力波反射系数，取值范围 $-1 \sim 1$；

　　　η_{tc}——无打桩阻力时桩身的拉应力与压应力峰值比，与后继入射压力波对桩底反射拉力波的抵消能力成反比。

一般认为短持续 DLT 在 t_1 时刻的入射压力波幅值 $F_d(t_1)$ 与初始撞击力幅值 $F(t_1) = A \cdot \sigma_c$ 相等，于是 β_t 的力学意义可由下式表达：

$$\beta_t = \frac{R_T(t_1)}{F_d(t_1)} - 1 = \frac{F_u(t_1 + 2L/c)}{A \cdot \sigma_c} \tag{6-3b}$$

可见，$\beta_t < 0$ 才有拉力波反射，否则属于反射压力波问题。特别当桩侧、桩端打桩阻力均为零时，$\beta_t = -1$ 表示拉力波全反射。不过，严重溜桩时的桩身净拉应力幅值反而较低，说明 $\beta_t < 0$ 是桩身产生净拉应力的必要条件，并非充分条件。这牵扯到锤与桩-土系统匹配的概念，桩底反射拉应力波幅值 $\beta_t \sigma_c$ 以及该幅值被后继入射压力波抵消后的桩身净拉应力数值虽受打桩阻力高低的主要影响，但也受冲击力持续时间与应力波沿桩身传播时间比 $t_d/(L \cdot c^{-1})$ 或锤重/桩重比 α_{rp} 的次因影响。因为桩底反射型的桩身拉应力危险程度与桩容易打入的情况相伴，原本打桩阻力的主要影响趋弱，而次因影响显现，即随着 α_{rp} 增大，t_1 时刻以后的桩顶入射压力波渐强，扩展了桩底反射拉力波被抵消的桩身深度范围。图 6-4 模拟了桩为自由杆时 α_{rp} 增大对桩身拉力波的抵消作用，且图中 α_{rp}-η_{tc} 关系曲线可按指数形式近似表达：

$$\eta_{tc} = \begin{cases} \exp\left[-\dfrac{\max(t_{r\text{-}eq}, t_{c\text{-}eq})}{L \cdot c^{-1}} \cdot (\alpha_{rp} - 0.5)\right] & (\alpha_{rp} > 0.5) \\ 1 & (\alpha_{rp} \leqslant 0.5) \end{cases} \tag{6-3c}$$

上式中，$t_{\text{r-eq}}$、$t_{\text{c-eq}}$ 分别为锤和替打-缓冲组合体的等效时间。当存在替打-缓冲组合体时，$t_{\text{r-eq}} = H_r/c_r$，不存在替打时，可按锤与桩（锤）垫串联形成的组合抗压刚度 $k_{\text{r,cmb}}$，参照本章第 6.5.3 节"组合弹簧锤"的 $t_{\text{r-eq,cmb}}$ 计算方法，得：

$$t_{\text{r-eq}} = t_{\text{r-eq,cmb}} = \sqrt{m_r/k_{\text{r,cmb}}}$$

再来分析由式（6-2）、式（6-3b）和式（6-3c）共同构成的简洁组合公式（6-3a）。首先，由于桩身极端拉应力出现在桩容易打入的阶段，打桩侧阻力偏弱，可忽略有限的打桩侧阻力对式（6-2）计算的初始撞击力幅值影响。桩侧阻力对反射拉力波幅值的衰减作用，虽从式（6-3b）的形式上看可直接与打桩总阻力挂钩，但通常难与地基条件简单对应：一是勘察报告只能给出桩周静阻力的分布及大小，不会描述土的动阻力估值及发挥性状；二是反复锤击使土的强度发生变化，仅靠有限的土力学知识很难预判。因此最佳的方法还是要借助土层条件和桩长相近，且桩端持力层、桩型、桩径、沉桩设备与进度相同的打桩全程观测经验或监测数据。图 6-4 显示了两种桩长情况下相对锤重 α_{rp} 增大对上行桩底反射拉力波的抵消能力，由于初始撞击压力波和反射拉力波幅值已分别由式（6-2）和式（6-3b）确定，因此借用不同重量（阻抗）的锤对桩（已知重量和长度的自由杆）撞击的应力波模拟，给出了相对桩身拉力 η_{tc} 随相对锤重 α_{rp} 增加而减小的近似公式（6-3c）。

图 6-4　α_{rp} 与 η_{tc} 的模拟关系

混凝土桩在锤击沉桩过程中，桩身极端拉应力超标是否必然导致桩身明显损伤，目前尚难定论，但桩身有裂隙存在很难满足设计的耐久性要求。锤击沉桩施工的现场经验积累也很重要，沉桩过程中的接桩、桩（锤）垫更换、设备故障等停歇时间长短不同，桩周土强度受触变或歇后效应的影响各异。另外，监测只是在桩尖已接近设计桩底标高时进行，未覆盖打桩全过程，而危险拉应力状态或许已在此前出现。

最后，还要提一下波动方程打桩分析的方法。它通过锤-替打-桩-土系统建模，并在感兴趣的桩入土深度范围，考虑不同深度的土层受反复锤击影响的土体强度降低（超孔隙水压力、触变等）或增强（负孔隙水压力、土体挤密、压密等），逐点进行波动方程数值分析，以达到对桩在入土深度范围的打桩过程数值模拟，这其中就包括桩身最大拉、压应力随贯入深度的变化。因此波动方程分析至少从切合应用需求上讲是一个好思路。但正如拉应力反射系数 β_t 取值非常宽泛一样，这不仅需要实施建模计算人员对土的动力特性有较深入了解，还需要一定的波动理论知识铺垫。

6.3.3　打桩压应力控制

1. 有害压应力的产生

（1）不论是锤击沉桩过程中还是已施工完成的桩，压应力造成的桩身破坏大多发生在桩头或桩端部位。对应摩擦型桩或桩尖未达到持力层的端承型桩的正常打入情况，桩头部位的锤击压应力可按不计打桩侧阻力的公式（6-2）计算，如果出现锤击偏心，则只能通过安装在桩顶附近的传感器直接测量才能发现。同样，准确识别桩尖穿越或打入硬层，特别是突遇坚硬岩（灰岩、孤石）造成的压应力放大也要依靠实测波形。但不能否认，通过打桩跟踪监测来控制桩身锤击应力，本应做到实时预警与发出停锤或调低锤击动能的指令同步，但现实是脱节现象严重，最终是否收锤还是按目测的贯入度或标高控制。

（2）在不发生桩头破坏和桩端压应力放大的前提下，锤击力波向桩底传播过程中，压力波的幅值因相继受土阻力影响将呈现总体上的衰减。从严格意义上讲，压应力最大值一般出现在初遇较强土阻力反射的土层深度，因为该深度出现的反射土阻力波与后继的入射峰值压力波相遇产生压应力放大。然而这种因桩身压应力放大导致正截面受压破坏的案例罕见，倒是桩尖打入风化岩一定深度或穿透较深厚的坚硬或密实状态土层等时，沉桩穿越施工很困难又不采取引孔措施，最终演变成桩在拒锤情况下的桩端压应力放大导致的破坏。

因此在正常的桩基设计和锤击沉桩条件下，桩身某一深度虽会出现一定程度的压应力放大，但比起桩头部位的锤击偏心、应力集中所产生的不利影响，可以视其为第二位的。这一认知在过去非预应力混凝土方桩大行其道时还能被普遍接受，但随着高强度预应力管桩、耐打性更佳的钢桩大量应用，桩身出现比较隐秘的"受压破坏"需要引起重视。

（3）大直径钢管桩普遍采用液压锤沉桩，冲击体与桩顶之间的传力与缓冲部件设置相对简单（不设桩垫甚至锤垫），可按图 6-1（c）简化建模，但忽略锤或桩垫缓冲作用，仍不能保证用式（6-2a）计算的 $\sigma_{c,\langle 1\rangle}$ 是高限值。因为直径大于 7m 的钢管桩，替打的质量已超过锤芯质量，即便是细长锤，H_r/c_r 明显大于 $t_{c\text{-}eq}$，采用式（6-2b）计算的 $\sigma_{c,\langle 2\rangle}$ 仍存在低估桩身压应力的风险，因为锤头与替打撞击产生的压力波，向桩身透射途中遇到了 Z_r/Z_c 很小、Z_c/Z 很大两个阻抗相差悬殊的界面，只有减小 Z_c，降低"悬殊"才能改善计算结果。

2. 入射压力波传至桩底时的桩身应力计算公式

本着寻找"危险应力"的初衷，同样假设桩侧阻力因连续锤击可忽略不计，将式（6-2）推导的思路（图 6-2）向桩端持力层延伸，也就是按以下单向路径来计算峰值入射波首次到达桩底时的桩端应力 σ_b：

$$\boxed{\text{锤对替打初始撞击}} \longrightarrow \boxed{\text{替打-缓冲组合体}} \Longleftarrow \boxed{\text{桩顶}} \longrightarrow \boxed{\text{桩身}} \longrightarrow \boxed{\text{桩底}}$$

将锤-替打-桩-持力层的相互作用视为 4 根已知阻抗的弹性杆碰撞问题，不计桩底以下岩土层的后续反射，可推导出形如式（6-2）的桩端应力 σ_b 计算公式如下：

$$\sigma_{b,\langle 1\rangle}=\frac{4Z_r \cdot Z_c \cdot Z_b}{(Z_r+Z_c)(Z_c+Z)(Z+Z_b)} \cdot \frac{Z \cdot V_0}{A}=\beta_b \cdot \sigma_{c,\langle 1\rangle} \quad (t_{c\text{-}eq} \geqslant H_r/c) \quad (6\text{-}4a)$$

$$\sigma_{b,\langle 2\rangle}=\frac{8Z_r \cdot Z_c \cdot Z_b(Z_r \cdot Z+Z_c^2)}{(Z_r+Z_c)^2(Z_c+Z)^2(Z+Z_b)} \cdot \frac{Z \cdot V_0}{A}=\beta_b \cdot \sigma_{c,\langle 2\rangle}(t_{c\text{-}eq}<H_r/c_r) \quad (6\text{-}4b)$$

式中：Z_b——桩端岩土层名义阻抗；

β_b——桩端应力放大系数，其值等于 $\dfrac{2Z_b}{Z+Z_b}$。

仅当 $Z_b > Z$ 时，$\beta_b > 1$，桩端才出现压应力放大。当 $Z_b < Z$ 时，$\beta_b < 1$，桩端压应力减小，入射压力波传至桩底后将反射拉力波；特别当 $Z_b = Z$ 和 $Z_b = 0$，β_b 分别等于 1 和 0，即所谓"全透射"和"全反射"条件。在桩端，β_b 与式（6-3a）中的拉应力反射系数 β_t 的关系为 $\beta_b = 1 + \beta_t$。

3. 桩端岩土层名义阻抗 Z_b 的估算

（1）简单情况——闭口桩包括沉桩过程中可忽略土塞效应的敞口空心桩，桩尖打入硬层的情况。桩尖打入低压缩性土层，桩尖因压应力放大出现破损的实证，作者尚未听闻；而桩尖打入风化岩容易引起桩端受压破坏的事实，基本得到共识。也鉴于饱和土存在土-水相互作用耦合的两种压缩波类型，使得根据实测压缩波的波速不一定能明确区分孔隙水和土骨架的力学特征，故选择桩尖进入风化岩层，其阻抗[1]可近似按一维纵波传播条件表达为：

$$Z_b = \rho_b \cdot c_b \cdot A_b$$

式中：ρ_b——为风化岩的质量密度，可按 $2.0 \sim 2.7 \text{t/m}^3$ 取值；

c_b——为持力层风化岩的纵波波速，取值范围大致为 $1000 \sim 3000\text{m/s}$；

A_b——桩底与持力层的接触投影面积。

对于沉桩过程中有土体涌入桩内腔的敞口中～小直径混凝土空心桩以及半敞口钢管桩，A_b 可按闭口（close）面积 $A_{b,close}$ 取值；对于敞口钢管桩，当沉桩出现困难是受桩端进入硬层和桩内腔土芯发生闭塞两个因素共同影响时，A_b 可按 $A_{b,close}$ 取值；但对于超大直径钢管桩，土塞效应很难形成，可取 $A_b = A$。

（2）复杂情况——需进行土塞形成及其作用机理分析。当涌入桩内腔的土芯高度在后继沉桩过程中保持不变，即桩内腔土芯完全闭塞，应取 $A_b = A_{b,close}$。土塞形成及其作用机理较复杂，不仅与桩的直径和壁厚有关（桩径变大、壁厚变薄，排土效果变好，土芯闭塞效果趋弱），还从出现土芯开始到形成土塞为止，受桩尖已穿越和进入岩土层的岩土物理力学特性影响，这其中还包括沉桩过程中停歇时间长短对受扰动土强度恢复的影响。从土塞发挥作用的机理上看，桩内腔土芯完全闭塞时，土塞与桩内壁间的摩擦力换来的桩底受力面积增大是土塞的外在表现；而土芯与相邻桩段内壁的相对滑移变形减小，使闭塞土芯高度范围内桩身的变形受限是土塞的内在表现，可视同为土塞段的桩身阻抗增加。根据第 5.6 节图 5-12 的打桩监测案例，其中图 5-12（a）是桩尖进入泥面下 33.8m 的密实粉-细砂层停打、休止 45d 后继续施打时的起始监测波形，当时桩管内的土芯高度约为桩入土深度的 2/3，监测波形显示土塞作用的内在表现明显。不过桩底呈现拉力波反射表明 $\beta_b <$ 1，则用式（6-4）计算桩端压应力放大已无意义[2]。所以，式（6-4）主要是预估桩尖接触

---

[1] 宜利用既往相近条件下的打桩监测信号，通过式（6-4）计算比较，反算得到桩端岩土层的名义阻抗 $\rho_b \cdot c_b$。

[2] 如果能正确估算出土塞引起的桩身阻抗增加，将其赋值给 Z_b 并代入式（6-4a），则可计算出桩身压应力放大；同理，对于桩身截面尺寸改变，将截面改变后的桩身阻抗赋值给 Z_b，同时将桩身截面改变处 2 个截面积值的低值赋予 A，并代入式（6-4a），同样可计算出桩身压应力在小截面桩身的不利放大。

或进入基岩时的桩端压应力放大的危险。至于敞口桩尖穿越一般土层的工况，对桩内腔土芯闭塞程度的预判需在相近的地层和沉桩施工条件下，结合土芯上升高度监测积累经验。为减小土塞对桩身压应力的放大和影响沉桩效率，应减少沉桩中途的停歇时间。另外，较硬或坚硬岩的基岩面局部起伏较大，敞口薄壁钢管桩的桩尖易出现局部卷边并逐步演变为弯曲、弯扭失稳。

当涌入桩内腔的土芯高度在后继沉桩过程中不再增加，说明土芯发生了闭塞，特别当桩端打入风化岩且出现拒锤时，桩底接触面积可近似按桩端完全闭口取值，即 $A_b = A_{b,close}$。类似地，形成土塞的 H 型钢桩 $A_{b,close}$ 可按其腹板高度与翼缘宽度的乘积确定。

4. 桩端压应力放大的计算比较

锤击沉桩施工设备选型就是落实锤芯的重量及锤芯的额定动能或势能，选型主要依据是桩的几何尺寸以及按地层结构预估的打桩阻力数值。以下示例选择图 6-1 中的液压锤，锤与桩之间的替打-缓冲组合体采用只设锤垫、不设桩垫的简化设置。

以直径为 1000mm 的混凝土实心桩作为参照桩。实心桩参数如下：弹模 $E = 39200\text{MPa}$，横截面积 $A = 0.7854\text{m}^2$，波速 $c = 4000\text{m/s}$，横截面阻抗 $Z = 7.7\text{MN} \cdot (\text{m/s})^{-1}$，并假定桩端持力层阻抗与桩身截面阻抗匹配（$Z_b = Z$）。

按锤与桩的阻抗比 $Z_r/Z = 0.5 \sim 8$ 选用桩锤。桩锤为细长锤，高度 $H_r = 12.63\text{m}$，折算成锤芯质量约为 $9.5 \sim 152\text{t}$，为保证锤芯的势能（或冲击动能）223.4kJ 不变，落距由 0.15 $\sim 2.4\text{m}$ 调整。为与实心桩比较，选取外径同为 1000mm 的闭口（或桩端完全形成土塞）PHC 管桩和钢管桩，壁厚分别为 130mm 和 20mm，桩截面阻抗分别为实心桩的 1/2 和 1/3。

设替打-缓冲组合体的质量 $m_c = 4000\text{kg}$，因 m_c 较小，可将其等效为附加在实心桩桩头上的自由段质量，相当于 $Z_c \approx Z$。锤垫弹模 $E_{c-r} = 235.5\text{MPa}$，接触面积 $A_{c-r} = A$。按三种锤垫厚度 δ_{c-r} 计算替打组合体抗压刚度 k_c、阻抗 Z_c 和等效时间 t_{c-eq}：

① $\delta_{c-r} = 0$ 加上不设桩垫，代表"无缓冲"，$t_{c-eq} \approx m_c/Z = 0.52\text{ms}$；

② $\delta_{c-r} = 5\text{cm}$，$k_c = 3700\text{MN/m}$，$Z_c = 3.85\text{MN} \cdot (\text{m/s})^{-1} \approx Z/2$，$t_{c-eq} = 1.04\text{ms}$；

③ $\delta_{c-r} = 20\text{cm}$，$k_c = 925\text{MN/m}$，$Z_c = 1.92\text{MN} \cdot (\text{m/s})^{-1} \approx Z/4$，$t_{c-eq} = 2.08\text{ms}$。

图 6-5 桩端应力随锤的落距变化

由图 6-5 的典型计算比较曲线可见，因持力层阻抗 Z_b 不变，桩身截面阻抗 Z 相较于持力层阻抗 Z_b 越小，桩端或桩端附近的压应力 σ_b 放大越显著。当然，也同时看到了"重锤低击"对减弱桩身压应力的效果。

值得一提的是，当 $t_{c-eq} \ll H_r/c_r$（轻薄砧座和/或薄锤垫）时，Z_c 可近似按桩身阻抗 Z 取值，计算结果将偏于安全。这一点很容易理解，因为轻薄的替打-缓冲组合体不论从质量上还是时间尺度（应力波通过时间）上基本可忽略不计。

6.4 桩身损伤或失稳的案例

6.4.1 预应力管桩桩身受拉和受压损伤

某特大桥采用预应力管桩基础，代表性的地质钻孔描述为：深厚软土（填土、淤泥、淤泥质土等）层厚 15～20m；粉质黏土层厚 3～5m。下部岩土层一般为细砂或砾砂、卵石层（夹粉质黏土层）厚约 2～10m；以下为全-强-中风化花岗岩（部分钻孔揭露为全—强风化流纹斑岩）。

采用 20t 液压锤对 PHC1000AB（140）和 PHC600AB（130）两种规格的管桩施打，设计要求桩端持力层为强风化岩，锤落距分别为 0.6m 和 0.3m。沉桩后抽检发现部分直径 1000mm 规格的管桩桩身出现裂缝，而直径 600mm 规格的管桩却未发现。故按以下相近条件：

① 3 节桩、桩长 31～36m，锤重/桩重比 α_{rp}＝0.55～0.64；

② 接近桩底标高出现沉桩困难采取了引孔措施，引孔深度大致在 0.5～3.0m；

③ 收锤贯入度为每 10 击 20～75mm。

挑选 5 个墩位的 18 根 1m 直径管桩统计分析，有 7 根桩孔内摄像发现桩身环状开裂，其中 6 根桩的裂缝位于桩身的中、上部，应判为拉应力裂缝。但有 1 根桩在距桩底 5m 和 6m 处的桩身发现了张开型横向裂缝，该桩桩长 34m，引孔深度 2m，收锤最后三阵的每 10 击贯入度为 20mm＋20mm＋20mm，是所列举"开裂桩"中最小的，故推定桩端附近损伤的主因是压应力放大，损伤形式为桩端基岩面反力分布不均，桩下部受压偏心而出现桩身压弯开裂。本例限制拉应力的措施应以控制桩在易打阶段的落距和缓冲垫为主，因为 α_{rp} 并非异常低值。

6.4.2 钢桩桩端部屈曲失稳

通常认为钢桩耐打性好，桩帽与桩之间可不设桩垫，锤、桩撞击属于"硬碰硬"。图 6-6 展示的桩端部屈曲失稳案例源自香港葵涌集装箱码头的沉桩施工。该工程的主要桩型为外径 1000mm，壁厚 16mm 和 19mm 两种规格的钢管桩。该场地的主要岩土层为深厚海相软黏土层、冲积粉质黏土夹砂层和强风化花岗岩，基岩顶板标高的高差达 40m。在基岩埋深浅的区域，桩按端承型桩设计，沉桩过程中，桩尖未及基岩时采用低能量施打，桩尖碰到基岩后采用正常能量施打，且容易达到每击贯入度 2mm 的收锤要求。虽然采用 DLT 进行了缺陷桩检测，但根据发生和未发生桩端弯曲或弯扭失稳桩的检测波形对比，两者的波形特征差异并不明显。

图 6-6 钢管桩桩端弯曲或弯扭失稳后拔出展示（桩端遇强风化花岗岩）

图 6-7 H 型钢桩桩端弯扭失稳后拔出
（桩端遇石灰岩）

图 6-7 为 H 型钢桩桩端碰到石灰岩从而发生桩端弯扭失稳的照片。类似情形也在桩端持力层基岩面局部起伏大、岩基埋深浅的薄壁钢管桩锤击沉桩中发现，随着桩底部桩身屈曲失稳范围扩大，连续监测信号表现出桩长越打越短，桩顶下沉的同时还伴有明显旋转。

补充强调：用一维纵波理论计算的桩身压应力放大，直接关系到桩身的正截面受压承载力是否超过材料强度，但与更危险的钢桩弯曲、弯扭失稳非同一机制，需结合设计、施工方案才能预警。薄壁钢管桩、H 型钢桩的桩端为基岩时，应采用相对宽松的收锤标准。当然，混凝土实心桩同样会出现桩端压应力放大导致的破损，如喀斯特、花岗岩球状风化地貌遇到严苛的收锤标准打烂桩尖，桩端侧移或局部偏压导致桩身弯折破坏。泥面以上或软弱土层中的桩段长、细、柔，打斜桩或水上打桩船晃动，容易出现桩身压弯失稳。

6.5 各种打桩应力预估方法的实测信号验证

6.5.1 波动方程分析与实测信号验证

波动方程分析时常与桩的可打性分析混为一谈，属于桩基施工组织设计阶段的工作。它根据已知的地层结构、备选的各种锤型和桩型，对锤-替打-桩-土整个系统按较为细致的几何（或时间）尺度划分单元，选用能比较真实反映各单元力学行为并保证各单元相互协调的数学描述建立单元模型，通过波动方程数值计算达到：①桩在穿越和进入不同岩土层时的静阻力和贯入阻力（承载力和锤击数）的关系，以评估打桩锤的沉桩能力。②发现打桩引起的极端或危险桩身应力。③发现替打、缓冲垫性能对前两种效果的影响。④考虑并量化触变、挤密、剪胀、固结等效应在沉桩过程中对土的强度影响，预估桩的长期承载力。

下面根据 1 根 36m 长的 PHC500(125) 管桩打桩跟踪监测至入土深度 34m 的实测信号，采用波动方程分析进行"事后"验证。该桩附近地质钻孔揭示：填土，厚约 2.5m；粉细砂，松散，厚约 13m；淤泥，流塑，厚约 16m；桩端持力层为全-强风化花岗片麻岩，岩芯呈土状-硬土状。

采用单作用液压锤沉桩，锤芯质量 $m_r = 16t$，收锤时锤芯的落距按 0.6m 控制。通过图 6-8（a）实测信号自动拟合分析确定的桩承载力为 3650kN，其中桩侧、桩端静阻力分别为 680kN 和 2970kN，并以此作为波动方程分析时桩侧和桩端静阻力的设定值。波动方程分析采用的其他锤-替打-桩-土模型参数设定如下：

（1）16t 锤参数：效率 $\eta = 93\%$，几何尺寸（长×宽×高）为 0.88m×0.88m×2.63m，波速 $c_r = 5120m/s$，阻抗 $Z_r = 31125kN \cdot (m/s)^{-1}$。

（2）替打-缓冲组合体：尼龙锤垫，模量 $E_{c-r} = 3500MPa$，厚度 $\delta_{c-r} = 210mm$，恢复系

图 6-8 液压锤初打、波动方程分析和自落锤复打波形

（a）16t 液压锤初打；（b）波动方程分析；（c）8t 锤 4d 后复打

（实测信号、波动方程分析均由顺德工程检测中心提供）

数 $f_{cor}=0.9$；替打质量 $m_c=1300$kg；纸板类桩垫，模量 $E_{c-p}=600$MPa，估计经反复锤击后的厚度 $\delta_{c-p}=50$mm，$f_{cor}=0.7$。

（3）桩参数：弹模 $E=42420$MPa，波速 $c=4000$m/s，阻抗 $Z=1562$kN·(m/s)$^{-1}$。

（4）主要土参数：最大弹性变形值 s_q，桩侧取 2.5mm，比实测信号拟合时的赋值低近 3 倍；桩端取 15.0mm，比实测信号拟合时的赋值高 36%。阻尼波动方程建模分析采用了 Smith 形式的阻尼 J_s，其中桩侧、桩端分别为 0.8s/m 和 1.0s/m；实测信号拟合采用的 CASE 无量纲阻尼 J_c，桩侧、桩端分别为 0.345 和 0.486，换算成 Smith 形式的阻尼 J_s 分别为 0.76s/m 和 0.25s/m。

由图 6-8 (*b*) 的计算波形可见，波动方程分析给出的桩顶力和速度波形与实测信号的形态基本一致。尽管如此，有必要对数值计算模型及其参数的不确定性做如下补充说明：

除自由落锤可以认为桩锤效率 $\eta = 100\%$ 外，正常沉桩情况下的冲击打桩锤效率一般小于产品说明书中的标称值（不含操控、维保不当）。一些资料文献结合现场打桩经验给出了不同锤型的工作效率或变相的锤型系数，没有厘清替打-桩-土的相互作用影响，建议不要为其所惑。打桩锤的效率等于锤芯即将发生接触撞击瞬时的最大动能与额定能量的比值。

对于木板、纸板类桩垫，一维平面应变条件下的压力-变形曲线属于递增硬化型，如图 6-9 中的虚线所示。波动方程分析建模时，通常按图 6-9 中的实线对非线性压力-变形曲线进行线性化处理，将递增模量近似用割线模量 $E_{c\text{-}p}$ 代替，再利用恢复系数 f_{cor}，进一步计算得到卸载模量为 $E_{c\text{-}p} \times f_{cor}^{-2}$。由于纸板、木板等桩垫反复锤击后变"硬"，厚度变薄，滞回曲线包围的面积变小，故建议按预计的峰值压力水平，用压力机对桩垫进行次数尽可能多的反复压缩试验，以便获得这类材料真实的递增硬化和滞回耗能性状。桩垫模量越低，缓冲锤击力幅值效果越明显，但因为木板、纸板类桩垫的恢复系数较小，滞回曲线包围的面积较大，表明软垫的塑性变形能占总输入锤击能量的比例增大。按图 6-9 的加载 OA、卸载 AB 直线型压力-变形曲线，对于恢复系数和厚度均相同的两种桩垫，若模量相差 N 倍，在相同的桩垫受压强度下，低模量桩垫吸收的变形能是高模量桩垫的 N 倍，塑性变形的损耗也如此，十分可观。

图 6-9 木板、纸板类桩垫压力-变形曲线

除细长锤外，锤的阻抗 Z_r 明显大于桩的阻抗 Z 属于常见情况。打钢管桩时，替打-缓冲组合体的阻抗 Z_c 一般介于锤和桩之间；打混凝土桩时，Z_c 一般接近或稍小于 Z，但有时也有用大桩帽套小直径桩的情况。例如在针对图 6-8 (*a*) 的算例中，将替打质量 m_c 由 1300kg 减至 650kg，桩顶锤击力的峰值下降了 1.7%，而桩顶能量输入却增加了 3.9%。

6.5.2 桩身初始撞击力峰值预估

下面利用图 6-8 (*a*) 的实例进行桩身锤击应力预估并与实测值对比。对比计算所用模型参数完全按波动方程分析时的模型参数取值。

(1) 锤垫刚度 $k_{c\text{-}r}$ 和桩垫刚度 $k_{c\text{-}p}$ 分别按以下公式计算：

$$k_{c\text{-}r} = \frac{E_{c\text{-}r} \cdot A_{c\text{-}r}}{\delta_{c\text{-}r}} = \frac{3500 \times 10^6 \times 0.7744}{0.21} = 12907 \text{kN/mm}$$

$$k_{c\text{-}p} = \frac{E_{c\text{-}p} \cdot A_{c\text{-}p}}{\delta_{c\text{-}p}} = \frac{600 \times 10^6 \times 0.1473}{0.05} = 1768 \text{kN/mm}$$

(2) 由于钢质替打的厚度为 100mm，可认为其抗压刚度 k_{st} 远大于缓冲体（锤垫与桩垫

串联）的刚度 k_c，故替打-缓冲组合体的抗压刚度 k_{ass} 可近似按缓冲体的刚度 k_c 赋值：

$$k_{ass}=\frac{k_c \cdot k_{st}}{k_c+k_{st}}\approx k_c$$

k_c 则由下式计算：

$$k_c=\frac{k_{c\text{-}r} \cdot k_{c\text{-}p}}{k_{c\text{-}r}+k_{c\text{-}p}}=\frac{12907\times1768}{12907+1768}=1555\text{kN/mm}$$

（3）替打-缓冲组合体的阻抗 Z_c 分别按式（6-1b）和式（6-1c）计算：

$$t_{c\text{-eq}}=\sqrt{\frac{m_c}{k_c}}=\sqrt{\frac{1300}{1555\times10^6}}=0.9143\text{ms}$$

$$Z_c=k_c \cdot t_{c\text{-eq}}=1555\times10^6\times0.0009143=1422\text{kN}\cdot(\text{m/s})^{-1}$$

（4）桩身初始撞击力峰值计算。由于等效时间 $t_{c\text{-eq}}>H_r/c_r=0.5137\text{ms}$，于是按式（6-2$a$）计算得到桩身初始撞击力峰值等于 4705kN，其中锤芯的初始撞击速度 $V_0=3.307\text{m/s}$ 是按桩锤的落距 0.6m、效率 93％计算得到的。

与实测的桩顶锤击力峰值 4124kN 相比，本计算偏高 14％。当然，如果期望两者接近，可以适当调低桩垫模量的估值，因为对于纸板桩垫，模量取 600MPa 确实偏高，当其降幅接近 1 倍时计算力峰值才低于实测值。不过笔者认为：从切合工程实际的视角来看，这种调节意义不大。比如，缓冲垫割线模量近似与递增硬化特性的差异、锤头与锤垫的接触受力面积、桩垫厚度随锤落距变化和锤击次数的不确定，锤垫刚度计算的偏差，桩锤实际效率设定的依据（$\eta=93％$ 是某生产厂家用于衡量单作用液压锤工作状态是否正常的限值）等。

6.5.3 无替打条件下桩身初始撞击力峰值预估

显然，这里针对的是采用自制自由落锤进行的基桩动力载荷试验。需要分析验证的对象相关资料和数据已在图 6-8（a）的试桩初打案例中描述，不同之处是下面针对的是 4d 后采用 8t 自由落锤的复打信号，如图 6-8（c）所示。

8t 锤的锤高 $H_r=1.7\text{m}$，正方形横截面积 $A_r=0.64\text{m}^2$，锤的阻抗 $Z_r=25625\text{kN}\cdot(\text{m/s})^{-1}$。锤的落距记录不详，凭回忆落距较高。采用实测力冲量 $I(t_u)=42.9\text{kN}\cdot\text{s}$ 反算锤的撞击初速度 $V_0=5.363\text{m/s}$，相当于落距 1.47m。试验时桩顶铺设 3 层胶合板，初始厚度约 50mm。曾经使用压力机对胶合板进行了 10 次循环分级压缩试验，由第 10 次循环加载的压力-变形滞回曲线得到恢复系数 $f_{cor}\approx0.8$、锤垫割线模量约 100MPa；根据同样规格桩采用同一锤击设备的动载试验经验，锤垫经 2～3 次锤击后压密变薄，厚度减小三分之一。

打桩分析建模时，自制自由落锤试桩设备与定制锤击沉桩施工设备两者的主要差别体现在替打-缓冲组合体。自落锤时的替打-缓冲单元是超薄、无质量的，锤（桩）垫可视为无质量弹簧，向下可与桩顶以下的一部分自由桩段组合，成为锤垫-桩头组合单元；若锤非细长锤，也可向上与锤体组合成为"弹簧锤"单元，此时锤垫已被锤体组合成了弹簧锤，则式（6-2）中的 Z_c 应取为 Z（相当于锤垫不存在）。此两种组合模式实质上是将桩头自由段刚度减小或锤的竖向刚度减小折算成相应的阻抗减小。下面取桩垫弹模 $E_{c\text{-p}}=$

100MPa，以两种组合模式分别计算：

（1）考虑桩垫与桩顶部分自由段组合。锤与桩撞击时，所产生的矩形力脉冲时间宽度 $2H_r/c_r=2\times1.7/5120=0.664ms$。取该时段应力波影响桩头自由段的长度为 $c\times(2H_r/c_r)=2.66m$，相应的桩段质量 $m_{p,head}=\rho\cdot A\times2.66=1038kg$，自由段刚度 $k_{p,head}=E\cdot A/2.66=2349kN/mm$。考虑锤击后锤垫压密变薄取 $\delta_{c-p}=33mm$，锤垫刚度 $k_c=E_{c-p}\cdot A_{c-p}/\delta_{c-p}=100\times10^6\times0.1473/0.033=446kN/mm$，则自由段与锤垫组合后的刚度：

$$k_{c,cmb}=\frac{k_{p,head}\cdot k_c}{k_{p,head}+k_c}=382kN/mm$$

利用式（6-1b）计算相应的等效时间：

$$t_{c-eq,cmb}=\sqrt{\frac{m_{p,head}}{k_{c,cmb}}}=1.6484ms$$

利用式（6-1c）计算锤垫-桩头段组合体的阻抗：

$$Z_{c,cmb}=k_{c,cmb}\times t_{c-eq,cmb}=382\times10^6\times0.0016484=630kN\cdot(m/s)^{-1}$$

因为 $t_{c-eq,cmb}>H_r/c_r$，于是由式（6-2a）计算得到初始撞击力值为 4700kN。

（2）考虑桩（锤）垫与锤合并为"组合弹簧锤"。由于桩垫刚度 $k_c=446kN/mm$，比锤的刚度 $k_r=\dfrac{205000\times10^6\times0.64}{1.7}=77176kN/mm$ 低了 173 倍，故组合弹簧锤刚度 $k_{r,cmb}$ 可按 k_c 取值，再参照式（6-1b）计算组合弹簧锤等效时间 $t_{r-eq,cmb}=4.2352ms$。则组合弹簧锤的阻抗为：

$$Z_{r,cmb}=k_{r,cmb}\times t_{r-eq,cmb}=446\times10^6\times0.0042352=1889kN\cdot(m/s)^{-1}$$

由于锤垫弹簧已与锤组合为一体，替打单元已不存在，式（6-2a）中的替打-缓冲体单元的阻抗 Z_c 被桩阻抗 Z 取代。于是由式（6-2a）计算的初始撞击力值为 4585kN。在替打质量为零的自由落锤场合，此种组合弹簧锤方式可理解为锤垫改变了锤与桩的阻抗匹配。

上述两种组合模式计算的初始撞击力值与实测结果基本吻合。再回顾第 6.5.1 和 6.5.2 节，初打条件下的波动方程分析验证和公式（6-2）计算，两者得到的初始撞击力值同样与实测值吻合较好。这其中的原因是：打桩穿越正常地层且未出现沉桩困难，初始撞击力受桩侧土阻力特别是桩深部的岩土阻力影响很小，而主要受替打-缓冲组合体建模的合理性、锤芯接触撞击初始状态能否准确把握的影响。因此式（6-2）虽未考虑打桩阻力影响，其计算结果仍与波动方程分析接近。确实，两种计算方法在替打-缓冲组合体建模的模型参数取值上基本一致；但同时要强调，当桩较短或桩浅部有硬壳层时，式（6-2）应慎用。

6.5.4 基于实测信号的桩身控制应力分析计算

1. 常规的桩身控制拉应力搜寻模式

混凝土桩需要控制桩身拉应力的幅值。常规的桩身拉应力搜寻模式即为简化公式（5-15a）代表的反向模式。根据图 6-8（a）实测信号判断，桩底虽然有正向拉力波反射，但 $F_u(t_1+2L/c)\approx0$，意味着采用式（5-15a）反向模式搜寻桩身拉应力已无意义。$F_u(t_1+2L/c)$ 非负值说明这种情况下打桩总阻力 $R_T(t_1+2L/c)$ 不会低于入射压力波 $F_d(t_1)$。

虽然入射压力波向桩底传播过程中幅值逐渐衰减，但传至桩底的入射压力波幅值仍大于端阻力反射波的幅值，故毫无疑问桩底将伴生出反射拉力波。通常在多数情况下，打桩侧阻力的发挥值是上弱下强，且如果在一个完整的 $2L/c$ 发挥行程上没有明显突变，桩底反射拉力波在上行途中与不断下行的入射压力波相遇叠加，在桩身不出现净拉应力。但是，当桩侧土的动态力学性质随深度变化悬殊，如遇较厚硬壳层分布的场地，处于软弱土层中桩身部位有可能出现净拉应力，且轻锤高击时更危险。

这里还要强调，式（5-15a）属于不计打桩侧阻力波影响的近似公式，严谨的桩身净拉力计算应计入 $\Delta R_x = R_{skn,i,0\to x} + R_{skn,r,x\to 0}$ 的影响，即采用式（5-15e）。因为 ΔR_x 一般大于零，可知按近似公式（5-15a）计算的桩身拉应力偏低，不安全。不过，通过对图6-8（a）实测信号的原始数据搜寻发现，桩身力值出现最低值的部位接近桩顶，x 在 $0\sim L$ 搜寻范围内始终保持 $F_d\left(t_1+\dfrac{2L-2x}{c}\right)-\Delta R_x \geqslant 0$ 成立，表明时刻 $t_1+\dfrac{2L}{c}$ 以前，桩身未出现净拉应力。

2. "二次入射拉力波"情况下桩身拉应力的分析估计

（1）考察图6-8（a）波形在时间大于 t_1+2L/c 发生的情况，清晰可见"二次入射拉力波"的现象：桩顶出现入射拉力波的持续时间较长，在入射拉力波峰值时刻 t_{2nd} 前约3ms，桩顶入射拉力波已接近峰值，根据波形的直观，从 t_{2nd} 以前约28ms至 $t_{2nd}+2x/c$，整个桩身处于长时间卸载回弹状态。注意，图6-8（a）仅标识了深度 x 接近桩底时桩身可能出现最不利拉应力值的特征点。t_{2nd} 时刻桩锤与桩顶（包括替打）处于短时脱离接触的状态，入射拉力波 $F_d(t_{2nd})$ 基本维持最大值，而反射波 $F_u(t_{2nd}+2x/c)$ 趋于零，两者之和的绝对值（拉力）达到最大。当然，时间超过 $t_{2nd}+2x/c$ 后反射波幅值还在进一步减小（负值），但已超出了以图中 t_{2nd} 为起点的正向搜寻时间限 $t_{2nd}+2L/c$。

根据对桩周土阻力发挥性状的认知习惯，桩回弹时的桩周土阻力发挥性状属于卸载。若采用正向搜寻公式（5-15f）计算桩身净拉力值，关键是如何合理估计 $0\to x$ 入射行程侧阻力波 $R_{skn,i,0\to x}$ 和 $x\to 0$ 反射行程侧阻力波 $R_{skn,r,x\to 0}$ 的幅值或两者的代数和。假设 $0\to x$ 入射和 $x\to 0$ 反射两个行程上侧阻力波幅值的代数和 $\sum R_x = R_{skn,i,0\to x} + R_{skn,r,x\to 0} = 0$（注：$\sum R_x$ 和 ΔR_x 表达式虽相同但从属不同方向的搜寻模式），计算得到 $t_{2nd}+x/c$ 时刻接近桩底 x 深度处的桩身拉力为 $-700+0+0=-700$kN（$\sigma_t=4.8$MPa）。上述假设导致粗糙的计算结果，因为 $(0\to x)+(x\to 0)$ 全程的 $\sum R_x$ 明显不等于零，而且，如果侧阻力由卸载到零再转变为负向则 $\sum R_x < 0$，还将高估桩身拉应力，看来正确估计 $\sum R_x$ 的数值确有难度。作为比较，它毕竟和以 $F_d(t_1)$ 为基准的正向搜寻方式不同——此方式相对简单，$0\to x$ 行程的起点时刻 t_1 标志着侧阻力从桩顶 $x=0$ 开始正向激发，且随着入射波下行深度 x 的增大而增大，只要搜寻深度 x 不超过桩长、该深度侧阻力不发生卸载，则对于 $0\to x$ 入射和 $x\to 0$ 反射两个行程，行程距离同为 x、历时分属 $t_1\sim t_1+x/c$ 和 $t_1+x/c\sim t_1+2x/c$ 两个时段的侧阻力波幅值的代数和 $\sum R_x$，尚可用下式近似计算：

$$\sum R_x \approx 2F_u(t_1+2x/c)$$

可以想见，上式适用的深度范围 x 或时间长度 $2x/c$ 也有限，对因轻锤或长桩、突变增强侧阻力等导致的 t_1+2x/c 时刻前发生卸载均不成立；另外，上式要变成等式还要附

加 $R_{skn,i,0 \to x}$ 与 $R_{skn,r,x \to 0}$ 相等（对称）的更严苛条件。再回头审视 $t_{2nd} > t_1 + 2L/c$ 的正向搜寻，这绝非一个只需增加考虑 $t_{2nd} + (2x-L)/c$ 时刻桩底反射波对 $F_u(t_{2nd}+2x/c)$ 干扰的问题。将式（5-15f）中的 t_1 用 t_{2nd} 替换，用下式对 $t_{2nd}(t_{2nd} > t_1 + 2L/c)$ 时刻以后的桩身拉力正向搜寻：

$$F\left(t_{2nd}+\frac{x}{c}\right) = F_d(t_{2nd}) + F_u\left(t_{2nd}+\frac{2x}{c}\right) - (R_{skn,i,0 \to x} + R_{skn,r,x \to 0}) \tag{6-5}$$

如上述，看似简单的式（6-5）其实搜寻机理很复杂，这主要是处于卸载行程前期 $(t < t_{2nd})$ 的侧阻力发挥状态和 $t_{2nd} + (2x-L)/c$ 时刻的桩底反射与 $R_{skn,r,x \to 0}$ 的交互影响均很难通过逻辑推理进行准确识别：

① 桩侧阻力处于卸载状态时，动、静阻力的耦合本身就无法识别，此时动阻力为负；但静阻力的大小就和土的卸载特性紧密相关。举例来说，信号拟合建模的卸载弹性限 s_{qu} 越小，静侧阻力卸载越快，卸载水平 U_{NL} 越高，卸载静阻力变为负阻力的绝对值越高。如果假设桩侧的动、静阻力不发生耦合，即假设卸载状态下桩侧动阻力（负向）为常数，那么上述桩侧静阻力的强卸载特性将导致潜在的桩身拉应力幅值下降。

② $R_{skn,r,x \to 0}$ 上行侧阻力波发挥值不仅与前期的 $R_{skn,i,0 \to x}$ 下行侧阻力波有关，也受 $t_{2nd} + (2x-L)/c$ 时刻桩底反射波的叠加影响，尽管式（6-5）并不显含该桩底反射。桩端支承在坚硬基岩时，桩的强烈反弹对在同一个行程的 $R_{skn,r,x \to 0}$ 上行波的发挥值影响显著。

（2）下面借用图 6-8（a）实测信号，尝试一下靠"一连串假设"才勉强完成的"二次入射拉力波"分析过程：

观察图 6-8（a）的桩顶实测波形，$t_{2nd} \sim t_{2nd} + x/c$ 桩顶卸载回弹明显，而 $t_{2nd} + x/c \sim t_{2nd} + 2x/c$ 由于受锤的二次撞击，卸载回弹现象明显减缓，且 $F_u(t_{2nd}+2x/c) = 0$，此后桩顶由回弹转为下沉。由于桩身回弹顺序是自下而上，因此近似将 $(0 \to x)+(x \to 0)$ 全程发生卸载的终点值（边界条件）就是 $F_u(t_{2nd}+2x/c)$，且由实测 $F_u(t_{2nd}+2x/c) = 0$，推断 $R_{skn,r,L \to 0}$ 与桩底反射波（含桩端阻力）$F_{u,b}\left(t_{2nd}+\frac{2x-L}{c}\right)$ 在桩顶的叠加影响为零，即 $R_{skn,r,L \to 0} = -F_{u,b}\left(t_{2nd}+\frac{2x-L}{c}\right)$。又因为桩底不能承拉：

$$F_{d,b}\left(t_{2nd}+\frac{2x-L}{c}\right) + F_{u,b}\left(t_{2nd}+\frac{2x-L}{c}\right) \geqslant 0$$

则由本例的桩底入射波 $F_{d,b}\left(t_{2nd}+\frac{2x-L}{c}\right) < 0$，可知 $F_{u,b}\left(t_{2nd}+\frac{2x-L}{c}\right) > 0$。考虑到 x 比较接近桩底，近似取 $R_{skn,r,x \to 0} \approx R_{skn,r,L \to 0}$，则至少可以得到 $R_{skn,r,x \to 0} \leqslant 0$ 的结论。

接下来，卸载过程 $R_{skn,i,0 \to x}$ 的起点值（边界条件）$F_d(t_{2nd})$ 所受的影响，可概述为受 t_{2nd} 前期 $t_{2nd} - L/c \sim t_{2nd}$ 时段、$L \to 0$ 行程上的桩底反射波（含桩端阻力）$F_{u,b}(t_{2nd} - L/c)$ 和桩侧阻力反射波的耦合影响。观察桩顶实测波形发现，t_{2nd} 时刻锤与桩顶短暂脱离了接触，表明 $F_d(t_{2nd}) \approx -F_u(t_{2nd})$；另根据桩侧阻力发挥的机制，侧阻力波 $R_{skn,i,0 \to x}$ 的幅值绝对值不可能超过入射拉力波 $F_d(t_{2nd})$ 幅值绝对值的 2 倍。又根据实测波形分析，从 $t_{2nd}+x/c$ 开始桩顶受到二次撞击，桩顶入射波从拉力波变成了压力波，可推断 $(0{\to}x)+(x{\to}0)$ 全程卸载的大部分发生在 $0{\to}x$ 行程，而包含桩底反射波耦合影响在内的 $R_{skn,r,x{\to}0}$ 影响相对小，可假定其为零。这样，针对 $t_{2nd}+2x/c$ 特征点的 $\sum R_x = R_{skn,i,0{\to}x}+R_{skn,r,x{\to}0}$ 估值范围如下式：

$$-2|F_d(t_{2nd})|\leqslant \sum R_x \leqslant 0$$

由式（6-5）计算得出桩身 x 深度处的力值 $F(t_{2nd}+x/c)$ 估值范围是 $-700{\sim}590$kN。

这里需要补充说明，该计算结果隐含表示了桩侧阻力在整个卸载过程中，先是逐渐下降至零，然后进一步卸载转变为负值（负阻力）。至于是否产生桩侧负阻力，尚缺乏严密的证据支持，只是根据信号反映的强端承特征和速度波形反映出的长时段桩顶回弹且回弹量较大（贯入度较小），大体得出该分析模式相对合理的结论。总之，将上述分析过程和思路凝练成具有一定实用价值的方法，还为时过早。

（3）接下来看一下浅部桩身的拉力。仍以 t_{2nd} 为起始时刻，取 x 等于 6.0m 和 12.0m 为核算深度，考虑到图 6-8（a）初打桩的中、上部土层的土质条件较差，忽略 $(0{\to}x)+$ $(x{\to}0)$ 全程侧阻卸载影响，桩身拉力的估计值分别为 $-700+565=-135$kN 和 $-700+$ $465=-235$kN。受 t_{2nd} 时刻前后较长时段入射拉力波导致桩的显著反弹影响，桩浅部范围的侧阻力也应表现为强烈卸载，从而出现 $\sum R_x$ 由正转负的状态，也就是说，上述桩身浅部拉力的估值已属高限，偏于安全。从深、浅部位不同的两种桩身拉力计算条件判断，浅范围计算结果的可信度相对较高，因为在时间超过 t_{2nd} 后，安装在桩顶下 2m 处的传感器测点都已感受到了明显的拉力。

6.6 试打桩与打桩过程监控

试验目的为确定预制桩打桩过程中的桩身应力、沉桩设备的匹配能力和选择桩长时，应进行试打桩与打桩过程监控。试打桩与打桩过程监控是信息化施工不可缺少的重要环节，它可以减少打桩破损率和选择合理的桩入土深度（或收锤标准），实际起到了控制沉桩质量进而提高沉桩效率的作用。在我国陆域锤击沉桩施工中，尤其是软土地区长桩、超长桩施工，打桩监控还没有引起足够的重视，等到事后检测发现质量问题再回头处理时，大大增加了工程造价和拖延了工期。

打桩全过程监测是指预制桩锤击沉桩开始后，从桩锤常态施打（柴油锤是正常爆发起跳）直到收锤为止的全过程测试。

6.6.1 试打桩

试打桩其实是为设计提供依据的锤击试验桩。试打桩与打桩过程监控的监测（包括成果分析手段）并无两样，只是试打桩通过监测及其成果分析，尚要回答在所选桩型及其匹配的沉桩设备和操控流程明确的前提下，暂定的桩底标高或桩端持力层，再通过休止一定时间后的复打，确定桩的轴向受压承载力的时间效应，并最终提供初打结束时的适宜收锤标准。因此，针对试打桩的独特之处，引述相关技术标准[59] 提出如下关注：

（1）以选择工程桩的桩型、桩长和桩端持力层为目的的试打桩，应重点关注以下两方面要求：一是试打桩位置的岩土工程条件应具有代表性；二是在试打桩过程中，应按桩端进入的土层逐一进行测试；当持力层较厚时，应在同一土层中进行多次测试。

（2）桩端持力层应根据试打桩的承载力与贯入度的关系，结合场地岩土工程勘察报告综合判定。

（3）采用试打桩判定桩的承载力时，通常情况下对承载力随休止时间增加而增长的估计不宜过高，并应尽量通过复打进行校核；注意复打至初打的休止时间不少于第 5 章表 5-4 给出的时间。

6.6.2 桩身锤击应力监测

1. 桩身锤击应力监测的内容及其需要注意的事项

桩身锤击应力监测包括桩身锤击拉应力和锤击压应力两部分。被监测桩的设计与岩土工程条件应与工程桩相同；施打机械的锤型、落距和垫层材料及状况应与工程桩施工时相同。

为了监测到桩身锤击应力的最大值，重点应落在以下两个环节：一是桩身锤击拉应力宜在预计桩端进入软土层或桩端穿过硬土层进入软弱夹层时测试。一般桩较长、锤击数小，桩底拉力波反射强，尤其桩锤能正常爆发起跳时，打桩拉应力很强。二是桩身锤击压应力宜在桩端进入硬土层或桩周土阻力较大时测试。

2. 桩在容易打入时的桩身锤击拉应力反向搜索模式计算

桩身净拉力计算以 $t_1 + 2L/c$ 时刻的上行波作为比较的基准，为采用以时刻反射波作为比较基准，采用形如式（5-15c）或式（5-15e）的反向搜索计算公式如下：

$$\sigma_t\left(t_1 + \frac{2L-x}{c}\right) = \frac{1}{2A} \cdot \left[F_d\left(t_1 + \frac{2L-2x}{c}\right) + F_u\left(t_1\,\frac{2L}{c}\right) - R_{skn,i,0\to x} - R_{skn,i,x\to 0}\right] \qquad (6\text{-}6)$$

当时间区间 $\left[t_1 + (2L-2x)/c,\ t_1 + 2L/c - t_r\right]$ 内 $F_d(t)$ 大于零（桩顶未出现明显卸载反弹）时，桩顶至深度 x、深度 x 至桩顶依次激发的 x 桩段侧阻力代数和可按下式估算（图 6-10）：

$$R_{skn,i,0\to x} + R_{skn,r,x\to 0} = \Delta R_x \approx 2\left[F_u\left(t_1 + \frac{2L-x}{c}\right) - F_u\left(t_1 + \frac{2L-2x}{c}\right)\right] \qquad (6\text{-}7)$$

上式中，$R_{skn,i,0\to x}$ 和 $R_{skn,r,x\to 0}$ 为 $0 \to x$、$x \to 0$ 行程依次激发的 x 桩段入射和反射侧阻力波。

图 6-10 桩身锤击拉应力计算图示

在 $(0 \rightarrow x)+(x \rightarrow 0)$ 全程所对应的 $2x/c$ 时段，式（6-7）预设的桩顶不出现明显卸载反弹条件，可仿效第 5.1 节用波动力学解释为：在深度 $x'(0<x' \leqslant x)$ 处，$0 \rightarrow x$ 入射轨迹与 x' 相遇点处激发的入射阻力波 $R_{skn,i,x'}$ 不等于 $x \rightarrow 0$ 反射轨迹与 x' 相遇点处激发的反射阻力波 $R_{skn,r,x'}$，这种情况多见于轻锤、窄脉冲造成的桩明显提前卸载反弹，即 $R_{skn,r,x'}<R_{skn,i,x'}$，从而低估 ΔR_x，使计算的桩身净拉应力偏低、不安全。

当 $\Delta R_x \rightarrow 0$ 时，桩身最大锤击拉应力可按式（5-15a）计算。对于预应力桩，桩身净拉应力估计时应扣除桩身已经存在的预压应力。

图 6-11 给出了上海某码头一根单节预制长度为 57m、边宽 600mm 预应力方桩的水上打桩锤击拉应力监测实例。被测桩在预制时施加了 9MPa 的预应力。为了测试桩体吊运和从平放到吊垂直过程中桩身各最大弯矩截面的拉应力以及打桩时桩身的最大拉应力，在桩身不同断面埋设了电阻应变式钢筋计。采用 MH80B 柴油锤施打，动测时传感器安装在桩顶下 8.2m 处。图 6-11 所测的信号是在桩尖未到设计标高、平均单击贯入度约 100mm 时的信号。由实测波形可见，100ms 采样结束时桩的运动尚未停止，按信号结束时刻修正基线，使记录到的测点处最大动位移不到 60mm。此间钢筋计测到的最大拉应力为 8.7MPa。由于泥面以上至测点有近 10m 的自由桩段，泥面下为深厚软土层，采用不计浅部桩侧阻力的公式（5-15b）计算得到的桩身最大拉应力约为 $8 \sim 10$MPa。本例计算为 9.0MPa。由图 6-11 还可看出，虽然测点离桩顶为 8.2m，但直接感受到的拉应力已接近 3MPa（$t_2=t_1+2L/c$ 时刻的拉力值为 1020kN）。直观判断最大拉应力出现位置应在距测点以下不远处，计算结果为测点以下 8.1m（钢筋计离该测点约 2m 远）。显然，如果该桩不施加预应力的话，如此大的锤击拉应力将引起桩身混凝土开裂。此外，该试桩不仅从贯入度，还是从图 6-11 的实测波形上看，都表现出明显的溜桩现象，但因锤的质量远小于桩的质量（$\alpha_{rp}=0.156$），柴油锤能正常爆发起跳，加之桩长较长，进而造成一定强度的入射压力波和反射拉力波的不断交替。

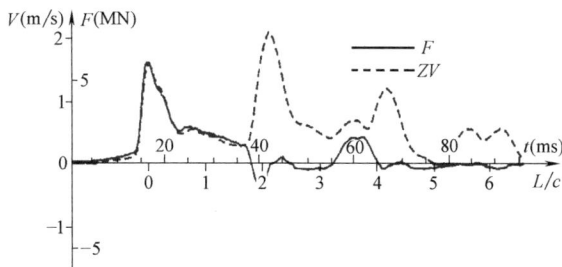

图 6-11　打桩拉应力跟踪监测波形

3. 桩尖未进入或穿透软硬突变土层时的正常打入桩身最大锤击压应力计算

此时最大桩身锤击压应力通常可近似认为发生在桩顶处，即按下式简单计算：

$$\sigma_p = \frac{F_{max}}{A}$$

式中：F_{max}——实测的最大锤击力。

4. 桩端接触硬层或基岩时的桩端压应力计算

当打桩过程中出现贯入度骤减甚至突然拒锤时，应考虑与桩端接触的硬层对桩身锤击压应力的放大作用。打桩过程中出现的打烂桩尖情况，时常和桩端碰到硬层或基岩有关。由于硬层或基岩顶板埋深有起伏，设计和施工虽要求标高和贯入度双控，但具体收锤标准可能刻板地规定为：①当出现桩未打到设计标高但贯入度骤减时，出于确保桩端进入持力层一定深度的考量，仍坚持最后 $1\sim2m$ 的锤击数不得少于某个值，未停锤分析原因继续施打；②采用过高的锤击数控制。例如在珠江三角洲，桩上部土层主要是淤泥和淤泥质土等软土，下伏岩土层依次是残积土、全风化和强风化花岗岩。当残积土或全风化层较薄时，沉桩的总锤击数很少，桩端就已接触到基岩，如果继续施打很可能造成桩端附近的桩身受压破坏。下面用 PC550（100）预应力管桩的锤击实例说明：

施工场地属于花岗岩球状风化地貌，桩基岩土工程条件为：上部为淤泥质黏土，下部为硬塑残积土，桩端持力层为强风化花岗岩。图 6-12（a）是该场地大部分受检桩的代表性动测波形；但有这样一根桩在沉桩过程中没有出现贯入度渐变（总锤击数很少），而是突然出现拒锤并伴有桩顶强烈反弹。仅从图 6-12（b）的动测波形就直观反映出 t_1+2L/c 后强烈的端阻力反射情况，直接看出桩端部位的压应力已超过初始 t_1 时刻的入射压力波幅值，原因分析认为桩端遇到了孤石。注意到 t_2 时刻出现微弱的正向速度窄脉冲反射，估计为前一锤次锤击桩的强烈反弹（拍皮球现象）造成桩底出现脱空间隙所致，因此将 t_1 向右移动约 3ms，将 $x=L$ 代入式（6-6），用下列公式计算桩端压应力放大：

$$\sigma_b\left(t_1+\frac{L}{c}\right)=\frac{1}{2A}\cdot\left[F_d(t_1)+F_u\left(t_1+\frac{2L}{c}\right)-R_{skn,i,0\to L}-R_{skn,i,L\to0}\right] \qquad (6-8)$$

式（6-8）中的 $0\to L$ 入射半程、$L\to0$ 反射半程所激发的桩全程侧阻力可按下式估算：

$$R_{skn,i,0\to L}+R_{skn,r,L\to0}=\max_{t_1<t\leqslant t_1+2L/c-t_r}[F_u(t)]\times2$$

上式中，$R_{skn,i,0\to L}$ 和 $R_{skn,r,L\to0}$ 为 $0\to L$、$L\to0$ 两个半程依次激发的入射和反射侧阻力波。如此计算桩端压应力放大 1.37 倍；若不计全程侧阻，桩端压应力放大高估为 1.7 倍。

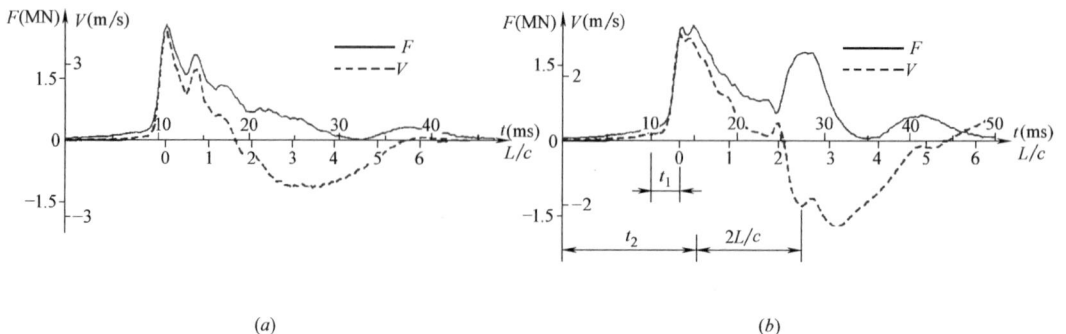

图 6-12 桩身最大锤击压应力出现部位变化
（a）正常收锤 3d 后的复打波形；（b）遇孤石停打 4d 后的复打波形

换一个视角。t_2 时刻后的强端阻反射可定性判断为主要与速度相关的动阻力，不过此动阻力也可视为桩端基岩阻抗增大所引起，而非通常所说的速度相关土阻尼所导致。其实两种考虑方式的结果一样，因为桩身截面阻抗和桩周土阻尼、进而基岩阻抗和基岩材料阻尼，抵抗作用的性质一样，皆为速度型阻抗。有关嵌岩桩桩端动、静阻力分析可参见第 7.3 节。

5. 桩身最大锤击应力控制值应符合有关标准规范的要求

应该认识到，混凝土的动态抗压、抗拉强度一般比其相应的静态强度高，而且动态强度还和加荷速率以及反复锤击的疲劳强度有关。目前某些资料提供的锤击最大拉应力幅值（可能还包括位置）的控制值或估算公式，多带有地域或行业的经验色彩，一般不具普遍适用性。

事实上，影响最大拉应力幅值及其出现位置的主要因素包括：锤击力波幅值低且持续时间长，拉应力就低；打桩总阻力弱，拉应力就强；桩越长且锤击力波持续时间越短，最大拉应力位置就越往下移。但有些因素是交织影响的：沉桩阻力小时桩锤对桩的冲击力幅值随之减小，使反射拉力波幅值也自然降低；桩变长了以后，尽管打桩土阻力很小，但惯性力的平衡作用仍可使柴油锤正常爆发起跳，增大了锤对桩的冲击压应力，从而使反射回来的拉力波相对增强。

6. 二次入射拉力波现象

它与桩容易打入时由桩底反射拉力波造成桩身出现净拉应力的情况相反。此二次入射拉力波的峰值，一般发生在桩顶力边界条件从锤与桩顶接触压力明显卸载开始，直到降为零应力的自由端且持续时间约为 $(1\sim2)L/c$ 的这个过程中。基岩端阻反射引起桩的强烈反弹形成了桩对锤的冲顶作用，使桩顶接触压力迅速下降，直至锤以比桩顶反弹更快的速度跳离桩顶。这种锤与桩顶的接触压力偏低甚至为零的状态，使得接踵而至且幅值仍较高的端阻力反射波在桩顶转化为具有同等强度的二次入射拉力波，当其在入射（下行）途中与后继已趋减弱的反射（上行）端阻力波相遇叠加造成桩身净拉应力值超过混凝土抗拉强度时，则引起桩身开裂。另外，本书中多次提到的"拍皮球"现象可顺带解释如下：通常桩底基本不能承受拉应力，二次入射拉力波传至桩底将反射压力波，加速桩端反弹，使整桩跳离桩底并在桩底形成缝隙。

以往处理混凝土桩桩身拉应力的方法多限于 t_1+2L/c 时刻前的实测波形简单分析，参照基准是 t_1+2L/c 时刻的实测上行力波 $F_u(t_1+2L/c)$；而对于二次入射拉力波的情形，参照基准应该是桩顶出现二次入射拉力波的最大值，然后以该最大值出现的时刻（一般在 t_1+2L/c 附近）为起点，沿时间增加方向搜寻时长不超过 $2L/c$。下面举一个非常罕见的实例。

试桩场地早期是采石场，多年前弃用回填变为养鱼塘。勘察资料显示，该场地填土层厚度 21.5m，其中上部为新近填土，厚度 10.1m，主要为淤泥和淤泥质土，含有机质、腐殖质，呈流塑状；下部为堆填年限超 5 年填土，厚度 11.4m，主要由粉质黏土、粗砂组成，呈松散-稍密状；填土以下为中风化花岗岩。现在该场地拟建仓储建筑，采用桩长 23.5m、直径 1.7m 的冲孔灌注桩。为防止塌孔，基岩面以上填土层采用壁厚 10mm 的钢护筒护壁，桩端嵌入基岩 1 倍径。DLT 试验采用 40t 锤，分落距 0.6m 和 1.1m 两次锤击。由图 6-13（a）波形，桩顶最大正向动位移仅为 5.9mm，但负向最大动位移竟达 -11.3mm，且至信号采样结束时的最终位移仍有 -7.4mm，足见信号采样时段的"拍皮

(a)

(b)

图 6-13 嵌岩桩"拍皮球"现象的示例与分析

(a) 第 2 次锤击,落距 1.1m;(b) 第 1 次锤击,落距 0.6m

(实测信号由广东省建筑科学研究院提供)

球"现象之明显。因此,从波形整体形态结合桩周岩土工程条件和桩的几何特征判断,该桩为强端承桩,可忽略桩侧阻力影响。下面跟随着图 6-13 (a) 的①~⑥ 时间标记,对"拍皮球"现象进行波动力学分析:

(1) 时刻①表示锤和桩顶发生几毫秒的短暂脱离接触,原因是锤重略感偏轻($\alpha_{rp}=$ 0.3),锤与桩发生撞击后很快卸载(荷载作用时间短),虽然此时桩顶也已开始感受到嵌岩段侧阻或基岩端阻反射波的影响而回弹,但并不能使桩顶和锤以保持接触的方式同步反弹。因锤的反弹速度大于桩顶反弹速度,故两者产生短暂的脱离接触。

(2) 时刻②不仅与二次入射拉力波的最大幅值时刻 t_{2nd} 相对应,也是最强基岩阻力反射并引起桩剧烈反弹的时刻,桩头以更快的速度追上低速反弹的锤芯,对其实施强烈冲顶。与现场试验的锤落距 1.1m、桩顶最大速度值 1.21m/s 相比,时刻②实测桩头对锤冲顶的初速度为 -1.6m/s,若折算成锤体的回跳高度也就 0.15m,反差的确不小。其实,如果将自由落锤换做质量较轻、无支撑刚度的"桩",而将桩-土系统换做质量很大、具有较强上推力(形容桩周土卸载刚度)作用的"重锤",这个反差就淡化了,这时的"锤重/

桩重比"是 3.3。

（3）时刻③既是桩对锤冲顶作用结束的终点，又是锤与桩顶脱离接触的起点，此刻桩顶回弹速度 $V_③=-0.91\text{m/s}$，表明锤将以比 $V_③$ 更快的速度跳离桩顶，待其再回落到桩顶原位对桩实施二次撞击，至少是 185ms 以后（根据桩顶对锤的冲顶初速度 -1.6m/s，估计锤的实际回跳高度约 0.15m）。所以从时刻③起，信号时程曲线已不存在锤对桩的作用信息。另外，时刻③附近出现了第三次入射拉力波的峰值，若用符号 t_{3rd} 代表该值对应的时刻，则在 $t_{3rd}\sim t_{3rd}+2L/c$ 时段搜寻到的桩身拉应力值低于 $t_{2nd}\sim t_{2nd}+2L/c$ 时段搜寻到的桩身危险拉应力值，但需要明示，这并不能排除 $t_{3rd}+x/c$ 时刻、x 深度处桩身受拉开裂的可能。

（4）时刻④是二次入射拉力波搜寻模式下，在 $t_{2nd}\sim t_{2nd}+2L/c$ 时间范围内找到的桩顶上行波最低值。不计 $\sum R_x=R_{skn,i,0\to x}+R_{skn,r,x\to 0}$ 的影响，利用式（6-5）计算桩身极端拉力值为 -12.5MN（$\sigma_t=5.5\text{MPa}$），对应深度 x 在桩的中下部。即使基岩面以上的钢护筒能与桩身混凝土协调工作，但如此高的拉应力水平，桩身难免受拉开裂。这里需要补充说明，根据桩的强烈"拍皮球"反弹现象判断，桩侧阻力发挥状态已从逐步卸载减小转变为负向，如果考虑 $\sum R_x$ 的修正，估计填土层范围的 $\sum R_x$ 在 $-2\sim-4\text{MN}$ 之间，计算桩身拉应力幅值的绝对值将比不考虑 $\sum R_x$ 修正时下降 $16\%\sim32\%$。然而，从波形形态并结合桩侧土与桩身两者竖向刚度相差悬殊的程度判断，桩侧负阻力对降低桩身危险拉应力幅值的作用确实有限。

（5）时刻⑤表示 t_{2nd} 入射拉力波在 $2L/c$ 后以压力波的形式返回桩顶，表明桩底不能承受拉力，这与实际测试发现的强烈"拍皮球"现象以及桩的嵌岩深度浅吻合。如果对②～⑤时段的入射-反射解释是合理的，那么可否以第三次入射拉力波峰值对应时刻 t_{3rd} 为起点，将③～⑤时段的入射-反射推测为桩身中下部的混凝土已开裂。支持这种推测的理由是：钢材与混凝土的受拉变形能力相差悬殊，开裂截面的钢筋和钢护筒只能起到有限的拉力分担作用，因此入射拉力波在开裂截面部位仍反射压力波。

（6）时刻⑥出现了幅值较低的入射压力波，根据其后出现的速度波形判读，高度怀疑是桩中部偏下部位桩身开裂截面的多次反射，理由是时刻①以后桩顶一直是持续的拉力波入射，受拉裂缝无法闭合。不过也有遗憾，时刻⑥出现的入射压力波与时刻⑤出现的入射拉力波，两者之间的关联性尚不清晰。

再来比较一下图 6-13（b）的第一锤低落距信号。信号同样存在"拍皮球"和二次入射拉力波现象，不过由于应力波的幅值较低，桩身受拉开裂的迹象不明显，整桩反弹趋势不如第二锤信号强烈，而且第二锤的波形也未显现出先前桩身开裂和桩底缝隙的明显迹象。于是有个疑问，如果还有第三锤信号，是不是应该测到第二锤出现的桩底缝隙和桩身受拉裂缝？答案是不确定。因为第二次锤击时锤的回跳高度较大，下落后再次对桩撞击可能使桩底缝隙和桩身裂缝部分甚至完全闭合。

图 6-13 的案例其实与图 6-12（b）的案例属于同一类型，只是相对而言，本例分析中的不确定因素——$(0\to x)+(x\to 0)$ 全程桩侧阻力波的发挥状态及幅值有比较充分的理由可忽略不计。否则，对二次入射拉力波的复杂波动力学现象进行分析，很大程度上受主观判断的制约，从而影响结果的权威性。

7. 扎实改进打桩应力预控与监控工作

打桩应力预控与监控的要求按权责一般由设计方主张并具体化，但由于专业跨度较大，往往造成这些预控与监控方案变成了前人曾经实施过的方案或某些落后标准的套搬；方案缺乏技术上的严谨性和工程意义上的针对性，实施流于形式。

控制打桩应力的最好办法还是打桩现场监测，而且在监测过程中应允许针对事前未预料到的沉桩情况变化，进行方案变更、调整，以便"抓拍"到桩身应力的极端状况，使预估的控制标准更有针对性，同时为今后类似方案的实施积累经验。

第7章 短持续与长持续动力载荷试验的相互融合

7.1 锤与桩-土系统相互作用的模型验证

7.1.1 侧阻影响——相当于桩底完全透射的简单情况

图 7-1 是针对锤-桩-土系统采用波动力学模拟验证的简化模型，图中的符号意义同前。为计算方便，设 $L/c = H_r/c_r$，桩端反射力波 F_u 幅值恒为零，由桩端阻力 $R_b \equiv F_d + F_u$ 可知，R_b 恒等于桩端入射力波幅值 F_d，相当于桩阻抗与持力层阻抗匹配（$Z = Z_b$）的"全透射"情况，或理解为桩长延伸为"半无限长"。于是，可仅通过改变桩侧阻力 R_{skn} 大小，按锤与桩的阻抗比 Z_r/Z 分别等于 2、1 和 0.5 三种条件，计算得到不同侧阻 R_{skn} 对撞击能量传递和冲量的影响趋势见图 7-2。由第 2.5 节两自由弹性杆碰撞问题的讨论可知，如 $Z_r/Z = 1$ 时，撞击一次完成，撞击力幅值为 $0.5ZV_0$。对于 $Z_r/Z \geqslant 2$ 这种条件，可视其为满足了长持续 RLT 的锤重选择要求，锤与桩在未脱离接触前会对桩持续多次撞击；而 $Z_r/Z < 0.5$ 属于典型的短持续 DLT，撞击历时仅为 $2H_r/c_r$，且伴有锤反弹。需要补充说明两点：

图 7-1 简化模型

图 7-2 桩侧阻对能量传递和冲量的影响

（1）图 7-2 中的冲量和能量曲线是在桩侧阻力 R_{skn} 发挥为恒定值的假定下计算得到的，且与位移无关，但因 $Z_r/Z=2$ 时将出现多次撞击，图 7-2 上图也用虚线在冲量曲线下方绘出了 R_{skn} 为非恒定值发挥（发挥值随各次撞击的入射波幅值降低而递减）时的冲量曲线。

（2）图 7-2 桩底阻抗匹配（无桩底反射）假设实际代表了桩端阻力 R_b 恒等于该作用界面的入射波 F_d，故图 7-2 的中间图右侧虚线和实线分别描绘了能量传递比和冲量随总阻力（$R_{skn}+R_b$）变化的趋势。

7.1.2　端阻影响

（1）锤-桩-端阻相互作用的波动力学计算结果见图 7-3。计算模型仍采用图 7-1，端阻 R_b（包括后面计算中出现的侧阻 R_{skn}）发挥仍假设为恒定值，但与之前不同，因存在端阻或侧阻反射，计算 R_b 和 R_{skn} 发挥过程有时需近似迭代：例如 R_{skn} 不可能大于通过该作用截面的入射或反射波强度的 2 倍，上行压力波引起侧阻力反向等。下面按阻抗比 Z_r/Z 的不同做三点说明：

① $Z_r/Z=2$ 分三种情况：第一，在 $R_b=F_d$ 临界点左侧、即端阻 $R_b<F_d$，桩端反射为拉力波时，将出现桩比锤下沉速度更快的溜桩现象，锤击能量不能完全传递。不过随 R_b 增大接近临界点时，桩端反射拉力波幅值衰减，桩的下沉速度趋缓，于是桩被向下运动速度相对快的重锤实施多次后继追赶撞击，导致临界点左侧的过渡区出现 C_r 快速升至 100%，冲量明显增加；R_b 进一步增加靠近临界点，各次追赶撞击时的撞击力幅值虽较过渡区段有所增大，但锤的撞击速度衰减加快，呈现出 C_r 和冲量维持短暂稳定直至 R_b 增大到临界点。第二，临界点右侧，初次撞击的端阻反射变为压力波，桩表现出反弹趋势，并与仍具有向下运动倾向的锤发生后继互碰，此条件下 C_r 尚能维持较高水平，冲量也随之增加。第三，随着 R_b 进一步增大，桩反弹渐强，锤的下冲运动状态在多次互碰过程中朝着反弹状态加速改变，此时桩对锤产生冲顶，并伴随能量传递下降；图 7-3 中右边第二个临界点代表锤和桩以相同的速度反弹；R_b 超过该点，冲顶加剧使冲量增加的同时，也终将使锤获得更大的反弹速度脱离桩顶。

② $Z_r/Z=1$：一次撞击即实现了能量 100% 传递，故 C_r 不随端阻 R_b 的增加而下降。锤与桩的运动状态有两种表现：第一，在桩端 R_b 小于临界点的溜桩段，表现为一次撞击后锤静止、桩持续下沉，特别当 R_b 增至临界点时，撞击后锤和桩恰好都处于静止状态。既然撞击后锤静止、桩下沉或静止，说明冲量将维持低限值不变。第二，R_b 超过临界点后继续增加，初次撞击后锤出现短暂静止，强端阻反射也同时到达桩顶，发生桩对锤的向上冲

图 7-3　端阻对能量传递和冲量的影响

顶，锤的动量变化增加。特别当桩端 $Z_b \to \infty$ 时，锤被桩冲顶后的回跳速度等于 $-V_0$。

③ $Z_r/Z = 0.5$ 分三种情况：第一，R_b 低于或达到临界点时，撞击后锤回跳、桩下沉，或锤回跳、桩恰好静止。第二，R_b 超过临界点至 $0.5ZV_0$ 段并未引起冲量增加，原因是桩虽有反弹，但反弹速度比锤慢。第三，R_b 超过 $0.5ZV_0$ 后进一步增加，强端阻反射加剧了桩的反弹，一旦反弹速度超过锤的回跳速度，即发生桩对锤的冲顶，冲量增加。

（2）考虑较弱侧阻 R_{skn} 存在时 R_b 变化对锤-桩-土相互作用的影响见图 7-4。与图 7-3 相比，锤的能量和动量传递规律一样，只是 $Z_r/Z = 2$ 时，由于侧阻 R_{skn} 的存在，减缓了溜桩造成的 C_r 下降；对于 $Z_r/Z = 1$，能量传递不受端阻变化的影响，只是 R_{skn} 的存在使 C_r 略微降低。

图 7-4 有侧阻时端阻对能量传递和冲量的影响

需要说明，实际的锤-桩-土系统并非图 7-1 的简化模型，也不存在 $L/c = H_r/c_r$ 的巧合，故 E_{tr} 和冲量通常会受端阻影响，不过因侧阻先于端阻被激发，在侧阻和端阻幅值相等的条件下，侧阻对降低 C_r 的作用一定大于端阻。回顾第 5 章图 5-6 的特例可以发现：当锤偏轻、桩较长、桩侧阻力卸载明显提前时，桩端反射（桩端微弱的拉力波和卸载强度较高的侧阻力波叠加）到达桩顶的时刻滞后于能量传递达到最大的截止时刻 t_u，因此不会引起 C_r 降低。又因为桩端反射出现在 t_d 之后，锤已跳离桩顶且与桩分属两个力学系统，自然不会引起冲量增加。反观本章图 7-18 的 3 个波形比较，桩端（包括嵌岩段侧阻）的强压力波反射引起桩对锤的冲顶，提高了冲量并使荷载持续时间 t_d 延长。

（3）图 7-5 是嵌岩端承桩的简化模型。模型的力学和几何参数如下：对于桩，设 $L = 20\text{m}$，$A = 0.7854\text{m}^2$，$c = 4000\text{m/s}$，$E = 39200\text{N/mm}^2$，桩身抗压刚度 $k_p = EA/L$。对于

图 7-5 嵌岩端承桩简化模型

持力层，设层厚 $L_b = 10\text{m}$，且在整个 L_b 范围内支撑面积 A_b 恒定，持力层弹模 E_b、波速 c_b 分别按 E 和 c 取值，持力层阻抗 $Z_b = EA_b/c$，抗压刚度 $k_b = EA_b/L_b$，于是持力层与桩的阻抗比和刚度比可分别简化为 A_b/A 和 $2A_b/A$。对于锤，设锤高 $H_r = 10\text{m}$，截面积为 A_r，弹性模量 $E_r = E$，波速 $c_r = c$，阻抗 $Z_r = EA_r/c$，锤与桩的阻抗比简化为 A_r/A。当 $Z_r/Z = 0.5$ 时，锤重约为 19t；锤的撞击初速度 $V_0 = 4\text{m/s}$，相当于落距 0.816m。

由图 7-5 简化模型，端阻力 R_b 变成桩底-基岩界面的内力。假定桩身、持力层材料的受压本构关系为线弹性，表 7-1 汇总了波动力学和静力学的对比计算结果。可见随着持力层与桩的阻抗比或刚度比增加，桩-土系统总变形能中持力层吸收能量的份额逐步下降，且静载条

件下持力层吸收能量的份额低于动载，表明动载和静载输入能量相等时，动载引起的桩底位移将大于或明显大于静载时的桩底沉降，锤击能量的动态传递有益于嵌岩端承桩承载能力的高效发挥，尽管简化模型只能粗略反映趋势，如动力学计算无法从内力 R_b 中分离动阻力和静阻力，静力学分析将低估持力层吸收的变形能。另外，由于 L_b 与 k_b 成反比，L_b 减小将降低桩底静载沉降，反之增大。在本例中，持力层变形的静力分析是按 $L_b=$ 10m 进行的，而一般桩底压应力扩散的主要影响深度远小于 10m，如果 Z_b/Z 变化不大而 L_b 明显减小，则等能量条件下动、静载桩底沉降的差异进一步放大。由表 7-1 可见，随着 Z_r/Z 增加（即锤重增加、荷载持续延长），桩底动、静载位移的差异趋于减小，但对于摩擦型桩，情况变得复杂，侧阻不仅起到了提高桩身的广义阻抗 Z 和并联组合抗压刚度 k_p 的双重作用，也是一种耗能机制。从表 7-1 数据的变化趋势可以推测，随着侧阻强化、端阻弱化，桩底动、静载位移的差异将朝着反方向发展，即静、动载能量输入相同条件下，静载引起的桩底沉降将大于动载桩底位移。

动载并辅以等能耗静载对比的计算结果（Z_b 和 Z_r 变化，Z 保持不变）　　表 7-1

阻抗比		动载							$E_{max,s}=E_{tr}$ 等能耗静载对比			
$\frac{Z_b}{Z}$	$\frac{Z_r}{Z}$	动位移（mm）		E_{tr}（kJ）	最大压力（MN）			C_r（%）	静载 Q（MN）	沉降（mm）		$E_{max,s}$（kJ）
		桩顶	桩底 s_b		桩顶	桩底 R_b	固端			桩顶	桩底 s_b	
0.25	0.5	12.44	10.67	68.4	10.26	6.57*	8.21	88.9	8.38	16.33	10.88	68.4
	1	22.00	15.36	153.9	15.39	9.85*	12.32	100	12.57	24.49	16.33	153.9
	2	33.78	24.75	304.1	20.52	17.19*	16.42	98.8	17.67	34.43	22.95	304.1
0.5	0.5	6.67	8.89	68.4	10.26	9.12*	13.68	88.9	10.26	13.33	6.67	68.4
	1	10.00	13.33	153.9	15.39	13.68*	20.52	100	15.39	20.00	10.00	153.9
	2	17.78	17.78	304.1	20.52	22.81*	27.37	98.8	22.01	27.63	13.81	304.1
1	0.5	6.67	6.67	68.4	10.26	10.26	20.52	88.9	11.85	11.55	3.85	68.4
	1	10.00	10.00	153.9	15.39	15.39	30.78	100	17.78	17.32	5.77	153.9
	2	19.26	13.33	307.5	28.13*	27.37*	41.05	99.9	25.12	24.48	8.16	307.5
2	0.5	6.67	4.44	68.4	10.26	13.68	27.37	88.9	12.98	10.54	2.11	68.4
	1	10.00	6.67	153.9	15.39	20.52	41.05	100	19.47	15.81	3.16	153.9
	2	17.78	8.89	304.1	22.05*	27.37	54.73	98.8	27.37	22.22	4.44	304.1
4	0.5	6.67	2.67	68.4	10.26	16.42	32.84	88.9	13.68	10.54	1.11	68.4
	1	10.00	4.00	153.9	15.39	24.62	49.26	100	20.52	15.00	1.67	153.9
	2	17.78	5.33	304.1	20.52	32.84	65.68	98.8	28.85	21.08	2.34	304.1
∞	0.5	6.67	0.00	68.4	10.26	20.52	20.52	88.9	14.51	9.43	0.00	68.4
	1	10.00	0.00	153.9	15.39	30.78	30.78	100	21.77	14.14	0.00	153.9
	2	17.78	0.00	304.1	20.52	41.04	41.04	98.8	29.64	19.88	0.00	304.1

注：1. 表中 * 表示桩顶压力或桩底压力 R_b 因受固定端反射压力波的影响进一步增强。

2. $Z_b=Z$ 时，相当于桩身长度由 20m 延长至固端变成 30m，但动载作用下桩顶和桩底 20m 界面不能承拉。

3. 当持力层 $Z_b>Z$ 时，随 A_b 的增加，虽然作用于持力层的压力被放大，但 A_b 上的压应力减少。

4. 随 Z_b/Z 增大，桩端位移和端阻发挥效率增加，但随端阻反射增强，伴随拍皮球现象的桩身拉应力超限风险也在增大。

然而，设计意图同样是端承型桩，但施工出现了桩挤土上浮、灌注桩沉渣过厚，桩端下伏洞穴或软弱夹层、破碎带、基岩遇水软化等异常，动测波形将呈现类似第 5.4 节图 5-10(b) 案例的形态。若该案例按 RLT 施测，即增大锤重、延长荷载作用时间，溜桩现象更趋严重。对此，假定 $Z_r/Z=2$，桩侧阻 R_{skn} 较弱且恒定，仍按图 7-1 简化模型来模拟端阻低下的情况。由图 7-6 计算结果可见，随着端阻 R_b 减弱，$2L/c$ 时刻后的溜桩时段延长，桩顶速度和位移随之增大。采用 $t=0$ 时的式（5-2）波动方程解析解

$$R(t)=F_d(t)+F_u\left(t+\frac{2L}{c}\right)=\frac{1}{2}[F(t)+ZV(t)]+$$

$$\frac{1}{2}\left[F\left(t+\frac{2L}{c}\right)-ZV\left(t+\frac{2L}{c}\right)\right]=R_{skn}+R_b$$

$$(7\text{-}1)$$

图 7-6 端阻降低引起的溜桩程度变化

验算表明，打桩总阻力 $R(0)$ 确实随 R_b 成正比变化并恒等于 $R_{skn}+R_b$。但是，若按快速载荷试验（RLT）基于刚体力学简化的静力学等效分析，溜桩段的打桩阻力与沉降的关系变得不尽合理，因为桩顶的等效压力已卸载为零但桩顶沉降还在持续增加。

最后重申，本节凡涉及动载条件下的侧阻力、端阻力和总阻力，均未区分与位移相关的静阻力和运动速度相关的动阻力，若要区分，只有人为数值建模计算才能实现。

7.2 长持续动力载荷试验

长持续动力载荷试验目前在国际上还有一个奇特的称谓——快速载荷试验（Rapid Load Test，简称 RLT），它包括了 20 世纪 90 年代推出的燃爆式快速载荷试验（当时称之为静动法 Statnamic）和 21 世纪初推出的落锤式快速载荷试验。静动法的名称由来显然是为了有别于短持续动力载荷试验的代表性方法——桩的高应变动力载荷试验（High-Strain Dynamic Testing of Piles）。需要顺带解释：国际上（如 ISO 标准）并未采用带有方法专属特性描述的"高应变 High-Strain"一词，直接称之为"桩的动力载荷试验（Dynamic Load Testing of Piles）"，又由于该法始创于 20 世纪 70 年代后期的美国，故美国 ASTM 标准（包括中国标准）至今仍采用"High-Strain"和"Dynamic"的双重属性描述。快速载荷试验的称谓估计一方面可以兼顾"静动（Statnamic）"的方法属性，另一方面也许体现了对原创及其权益的尊重。但是，"静动"也好，"快速"也罢，从严格的力学意义上讲应该避免使用，至少在正式发布的技术标准中应如此。因为快速载荷试验虽然只有高应变动载试验的加荷速率的十分之一，但整个试验的加荷历时也只是从高应变试验偶尔最短的

10ms 变成了 100ms，并无实质性改变，比我国的单桩静载试验的快速（Quick）维持荷载法（约 10h 完成试验），还是快了 360000 倍！故改变不了"动力载荷试验"的本质。当然，若"Quick"代表"快速"，那么"Rapid"似应借鉴日本标准的翻译——"急速"。

7.2.1 燃爆式快速载荷试验（早期称为静动法，现国际上统称为快速载荷试验）

静动法（Statnamic）是加拿大的 Berminghammer 公司和荷兰 TNO（The Netherlands Organization for Applied Scientific Research）的建筑材料与结构研究所于 1988 年共同研制成功的一种新的桩承载力试验方法，被视为是一种介于静载试验和高应变试验之间的方法。当时的设备最大试验能力为几百千牛，至 1994 年发展到了 30000kN，目前已超过 100000kN。该方法已在欧洲、北美、亚洲等工程建设量较大的国家和地区应用。我国大庆某设计院在 2002 年引进了一套 8000kN 的静动法试桩设备。基于我国标准对高应变法"重锤低击"原则的倡导，在实施层面，当时并不存在技术标准上的障碍；但涉及公共安全特别是试验成本方面的原因，一直未见投入实际工程应用的报道。若将静动法，包括原理与其相似的落锤式长持续动载试验正式纳入国家或行业标准，尚需厘清长持续动载试验与短持续高应变试验的原理性异同，消除两者之间的过渡带真空，通过正面宣传和积极引导实现推广应用。

1. 试验方法及其装置

静动法试验装置主要由燃烧压力室、活塞、活塞外套、荷重传感器、激光位移传感器、松散砂砾填料容器、钢或混凝土反力配重块及其导向装置等组成，如图 7-7 所示。将固体燃料制成多孔小圆柱状，以增加燃烧表面积，燃烧速率随压力室的温度和压力增加，开始燃烧的温度为 1000℃。当压力室内燃料点燃后，产生的气体压力一面向下推动活塞对桩施加轴向压力，一面推动活塞缸体及置于缸体上的反力块向上运动，随着反力块的向上运动，填料不断填充容器与活塞之间的空隙，以使加载完毕后，对被顶起一定高度的反力块在回落时形成缓冲。整个过程的桩顶动荷载、动位移、加速度均由仪器自动测量并记录，典型的荷载和沉降时程曲线见图 7-8。

图 7-7 静动法试验装置

图 7-8 荷载-沉降时程曲线

2. 静动法的基本原理、特点

燃烧压力室气体通过活塞作用于桩顶，此压力等于反力配重块受到的推力。如果反力配重块的质量为 m，获得的向上加速度 $a=20g$（g 为重力加速度），则桩顶受到的最大压力 $F_{max}=20mg$，与反力配重的 5% 相当。

静动法可用于斜桩的轴向抗压承载力测试，为竖向静载试验不能及。与超大吨位压重平台法相比，反力配重为最大试验荷载的 5%~10%，省时费用低；但与陆地上的锚桩法或常规堆载法相比，价格并不占优，如免焊接锚桩法设备重量一般小于最大试验荷载的 5%。

RLT 与短持续 DLT 的主要区别在于：作用于桩顶的荷载持续时间可高达 100ms 左右，比 DLT 高出 3~5 倍，而桩身的运动速度和加速度则比 DLT 分别有所降低和明显降低。由于桩身中的应力波传播效应、即惯性效应明显减小，桩身的受力和运动状态比 DLT 均匀，桩身荷载传递与静载试验接近，试验数据分析相对简单（图 7-9），摆脱了繁复的波动方程求解方式，方法还曾获得"准静态"的称谓[35]。但是，以下三个事实很难回避：

图 7-9 静动法荷载-沉降曲线

（1）按第 2.3 节频域分析以及第 2.6 节关于尺寸效应的讨论，桩身中的波传播效应是否明显存在主要取决于荷载中有效频率分量的波长与桩长的比值，荷载持续时间越长，桩越短，即比值越大波传播效应就越小、与桩体长度有关的惯性效应滞后时间越小；按刚体力学，相当于与桩体惯性质量成正比的惯性力可忽略不计。按前面的讨论，荷载作用持续时间长短受桩的广义阻抗大小影响，桩的几何尺寸、荷载作用条件以及桩周岩土条件千差万别，任何条件下均消除波传播效应是不可能的，除非进一步提高设备能力来延长荷载作用时间。

（2）土是三相介质，非线性、塑性变形、对不同应变幅的敏感性、时滞性、孔隙水的流体动力学特性等，使土的动态本构关系极其复杂。既然桩身运动速度不趋于零，土又是对加荷或变形速率极其敏感的材料，如此之快的加荷速率，土的速率效应呈明显的规律性弱化是不可能的。

（3）波传播效应的强弱直接与桩身运动速度的幅值和不均匀程度成正相关。由于速度对时间的积分等于位移，位移最大值的出现必然滞后于速度最大值，即与速度相关的土的最大动阻力出现在前，与位移相关的土的最大静阻力出现在后。此乃图 7-8 和图 7-9 中最大位移点 s_{max} 总是滞后于最大力 F_{max} 的原因之一。

静动法延长荷载持续时间靠增大配重，无异于短持续 DLT 的"重锤低击"，实属波动力学范畴，只是满足一定条件下可采取波动方程简化分析而已，所以"准静态"称谓欠妥。

7.2.2　落锤式快速载荷试验

该试验方法与燃爆式快速载荷试验的主要区别是桩顶荷载施加方式的不同。顾名思义，落锤式试验就是将燃爆式装置中被上顶的配重变成了直接撞击桩顶的自由落锤，另可根据需要考虑适宜的桩顶冲击荷载直接测量、相对式桩顶位移测量、落锤反弹抓持装置、桩帽和桩（锤）垫配置等细节。

7.2.3　ISO 标准关于快速载荷试验实施要求以及试验成果分析方法

1. 快速载荷试验实施要求

（1）桩顶作用荷载持续时间应该是界定桩的动载试验是否属于长持续动载试验（快速载荷试验）的关键参数，但 ISO 国际标准[55] 仅以建议的形式提出了下式：

$$t_{\mathrm{d}} \geqslant 10 \times L/c \tag{7-2}$$

上式中，t_{d} 为动荷载持续时间，但奇怪的是没有解释如何按试验目的预估施加荷载的强度和与之匹配的加荷设备能力。

相比不等式（2-65）或第 5.6.6 节第 7 条关于满足刚体运动条件的叙述，不等式（7-2）的规定稍显宽松，而美国 ASTM 标准[63] 则追加了更为严格的规定（图 7-10），尤其是 $0.5F(t_1)$ 荷载水平的持续时间需大于 $4L/c$ 的附带要求，这种冲量形式规定的合理性超过了只对 t_{d} 宽度的规定。但不论是执行 ISO 标准还是 ASTM 标准，t_{d} 受锤与桩-土系统匹配的影响很难准确预知。虽然 ISO 标准和 ASTM 标准均对 t_{d} 不满足要求给出了变通方法（SUPM 法），如 ISO 标准对 $t_{\mathrm{d}} <$ $10L/c$，要求桩身埋设应变传感器使桩的分段长度小于 $t_{\mathrm{d}} \times c/10$。这表示全桩段波传播效应显著时，已不能将整桩段视为一个刚体，只能将整桩分成 2 段甚至多段刚体串联分别考虑，如此近似处理以满足式（7-2）。但从波动力学原理上看，式（7-2）经不起推敲。如 DLT 对于桩侧阻力较低的桩，可不计侧阻影响直接利用桩顶实测的力和速度信号估算出某一深度处桩身的受力和运动速度随时间变化；即便存在入射和反射行程桩侧阻力发挥的不对称，尚可

图 7-10　ASTM 标准对力脉冲持续时间的规定

采用第 5.3.2 节介绍的方法或波动方程建模数值分析进行弥补，何况降低侧阻发挥的不对称是重锤 RLT 的优势。因此预先采用桩身埋设传感器的测量弥补来保证沿桩长分段刚体力学假设成立，需要有"未卜先知"的能力，因为若试验前未予考虑，事后发现也将于事无补；或者说，既然明知波传播效应显著要埋传感器，何不试验前就增加锤重，或试验后直接按 DLT 信号分析？

（2）试验过程中至少需测量桩顶的力、位移和加速度，如果是燃爆式试验，还应在试验前测量与桩顶接触的试验装置自重（如反力配重）引起的桩顶沉降。桩顶力脉冲测量建议使用荷重传感器，只有在桩身的材料力学性能、几何特性已知情况下的钢桩、预制桩才

可以采用表贴应变计（如 DLT 的环式应变计）。加载前后的桩顶标高应通过光学水准测量予以复核，准确度不低于±1mm，且光学水准测量的观测点至少要有 1 个固定基准点控制。虽然没有禁用绝对测量方式即利用加速度信号两次积分获得桩顶位移时程曲线，但要求在距试验桩一定距离以外的相对位移观测点来测量桩顶位移信号，测量准确度应优于±0.25mm，响应时间小于 0.1ms。为避免冲击振动影响，位移观测点宜设置在稳固的邻近桩上，否则应满足如下最小参考距离的要求：

架设桩顶动态位移测量仪器的观测点与桩（对燃爆式加载）或与锤击设备底座边缘（对落锤式加载）之间的最小参考距离取 15m 或按 $c_s(t_d + t_g)$ 计算给出的距离中的大者，式中：c_s 为地基土的剪切波速，t_g 为落锤下落时间。显然对燃爆式装置 $t_g = 0$。

对于落锤式装置，仅 t_g 一项一般不少于 0.2s。实事求是地讲，这种相对式位移测量的现场可操作性较差，可尝试用低零漂并具有良好超低频响应的加速度传感器实施绝对测量。

（3）桩顶加速度测量允许用一支加速度传感器，共振频率大于 5kHz，幅值线性范围不小于 $500 \mathrm{m/s^2}$。

（4）信号采样总时长不小于 500ms（DLT 一般为 100~200ms），信号触发前沿预采时长不小于 50ms，采样频率不低于 4kHz，低通截止频率不小于 1kHz。

（5）试验前的准备工作要求（包括安全要求）与我国现行做法基本一致，此处不赘述。

2. 试验成果计算方法——卸荷点法（Unloading Point Method，简称 UPM）

下面结合一个燃爆式快速载荷试验案例说明成果分析的方法步骤：

（1）绘制 RLT 桩顶实测曲线，见图 7-11。

（2）计算桩整体惯性质量（包括可随桩体一起运动土的附加质量）。给定桩参数：桩长 $L = 9.78$m，横截面积 $A = 0.132 \mathrm{m^2}$，桩材质量密度 $\rho = 2400 \mathrm{kg/m^3}$，桩体质量 $m_1 = 3099$kg，估计伴随桩体一起运动土的附加质量 $m_2 = 500$kg，则桩的总质量 $m_p = m_1 + m_2 = 3599$kg。

（3）确定对应于速度为零（卸荷点）的时刻 $t_u = 164$ms。

（4）按下式计算经惯性效应修正（称为"补偿"更贴切）后的桩周阻力 R_{ic}：

$$R_{ic}(t = t_u) = F(t_u) - m_p a_u = 1.77 \times 10^6 - 3599 \times (-31.8) = 1.89 \text{MN}$$

式中：$F(t_u)$——对应于卸荷点时刻 t_u 的桩顶实测力值，其值为 1.77MN；

a_u——对应于卸荷点（即桩顶最大位移 s_{max}）时刻 t_u 的桩顶测量加速度值，其值为 $-31.8 \mathrm{m/s^2}$。

（5）确定与土性有关的经验修正系数 η。根据标准制订时积累的有限数据：砂土可取 0.94，黏性土可取 0.66。本例为砂土中的桩取 0.94。

（6）桩的静阻力 R_s 与桩顶位移 s 同步达到最大。通过经验系数修正后的单桩静阻力最大值（承载力）为：

$$R_{s, s-max} = \eta R_{ic}(t = t_u) = 0.94 \times 1.89 = 1.78 \text{MN}$$

（7）确定时刻 t_u 的桩顶最大位移 $s_{max} = 19.80$mm。

（8）结论：桩的静阻力（承载力）为 1.78MN，相应的桩顶沉降为 19.80mm。

3. 双曲线型桩顶荷载-沉降曲线模拟

卸荷点法提供的桩顶荷载-沉降曲线与短持续高应变法信号拟合完成后输出的模拟静荷载-位移曲线本质上都属于计算曲线，差别只是计算方法的不同。前者假定桩顶荷载-沉降曲线为双曲线，进而利用桩的初始刚度计算值和已知的双曲线上的控制值（R_s 和 s_{max}），拟合出双曲线形式的荷载-沉降曲线。附带说明，DLT 也需要人为构建桩-土离散化模型，通过对所假设的模型及其参数反复拟合计算，相对客观地确定桩-土模型及其参数，最后经桩底位移传递（即位移协调）计算得到桩顶的静荷载-沉降曲线。以下是卸荷点法的荷载-位移曲线计算步骤：

（1）根据图 7-11 实测曲线，计算经惯性效应补偿后的阻力 $R_{ic}(t)$，即：

图 7-11　桩顶实测力、位移、速度和加速度曲线

$$R_{ic}(t) = F(t) - m_p \times a(t) \tag{7-3}$$

然后绘制 $R_{ic}(t)$ 与桩顶位移 $s(t)$ 的关系曲线见图 7-12。

（2）假定双曲线型桩顶荷载-位移曲线有如下形式：

$$R_{ic} = \frac{s}{p + qs} \tag{7-4a}$$

式中：p——荷载-位移曲线的起始刚度 k_c 的倒数；

　　　q——双曲线的渐近线的倒数。

（3）若将 s/R_{ic} 视为一单独变量 y，则式（7-4a）变成以 y 为横坐标、s 为纵坐标的直线方程：

$$y = p + qs$$

显然，p 为该直线在 y 轴上的截距。本例中 p 取为 2.35mm/MN，即起始刚度 $k_c = 0.426$MN/mm（图 7-12），该值大体与不计桩侧阻影响时的桩身竖向抗压刚度相当。

（4）按下式计算 q 值：

$$q = \frac{1}{R_{ic}(t=t_u)} - \frac{p}{s_{max}} = \frac{1}{1.89} - \frac{0.426}{19.8} = 0.508 \text{MN}^{-1} \tag{7-4b}$$

代入式（7-4a），得到图 7-12 所示的桩周阻力-位移（R_{ic}-s）曲线方程：

$$R_{ic} = \frac{s}{2.35 + 0.508s} \tag{7-5}$$

（5）式（7-5）尚未计入与地基土特性有关的经验修正，故可将式（7-4b）中的 $R_{ic}(t=t_u)$ 用已确定的静阻力 $R_{s,s-max}$ 替换，计算 q 值的修正值 q_c，即：

$$q_c = \frac{1}{R_{s,s-max}} - \frac{p}{s_{max}} = \frac{1}{1.78} - \frac{0.426}{19.8} = 0.54 \text{MN}^{-1}$$

最后得到图 7-13 所示的静阻力-位移（R_s-s）曲线方程：

$$R_s = \frac{s}{2.35 + 0.54s} \tag{7-6}$$

图 7-12　惯性效应修正后的桩周阻力-位移曲线

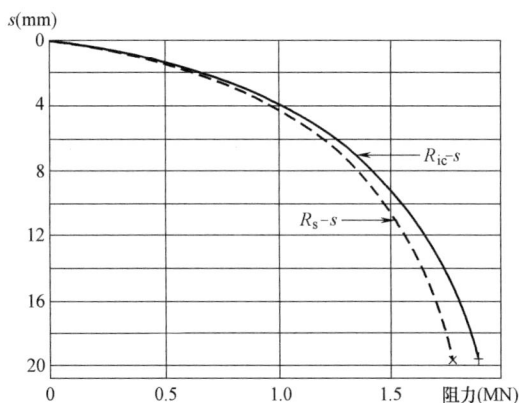

图 7-13　阻力-位移曲线

由上述计算步骤可见，即便荷载-沉降曲线假设为双曲线，不同的人对曲线参数 p、q 的计算或选择方式差异，都会导致方程式（7-6）计算结果的差异。例如，若想得到保守的承载力估算值，可以直接取渐近线参数 $q=1/1.78=0.562\text{MN}^{-1}$。

7.3　短持续与长持续动力载荷试验的对比分析

7.3.1　"重锤低击"是短持续和长持续动载试验的共同原则

倡导短持续动力载荷试验"重锤低击"，早已成为该方法应用实践中的口头禅，其溯源是"将足够的能量传递给桩，使桩与桩周岩土之间产生较大相对变形，以便充分调动桩周岩土阻力"的物理概念，应该说这与长持续动力载荷试验的本意不谋而合。设想一下静动法的配重块受推力作用向上运动，在整个对桩施加荷载的时间段内，配重块获得的加速度越大，则配重块上升的高度就越高。于是自然想到，欲使较高荷载水平得以长时间维持，同时又不使冲击力幅过大，只能加大配重质量并同时减少其上的加速度。这和第 2.5 节两杆撞击问题分析得出的结论并无两样，即为了控制冲击力幅值不超限，根据牛顿第二定律和动量定理也别无选择。Schellingerhout 等[35] 和 Matsumoto 等[62] 先后尝试用重量相当于桩极限承载力 10% 的自由落锤进行试验，Matsumoto 等的研究同时还兼顾了弹簧缓冲锤垫的刚度选配，所得结果是力持续时间达到或超过 100ms。日本岩土工程学会标准《桩的垂直荷载试验：单桩快速荷载试验方法》JGS 1815—2002 规定重锤作用时间应大于 $5 \times 2L/c$。

这里需要强调一点，"重锤低击"不是"锤越重、落距越低越好"。如果将桩周岩土的支撑刚度视为位移阻抗，它与速度型阻抗——桩身截面的力学阻抗的不同之处是位移阻抗非常数，岩土支撑刚度随变形增加而递减（如弹塑性土模型）。虽然锤很重、但落距过低，锤击能量不足以克服弹性段的岩土阻力，原本重锤与桩-土系统的匹配优势丧失，能量传递效率不增反降。

最后，还应注意到这一现象：燃爆式试验的荷载作用时间虽长，这部分得益于荷载的缓升和缓降占去了较多时间，惯性效应确实降低了，但其在较高荷载水平的持续时间仍是有限的，也即传递能量及荷载冲量仍是有限的。由于燃爆式试验加载原理与导杆式柴油锤相近，而导杆式柴油锤与同级别的筒式柴油锤相比，打击能量要低。DLT 可以通过增加锤重使高荷载水平的脉冲持续时间延长。当锤击不采用软厚垫缓冲时，荷载上升沿虽较陡，但高荷载水平持续时间延长相对明显，因为硬薄垫耗能较小，利于打桩阻力发挥使冲量增加，相当于高荷载水平持续时间增大。所以 DLT 采用重锤锤击时，可以借鉴落锤式 RLT 调低锤垫刚度，造成荷载缓升，降低加载过程中的桩身加速度。需要强调，提高动力试桩有效性的核心是使桩在较高荷载水平下有大能量输入、桩与桩周岩土间出现大变形；荷载水平较低的缓升缓降长持续虽能减弱桩身波传播效应，使静力学＋刚体力学的桩周阻力发挥性状简化分析得以实现。但应注意，土阻力充分发挥与冲击能量高效传递是相辅相成的，否则就像单桩静载试验最大加荷能力不足一样。因此，若动载试验以荷载水平和持续时间双重指标控制，试验的配重或锤重选配要留有一定的富余量。当然，富余量的多少直接关系到试验成本。

以下是两个 PHC 管桩工地实测高应变力信号作用持续时间的实例：

（1）采用同一 5t 筒式柴油锤分别对两种直径和承载力的管桩锤击的波形比较，见图 7-14。两根管桩的截面尺寸分别为 $\phi300mm \times 70mm$ 和 $\phi400mm \times 95mm$，设计要求的单桩承载力特征值分别为 700kN 和 1200kN。对于管桩，当锤重超过单桩极限承载力的 2.0%～3.0% 时，荷载持续时间可达到 30～40ms。特别对 $\phi300mm$ 管桩，超过 1500kN 荷载水平的力持续时间约为 20ms。

（2）采用 4.2t 自由落锤分别对同一场地两种直径和承载力的管桩进行锤击的波形比较，见图 7-15。两根管桩的截面尺寸分别为 $\phi300mm \times 70mm$ 和 $\phi500mm \times 100mm$，设计要求的单桩承载力特征值分别为 700kN 和 1900kN，锤落距分别为 0.7m 和 1.0m。该场地地层依次为：填土、淤泥、硬塑粉质黏土，桩端持力层为强风化泥质粉砂岩。由两波形比较可见：$\phi300$mm 管桩的力作用时间较 $\phi500$mm 管桩有所延长，而超过 1500kN 荷载水平的力持续时间超过了 11ms（$>2L/c$）。由于两种桩型的广义阻抗相差一倍以上，$\phi300$mm 管桩获得了更好的锤与桩-土体系匹配效果，能效比（能量传递比）得以提高。

再来观察图 7-14（b）中的 $\phi300$mm 管桩波形可以发现，该桩锤击力波形的持续时间大于 $10L/c$，满足 ISO 标准快速载荷试验方法标准有关荷载持续时间的规定。那么锤芯并非很重的筒式柴油锤为何会有如此效能？其实除管桩截面力学阻抗比同直径实心桩更小外，筒式柴油锤的工作原理与图 7-7 静动法装置也有差异。以下是筒式柴油锤工作原理：

| 锤芯（上活塞）下落途中，燃油泵向下活塞喷注液体柴油 | → | 关闭吸、排气口，气缸内的吸入空气受到压缩并伴有温升，桩顶也开始因气缸中的气体压缩而缓慢受力 | → | 锤芯与下活塞碰撞，通过替打对桩顶产生强烈冲击，并随即引起雾化柴油燃爆 | → | 燃爆压力继续对桩顶施加压力的同时，反作用力顶推锤芯回跳 |

显然静动法只有固体燃料燃爆后顶推活塞配重的后半程，缺少下落锤芯的部分重力势能直接转化为对桩顶碰撞的冲击力做功（另一部分消耗在压缩气体做功）过程。所以，从工作原理及锤击能效上看，燃爆式 RLT 更接近导杆式柴油锤。

7.3.2 短持续与长持续 DLT——延时法和卸荷点法计算土阻力的概念及结果比较

1. 管桩动载试验中荷载作用持续时间的长短比较

短持续动力载荷试验一般特指高应变试验，锤重按预估极限承载力的 $1\%\sim2\%$ 选择，常见的荷载作用持续时间 t_d 为 $10\sim20$ms。长持续动力载荷试验的锤重（配重）可粗略按预估极限承载力的 $5\%\sim10\%$ 选择，一般荷载作用持续时间 t_d 超过 $50\sim100$ms，且满足式（7-2）的要求，这对于短桩，过于宽松，而对于长桩、超长桩，很难满足。荷载持续时间的长短除受锤与桩-土体系匹配的影响，也会因试验方式（如燃爆式）或降低锤垫刚度（落锤式）使荷载起升缓慢、从而延长荷载持续时间远超 10ms。余下按预估极限承载力的 $2\%\sim5\%$ 选择锤重或 t_d 虽大于 30ms，但远不满足式（7-2）要求的这类处于过渡区的短持续动力载荷试验，由于"重锤低击"原则已得到有效延伸，可视为持续适宜的短持续动力载荷试验。

2. 卸荷点法计算土阻力

对于图 7-15（a）的 $\phi300$mm×70mm 管桩，在速度等于零的卸荷点时刻（$t_u \approx t_2 = t_1 + 2L/c$），桩顶的最大位移与最大锤击力几乎出现在同一时刻，没有时间滞后。取 $F(t_u) = 2.0$MN，对照前面已介绍的快速载荷试验的承载力分析方法——卸荷点法（UPM）计算公式：

$$R_s = \eta \cdot [F(t_u) - m_p \cdot a_{s-max}] = (0.66\sim0.94) \times [2.0 - 2.3 \times (-0.233)] = 1.67\sim2.38\text{MN}$$

$$\tag{7-7}$$

式中：η——与土性有关的经验修正系数，ISO 标准仅推荐黏性土 0.66、砂土 0.94，而本例桩端持力层为强风化花岗岩；

m_p——桩的质量，本例为 2.3t，相对于实心桩，质量较轻；

$a_{s\text{-max}}$——对应卸荷点时刻的桩顶加速度，并以此代表整桩作为刚体回弹时的加速
度，本例为$-233\mathrm{m/s^2}$，相对于燃爆式快速载荷试验，回弹加速度绝对
值较高。

图 7-14 5t 柴油锤信号比较
(a) PHC400 (95)；(b) PHC300 (70)

图 7-15 4.2t 自由落锤信号比较
(a) PHC300 (70)；(b) PHC500 (100)

3. t_u 延时法计算土阻力

再按波动力学的方法计算图 7-15 (a) 的算例。同样将该图波形中的速度第一峰时刻
t_1 延时至卸荷点对应的时刻 t_u，则新的 t_2 为 t_u+2L/c。按式（7-1）计算发挥的土阻力：

$$R(t_u) = F_d(t_u) + F_u\left(t_u + \frac{2L}{c}\right) = \frac{1}{2}\left[F(t_u) + F\left(t_u + \frac{2L}{c}\right)\right] - \frac{m_p}{t_2 - t_u}\left[V\left(t_u + \frac{2L}{c}\right) - V(t_u)\right]$$

$$(7\text{-}8a)$$

将桩顶实测力 F 和速度 V 代入上式，计算得：

$$R = \frac{1}{2}F(t_u) + \frac{1}{2}\left[F\left(t_u + \frac{2L}{c}\right) - Z \cdot V\left(t_u + \frac{2L}{c}\right)\right] = 1.72\text{MN}$$

将 t_1 延时至 t_u 按波动力学公式（7-8a）计算土阻力的方法称为 t_u 延时法。

t_u 延时法确定的桩承载力（静阻力）一定低于试验实际激发的静阻力最大值，理由是从 t_u 开始，桩身自上而下陆续回弹，位移递减、速度为负，桩周静阻力出现不同程度的卸载、动阻力反向。即使式（7-8a）计算值比陆续卸载静阻力的起始值还低，但它是解析解！

4. 延时法和卸荷点法在力学意义上的不同

延时法与卸荷点法的最显著差别之一是后者引入了与土类别有关的经验折减系数 η，并用于计算承载力的折减。对照式（7-8a）便知，原来卸荷点法先放大了 $R(t_u)$：

（1）卸荷点法的刚体力学近似放大了惯性补偿项中 $t_u \sim t_u + 2L/c$ 时段的平均加速度，而延时法是基于行波理论导出的公式，波传播时的桩身惯性效应影响已包含在公式中。

（2）卸荷点法静力学简化直接用桩顶力值 $F(t_u)$，而延时法取 $t_u \sim t_u + 2L/c$ 时段的算术平均值，为 $0.5F(t_u)$。延时法选择桩顶位移最大、速度为零时刻，期望从 t_u 起到 t_2 止，总阻力 $R(t_u)$ 中所包含的桩身不同部位土阻力分量恰好是该部位运动速度为零、位移达到最大时的静阻力，但通常是与位移开始减小（静阻力减小）和速度反向（动阻力为负）有关的偏低土阻力；卸荷点法也选择了 t_u 时刻，此时桩顶速度虽为零、位移最大，但不代表整桩加速度均匀，刚体力学近似的承载力计算，相当于超短桩最大静阻力用 t_u 延时法计算的极端情况。因此两种方法都选择了 t_u，但延时法计算的静阻力一定是兜底的低限值。除短桩外，短持续 DLT 的 t_u 延时如能满足下式，可认为整桩静阻力发挥较充分（但不一定必要）：

$$t_u \geqslant t_r + t_1 + 2L/c \qquad (7\text{-}8b)$$

式中：t_r——速度曲线第一峰的起升沿时间。

（3）从静力学意义上看，当桩顶维持荷载恒定且出现的最大沉降稳定时，此刻的桩顶荷载 $F(t_u)$ 就是静载试验的最大加载值，其幅值不随时间变化，附加条件式（7-8b）将自动满足。显然有：

$$F_d(t_u) = F_u\left(t_u + \frac{2L}{c}\right) \equiv \frac{1}{2}F(t_u)$$

于是式（7-8a）变为：

$$R = F(t_u) = R_s \qquad (7\text{-}9)$$

上式表明延时法预示的桩周岩土总阻力 R 就是桩周的静阻力 R_s（承载力），其值等于幅值恒定的外荷载 $F(t_u)$。基于上述理由，将式（5-8）中的 t_1 取为 t_u，其结果等同于式（7-9），说明阻尼 J_c 不起作用。既然外荷载 $F(t_u)$ 属于静荷载，η 理应取 1，且桩身的运动速度、加速度为零，卸荷点法中的惯性补偿项为零，同样也得到式（7-9）的结果。

5. 端承桩的土阻力分析计算

按卸荷点法计算图7-14（b）中$\phi 300mm \times 70mm$管桩的静阻力在2.07～2.95MN之间，尽管荷载持续时间t_d满足ISO标准即式（7-2）的要求，不过卸荷点时刻的加速度已高达$-455m/s^2$，而加速度的大小直接反映出桩身波传播效应的强弱，因此以整桩段为刚体的静阻力惯性效应补偿可能明显与实际不符，即该补偿可致计算静阻力偏高。作为比较，再用延时法计算发挥的土阻力$R(t_u)=1.91MN$。注意到t_1延时为零时，按式（7-1）计算的总阻力$R=3.06MN$，明显大于起始入射波$F_d(t_1)=1.92$ MN。波动力学解释为：入射波遇桩端硬层产生强端阻反射使桩端压应力放大，极端情况是入射波强度的2倍。此现象在单桩竖向抗压静载试验中不可能出现，但在锤击沉桩施工中并非罕见。如上覆土层为软弱土、桩端持力层为坚硬基岩的端承桩，入射波几乎不衰减地传至桩端，由于桩端基岩的阻抗（或刚度）很大，几乎不允许桩端产生运动（位移、速度或加速度的统称），为满足"刚性支撑"的运动边界条件将出现桩端压应力（即端阻力）放大。虽然绝对刚性的基岩并不存在，但若作用于桩顶的起始冲击力与静载试验最大加荷的幅值相等，测量得到的桩端总阻力发挥值$R_{b,T}$（即桩端力峰值）高于甚至显著高于静载试验时的桩端荷载水平，即证实了桩端力的放大，只是$R_{b,T}$中与速度相关的动阻力$R_{b,d}$和与位移相关的静阻力$R_{b,s}$各自所占的份额尚不清楚罢了。鉴于桩端基岩的阻抗和抗压刚度（极短桩除外）均高于桩身的截面阻抗和抗压刚度，桩端支撑条件明显限制了桩端运动，且桩端位移的时间相位滞后于速度，说明桩端的动阻力和静阻力发挥将先、后受到限制。然而桩端总阻力$R_{b,T}=R_{b,d}+R_{b,s}$的峰值却在增加，则推断基岩总阻力$R_{b,T}$中的$R_{b,s}$所占份额应很可观。图7-14（b）的管桩桩顶最大位移22mm，不计位移时间滞后，用桩身平均轴力除以桩身抗压刚度，得到桩身弹性压缩变形量与桩顶最大位移相当。对于图7-15（a），$\phi 300mm$管桩桩顶最大位移14.5mm，扣除桩身弹性压缩，桩端位移也接近于零。

对于图7-14（b）和图7-15（a）桩端打入风化岩的$\phi 300mm$管桩，尽管按延时法计算的土阻力已超过设计要求的极限承载力，但真实的桩周岩土阻力不止于此，且桩的极限承载力极大的可能受桩身强度制约。因此，桩顶在有限持续时间的冲击荷载作用下，如果出现强端阻（包括嵌固段侧阻）反射的情况，按$t_1=t_u$时刻的延时法计算土阻力发挥值，可作为桩的静阻力估计值的低限值。

6. 属于短持续动力载荷试验范畴的管桩承载力分析

图7-15中的$\phi 500mm$管桩与$\phi 300mm$管桩相比：按延时法计算$\phi 500mm$管桩的发挥土阻力仅为1.84MN。虽然动测时锤的落距由$\phi 300mm$管桩的0.7m增至1.0m，但毕竟$\phi 500mm$管桩的"广义阻抗"比$\phi 300mm$管桩高了1倍以上，锤与桩-土体系匹配效果的降低直接导致了能效比的下降，最终只能借助波动方程建模数值分析得到该桩一个相对较低的桩承载力发挥值。

7. 根据静载试验和能效分析判别大直径管桩短持续动力载荷试验的有效性

（1）采用200kN液压锤分别对采用两种沉桩工艺施工的PHC800AB（130）管桩（混凝土强度等级C105）的锤击波形进行比较，见图7-16。该场地基条件为：杂填土厚约2.5m，粉质黏土、黏质粉土层厚3.0m，淤泥质黏土层厚9.7m，细砂层1.7m，圆砾夹1.5m厚粉质黏土层厚12.2m，桩端持力层为强-中风化泥质粉砂岩，其中强风化岩层厚

0.8m，中风化岩层厚度未揭穿。ZW2 号桩采用中掘法施工，桩长 37m，沉桩入土深度 25m 后引孔至 36.5m，由于 ϕ400mm 长螺旋引孔排土量小，桩最终入土深度仅为 34.5m。ZW3 号桩也采用中掘法施工，桩长 37m，引孔深度 36.5m，入土深度 36.7m。ZW1 号桩采用植入法施工，旋挖成孔直径 1000mm，桩长＝13（下节）＋15（中节）＋12（上节）＝ 40m，孔深 39.0m，扣除了植入管桩体积后的水下细石混凝土灌注高度约 25m，加缓凝剂。下节桩和中节桩在桩锤和管桩自重作用下自行下沉至深度 23m，以后用液压锤轻击沉桩，直至将桩打至孔底标高，此间锤的落距由 0.2m 逐渐增至 0.8m。植桩后，管桩内腔混凝土芯上升高度为 23m，厚度 100mm 的桩外壁包裹混凝土自孔底向上包裹深度为 29m，即管桩内腔及外壁的混凝土均未能上返至孔口，说明沉桩对桩侧土特别是桩中下部

图 7-16 中掘桩与植桩动测曲线

（a）ZW1 号植桩；（b）ZW2 号中掘桩；（c）ZW3 号中掘桩

圆砾层的挤密效果明显,并伴有桩中下部桩身阻抗增加。因此相对于中掘桩,植桩的桩身阻抗和桩周岩土阻力皆有一定程度增大,由图 7-16(a)和图 7-16(c)两图比较可见:ZW3 号中掘桩的荷载持续时间为 37.2ms,ZW1 号植桩相对缩短至 30.1ms。

(2)分别按卸荷点法和延时法计算的土阻力以及采用信号拟合法预示的极限承载力等结果列于表 7-2。3 根桩静载试验的桩顶最大沉降与前期的 DLT 桩顶最大动位移相当,信号拟合给出的承载力超过了设计预估值 12000kN,并与后期 SLT 的荷载与变形趋势呈现较好的一致性。需要说明,ZW3 号桩加载至 14000kN 时沉降稳定,继续施加下一级荷载时桩身浅部 3m 处混凝土被压碎,结合图 7-16 和图 7-17 的曲线形态,可判定 ϕ800mm 管桩的承载能力受桩身强度控制。对于卸荷点法,因锤重过轻,荷载持续时间很短,尤其是卸荷点后整个桩段仍存在明显的波传播现象,惯性力补偿项竟不合理地成为卸荷点法计算值大小的主控,故推断该方法失效,否则与"土阻力充分激发靠的是高能效引起的大变形"的认知相悖。延时法给出岩土阻力发挥值过低的原因也是锤重偏轻。对锤重提高后的结果改善预期可从图 7-14 和图 7-15 案例对比找到答案。

按 UPM、延时法和信号拟合法分别计算土阻力 表 7-2

桩号	UPM 计算的静阻力(kN)	t_u 延时法计算静阻力(kN)/最大动位移(mm)	信号拟合预估极限承载力(kN)	静载最大加荷(kN)/沉降(mm)	t_u 时刻桩顶加速度 $a_{s\text{-}max}$(m/s²)	桩质量 m_p(t)
ZW1	17760~25300	6760/19.06	14100	12000/20.8	−610	30.7
ZW2	12110~17250	6120/27.16	13000	13000/30.6	−500	24.9
ZW3	10770~15330	6460/29.35	13400	14000/37.2	−400	25.4

注:用于 UPM 计算的经验修正系数 η 分别按 0.66 和 0.94 取值。

信号拟合法特指是与 DLT 相配套的波动方程计算土阻力方法,属短持续动载试验范畴。短持续与长持续动载试验最突出的差别就是锤重选择的低限。我国建工行业早在 2003 年就对锤重的选配颁布了强制性规定。此规定从锤与桩-土系统匹配的概念出发,要求试验锤重"不得低于预估极限承载力的 1.0%~1.5%,当桩径大于 600mm 或桩长超过 30m 时取高值"。按待测桩设计预估的极限承载力为 12000kN,采用 200kN 液压锤满足这一要求。图 7-17 给出了上述 3 根桩的竖向抗压静载试验曲线。ZW1 号植桩、ZW2 和 ZW3 号中掘桩在静载试验最大加荷时的沉降依次为 20.8mm、30.6mm 和 37.2mm,基本与前期高应变测试时的桩顶最大位移相当。动测后信号拟合给出的结果超过了预估值,并与后期静载试验的荷载与变形趋势呈现出较好的一致性。延时法和卸荷点法无法得到合理的土阻力预示原因是锤重偏轻或明显偏轻,倒是包括动测波形有效性在内的动测信号拟合分析承载力相对更接近实际。建模数值计算承载力准确与否的关键是实测波形的有效性,若波形未包含充分的变形和土阻力发

图 7-17 静载试验的 Q-s 曲线

挥的信息,即便使用再好的计算分析软件也只能是"垃圾进、垃圾出"。单桩竖向抗压静

载试验的加载-沉降过程，实际是分级荷载克服桩-土支撑系统抗力做功（或桩-土系统吸收能量）的过程。能否从功-能转换的角度核实动测波形的有效性？首先需要核查包括测试波形在内的相关资料，查找表 7-1 提示的桩底静载、动载位移是否存在差异较大的特殊情况。以下是动测波形的有效性分析：

（1）试验用锤较重，波形中极强的桩中下部侧阻以及端阻表现能与地基条件描述和施工工艺吻合，由中掘桩信号很微弱正向反射说明 Z_b/Z 接近 1，3 根试桩均具有较强的端承；由静载 Q-s 曲线趋势可知桩周静阻力尚未发挥到极限，例如，粗估 ZW2 号桩的桩底沉降 s_b 约为 5mm。说明可以尝试静、动载试验耗能的比较。

（2）由图 7-17 的 Q-s 曲线计算分级施加的静荷载累计做功依次为 176kJ、208kJ 和 264kJ，与对应动测桩号的实际锤击能量传递 163kJ、208kJ 和 230kJ 相比，颇为接近。如果 DLT 和 SLT 两种试验的桩周静阻力（承载力）发挥一致，DLT 锤击输入能量 E_{tr} 因存在桩周岩土动阻力的额外功耗应相对更高才合理，但对于桩尖进入中风化岩、具有较强端承的这 3 根试桩，用表 7-1 的规律来解释，至少与桩端动位移相关的端阻力发挥效率较高；另外，静载试桩休止时间更长使土阻力得到进一步恢复（增长），因此试验桩的承载力和竖向抗压（静）刚度因休止有一定程度增长，导致 SLT 在最大加荷水平不变的情况下，静载试验功耗下降。综合上述两方面分析，认为动测锤击能量传递与"静阻力做功"基本是匹配的。

（3）以上对图 7-16 中 3 个波形的有效性还是从动、静试验的最大位移和功-能匹配两方面进行了验证，但客观上的波形有效性也离不开锤与桩-土体系匹配良好的有利因素，如与后面的图 7-18 案例对比，管桩截面阻抗相比同等直径的实心桩小，进而能量传递比相对更高。再者，优良的桩身材料抗压性能大大提高了桩的耐打性，进而使高落距大能量锤击成为可能。这样，原本是典型的短持续动力载荷试验，可标榜为"适宜持续"的动载试验。

不过也有遗憾，基于解析解的延时法和专用于 RLT 土阻力计算的半理论-半经验的卸荷点法，分别给出了偏低和在计算原理上很难被接受的偏高承载力计算结果。

7.3.3 嵌岩端承桩承载力估算方法尝试及概念分析

这里所说的嵌岩端承桩定义为：桩侧阻与桩端阻相比很小可不计，桩端持力层介质的阻抗大于桩端处桩身截面的阻抗（即图 7-19 中 $Z_b > Z$），入射压力波到达桩底引起的反射波仍为压力波，或者说引起的上行波幅值大于零。

1. 桩端动阻力与桩端静阻力的强弱相对比较

图 7-18 给出了一根直径 800mm 灌注桩分别采用质量为 11t 和 40t 重锤锤击的波形比较。被测桩桩长 24.7m，设计要求单桩承载力特征值为 4500kN。动测时传感器安装在加固后的桩头上，锤垫为三层胶合板。场地地层柱状图显示：12.1m 厚淤泥、淤泥质土，4.5m 厚松散粉砂，3.2m 厚残积粉质黏土，3.5m 厚强风化泥质粉砂岩、粉砂质泥岩，桩端持力层为中—微风化泥质粉砂岩。试验顺序为 11t 锤锤击在前、40t 锤在后。图 7-18 中的三个信号不同程度反映出"拍皮球"现象造成桩身浅部受拉开裂（包括加固桩头施工缝）的影响。

图 7-18　同一根桩采用不同锤重锤击时的波形比较（上述信号由广东省建筑科学研究院提供）

（*a*）11t 锤，落距 1.5m；（*b*）40t 锤，落距 0.55m；（*c*）40t 锤，落距 0.70m

对于图 7-18（*a*）较为典型的嵌岩端承桩波形，卸荷点法土阻力计算公式（7-7）和延时法公式（7-8*a*）显然均已失效，而以 t_1 作为初始入射波时刻计算的打桩总阻力 R 基本上是桩端的总阻力 $R_{b,T}$，其值较高，达 12600kN。直观上，锤击能量及位移均偏小，$R_{b,T}$ 中与运动速度相关的动阻力贡献应该显著。但是，毕竟桩端基岩阻抗和支撑刚度并非无限大，那么按波动力学的"正常"思维，峰值入射（下行）波在 $t_1 + L/c$ 时刻传至桩底，桩端向下运动速度 V_b 达到最大，而位移尚很小。因此，$t_1 + 2L/c$ 时刻波形显现的强端阻（本例中可能还包含较小深度内的嵌岩段侧阻）反射主要是因桩端基岩阻抗增大所致，属于速度相关型的动阻力（与土阻尼引起的动阻力属于同一类型）。接下来肯定要问，既然基岩支撑刚度非无限大，那么与基岩支撑刚度相关的静阻力应该是多少？不妨尝试一下弹性分析。

由图 7-19 可知，分别用 Z_b 和 k_b 代表基岩阻抗和弹性支撑刚度：

$$Z_b = \frac{E_b \cdot A_{b,ef}}{c_b}$$

$$k_b = \frac{E_b \cdot A_{b,ef}}{L_{b,ef}}$$

式中：E_b、c_b——基岩的弹性模量和波速；

$A_{b,ef}$、$L_{b,ef}$——假想的基岩有效承压面积和桩底出现最大位移 $s_{b,max}$ 时的基岩有效压缩深度。

记桩端速度峰值时刻 $t_1 + L/c$ 的最大桩端动阻力为 $R_{b,d}$，滞后该时刻发挥的桩端最大弹性静阻力 $R_{b,s}$ 与 $R_{b,d}$ 的比值为 $\xi_{b,s/d}$，即：

$$\xi_{b,s/d} = \frac{R_{b,s}}{R_{b,d}} = \frac{k_b \cdot s_{b,max}}{Z_b \cdot V_{b,max}} = \frac{\int_{t_i}^{t_e} V_b(t) \cdot dt}{\dfrac{L_{b,ef}}{c_b} \cdot V_{b,max}} \tag{7-10}$$

上式中，$t_i = t_1 + L/c - t_r$（t_r 为起始速度波起升沿时间）。鉴于桩底以下 $L_{b,ef}$ 深度为刚性边界，基岩的阻抗和刚度越大，$L_{b,ef}$ 越小，固端压力波反射越强，可取 $t_e \approx t_i + 2L_{b,ef}/c_b$。上式分母中，不计基岩刚性边界反射影响的 $R_{b,d}$ 偏低估计值为 $Z_b \cdot V_{b,max}$，分子中桩底速度 $V_b(t)$ 的积分值 $s_{b,max}$ 应该介于以时间 $2L_{b,ef}/c_b$ 为宽、$V_{b,max}$ 为高的三角形面积（近似最小）或矩形面积（最大）之间。消去 $V_{b,max}$ 和时间变量 $L_{b,ef}/c_b$，得到如下至少具有定性意义的不等式：

$$1 \leqslant \xi_{b,s/d} \leqslant 2 \tag{7-11}$$

上式表明桩端静阻力一般大于桩端动阻力。其他条件不变时，荷载脉冲作用时间越长，桩端速度的积分面积越饱满，比值 $\xi_{b,s/d}$ 越大；习惯上，桩端总阻力 $R_{b,T}$ 可根据 t_1 和 $t_1 + 2L/c$ 两个时刻的桩顶实测信号求得，因为这其中恰好包含了 $t_1 + L/c$ 时刻桩端速度达到最大时的桩端阻力 $R_{b,T}$ 信息。它不仅包含了 $V_b = V_{b,max}$ 时的最大桩端动阻力 $R_{b,d}$，又包含了对应 $V_{b,max}$ 出现时刻的桩端位移所发挥的部分桩端静阻力 $R_{b,s,prt}$，即 $R_{b,T} = R_{b,d} + R_{b,s,prt}$。此外由图 7-19 模型不难验证，$R_{b,T}$ 其实就是式（7-1）中的总阻力 R。

2. 尝试类比分析的可行性

这里的类比分析只是对习惯性分析思路的回顾，以便突出后续延时法介绍的概念。

虽然不等式（7-11）不显含中间时间变量 $L_{b,ef}/c_b$，但若希望利用桩顶实测的上、下行波数据导出与桩端最大位移相关的桩端静阻力，就需要确切地知道式（7-10）右边分子桩端速度 $V_b(t)$ 积分的时间上限 t_e，也就是 $2L_{b,ef}/c_b$，然后再延时 L/c，就可以在桩顶实测波形曲线上找到与最大桩端位移 $s_{b,max}$ 相对应的静阻力发挥信息。遗憾的是 $L_{b,ef}/c_b$ 面对千差万别的工程，很难被较为合理、可靠地估计。

图 7-19 嵌岩端承桩模型

桩作为线弹性杆与桩周岩土构成一维桩-土系统,若不存在对一维纵波传播的几何耗散和除去桩周岩土黏滞阻尼以外的其他物理耗散,则桩身任一深度处的速度波形形状与桩顶速度波形形状在几何上理应相似,即桩周岩土阻力只对速度脉冲的幅值进行衰减,而传至桩端的脉冲时间宽度(以下简称"时宽")与入射速度脉冲时宽相同。于是我们会萌生出一种近似类比的方法:利用桩顶速度为零的时刻 t_u,令桩端速度的积分上限为 $t_e=t_u+L/c$,这相当于假定桩端速度正向脉冲的时宽与桩顶的入射速度正向脉冲时宽相等、形状相似,意味着用这一方法最终确定的静阻力与延时法公式(7-8a)等价。这也是按波动力学简单分析可能导致的结论。

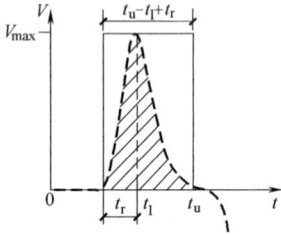

图 7-20 阴影积分面积占比

既然有了"桩顶和桩端的速度波形形状相似、时宽相同"的理想化条件,不妨采用图 7-20 的类比方式来确定式(7-10)右边分子的桩端速度积分值的相对大小。由桩顶起始速度脉冲包围的阴影面积与包围该脉冲的矩形面积 V_{max} ($t_u-t_1+t_r$) 的比值,类比得到 $\xi_{b,s/d}\approx 2\times 46\%=0.92$ [注:稍低于定性不等式(7-11)的低限,尚可接受],由于:

$$R_{b,s}=\xi_{b,s/d}R_{b,d}=\xi_{b,s/d}(R_{b,T}-R_{b,s,prt})$$

若记 $\alpha_{b,s/d}$ 为桩端达到最大速度时对应的位移(速度曲线在 t_r 时间段包围的面积)与桩端最大位移(速度曲线在 $t_u-t_1+t_r$ 时间段包围的面积)的面积比,因假定静阻力发挥处于弹性阶段,则 $\alpha_{b,s/d}=R_{b,s,prt}/R_{b,s}$。代入上式,有:

$$R_{b,s}=\frac{\xi_{b,s/d}R_{b,T}}{1+\xi_{b,s/d}\alpha_{b,s/d}}$$

由图 7-18(a)和图 7-19 分别计算 $R=R_{b,T}=12600$kN 和 $\alpha_{b,s/d}=0.45$。代入上式,得:

$$R_{b,s}=8200\text{kN}$$

此计算结果显然是对桩端发挥静阻力的偏高估计。究其原因,桩端静阻力发挥处于弹性阶段的假设不合理是一方面,更主要的是"桩端与桩顶的速度脉冲波形相似"的假定出了问题,即桩端与桩顶的速度脉冲时宽相等导致桩端实质性的位移放大,也隐喻着按不等式(7-11)估计的 $R_{b,s}=R_{b,d}\cdot\xi_{b,s/d}$ 可能偏高。接下来的第 3~4 款模型理论计算分析可证明端承桩且 $Z_b>Z$ 情况下桩端速度脉冲时宽将小于桩顶速度脉冲时宽。

事实上,对图 7-18(a)显示出的激励脉冲时宽较窄、岩基端承桩信号特征非常明显的波形,类比法计算方式合理与否,尚不能借助其他合理的方法佐证,因为在"波形形状相似、时宽相同"的理想化条件下,类比法与延时法的核心都是要找到桩端最大位移,计算结果本应殊途同归,但按延时法利用实测 $F_u(t_u+2L/c)$ 数据计算的静阻力已明显超出了式(7-11)的低限。原因是嵌岩端承桩提前发生了强烈反弹。因此,还需寻求式(7-11)的合理解析方法。

再来观察式(7-10)右边的分子,桩端速度 $V_b(t)$ 积分的区间时宽 $2L_{b,ef}/c_b$ 与类比法赋予的积分区间时宽 $t_u-t_1+t_r$ 在量值上差距很大。换一个形象直观的叙述:桩端基岩受力并产生有效变形的深度可粗略按 $5D$ (D 为桩的直径)且不小于 5m 考虑,风化岩岩体的纵波波速范围 1000~4500m/s，取中间值 2750m/s，得到 $2L_{b,ef}/c_b$ 为 3.6ms，然而，图 7-18（a）桩顶起始速度脉冲虽较窄，还是超过了 10ms。估算和实测的时间宽度相差悬殊，但以期达到的目标相同——按上述时宽确定的积分区间上限进行桩端速度积分、找到桩端位移最大值。所以，尝试将桩端速度达到最大值后适当延时 $t_{b,u} = 2L_{b,ef}/$ $c_b = 3.6$ms，由图 7-18（a）读取 $F_d(t_{b,u})$ 和 $F_u(t_{b,u}+2L/c)$ 数值，计算 $R(t_{b,u}) = F_d(t_{b,u}) + F_u(t_{b,u}+2L/c) = 5930$kN $> R(t_u) = 1700$kN，说明采用 3.6ms 较短延时得到的桩端位移最大值相对更合理。

3. 对嵌岩端承桩尝试采用弹性支撑法

由图 7-18（a）波形可直观判断，t_1+2L/c 时刻桩底反射（上行）波为压力波且接近入射波幅值的 50%，表现出鲜明的嵌岩端承桩特征，说明桩端基岩的阻抗 Z_b 和支撑刚度 k_b 分别显著大于桩身的截面阻抗 Z 和桩身抗压刚度 k_p。对于端承桩，桩侧土弹簧刚度 $k_{skn} \to 0$，如下近似表达式给出的桩-土系统整体弹性抗压刚度 $k_{p,s}$ 将达到最大值：

$$k_{p,s} = \frac{k_b(k_p+k_{skn})}{k_b+(k_p+k_{skn})} \xrightarrow[k_{skn} \to 0]{k_b \gg k_p} k_p = \frac{EA}{L} \qquad (7-12)$$

于是，压力作用只为桩身弹性变形势能的增加做出了贡献，也使如下计算能量消耗的简化公式中，不再包含克服桩侧，尤其是桩端岩土阻力做功消耗的能量：

$$E_{min} = \frac{1}{2} k_p s^2$$

式中：s——桩顶位移。

读者不妨用图 7-18（a）~（c）中的实测最大位移，按上式计算所谓的能耗低限值 E_{min}。有趣的是，对于桩顶位移值达到 20mm 的图 7-18（b），计算的最低能耗 E_{min} 约为 135kJ，略大于图中标出的实测锤击能量值 E_{tr}，由于桩的动阻力（包括桩侧阻力）还要消耗 E_{tr} 的部分能量，则 $E_{min} \geq E_{tr}$ 显然不合理。这说明桩端支撑刚度 k_b 不可能无限大，即桩端会产生一定的沉降；再者，如此大的桩身弹性压缩量 s 意味着桩身轴向压力或超过混凝土轴心抗压强度，物理上的可能性不大。

按照 DLT 波形判读的习惯，图 7-18（b）波形反映出桩的中下部出现了明显的侧阻力反射，与图 7-18（a）的 11t 锤击波形的表现以及场地地基条件不符。事实上，由于锤重变成 40t，图 7-18（b）锤击波形的荷载作用时间得以延长，其中也使得荷载起升沿时间较 11t 锤击波形明显延宽了近一个 L/c，桩端阻反射在 t_1+2L/c 之前就已出现。先于 t_1+L/c 时刻到达桩底的入射波尽管幅值不是最强，但因基岩的阻抗和支撑刚度很大，其反射波的波幅几乎与入射波相当，进而给人造成了桩中、中下部出现强侧阻反射的错觉。通过图 7-18（a）和图 7-18（b）波形的自动信号拟合发现，计算机果然根据 40t 锤击波形对"桩中、中下部出现强侧阻反射"的误判，有针对性地大幅提高了该部位的桩侧阻力。所以，再好的信号拟合结果，除了离不开波形的有效性，也离不开对波形的正确识别、定性。

针对图 7-18（a），若忽略桩侧阻力影响，利用桩顶实测的下行波 $F_d(t_1)$ 和上行波 $F_u(t_1+2L/c)$ 并代入式（5-15g），得到 t_1+L/c 时刻的桩端最大速度估值为：

$$V_{\text{b,max}} = \frac{F_{\text{d}}(t_1) - F_{\text{u}}(t_1 + 2L/c)}{Z} = 0.94\,\text{m/s} \quad (7\text{-}13)$$

上式只在桩侧阻发挥对称、即 $R_{\text{skn,i,}0\to L} = R_{\text{skn,r,}L\to 0}$ 时成立。在锤击能量相对小的短持续动载试验中，一般 $R_{\text{skn,i,}0\to L} > R_{\text{skn,r,}L\to 0}$，式（7-13）估算的桩端速度 $V_{\text{b,max}}$ 误差随 $R_{\text{skn,r,}L\to 0}$ 的减小而增大，强端阻反射极端情况时桩身反弹，导致桩侧阻力迅速卸载甚至转变为负值，可以认为 $R_{\text{skn,r,}L\to 0} \to 0$。若保守估计桩端速度波形为三角形，其时宽按入射速度波的时宽 11.9ms 取值❶，则得到桩端的最大位移 $s_{\text{b,max}} \approx 5.6\text{mm}$。类似地，对图 7-18（b）波形，估算 $V_{\text{b,max}} \approx 0.91\text{m/s}$ 虽偏高，但桩端速度波形取为三角形偏保守，按时宽 20.0ms 计算得到 $s_{\text{b,max}} \approx 9.1\text{mm}$。与处理图 7-18（b）波形相仿，由图 7-18（c）的波形数据计算的 $V_{\text{b,max}} \approx 1.30\text{m/s}$，桩端速度波形的形状取为三角形、时宽为 19.1ms，得到 $s_{\text{b,max}} \approx 12.4\text{mm}$。

接下来，回到按理想端承桩考虑的桩-土系统弹性支撑刚度的简化公式（7-12），对本例灌注桩取桩-土系统抗压刚度 $k_{\text{p,s}} = 680\text{MN/m}$，计算图 7-18 的三种情况下桩端静阻力的弹性阶段发挥值依次为 3800kN、6200kN 和 8430kN。

以上近似计算主要还是从实测应力波出发并最终以静力学简化方式来描述承载力计算过程，以形象体现"土阻力充分激发靠的是高能效引起的大变形"这一主旨。

不失一般性，对于正常设计条件下的承压桩，一维非畸变弹性波在桩身传播（入射、反射）时无溜桩现象发生，基于最大正向位移桩顶大、桩端小的事实，推断桩端的正向运动速度不单是幅值减弱还有持续时间变窄的可能。由图 7-18（a），桩端达到最大位移并延时 L/c 的时刻为 $t_{\text{b,u}} + 2L/c$，一定比桩顶出现最大位移并延时 $2L/c$ 的时刻 $t_{\text{u}} + 2L/c$ 提前。故图 7-18 三个算例虽假设桩端速度波的形状为三角形偏于保守，但很可能因时宽估计偏大而不安全。

基桩动力检测作为岩土工程领域的一项技术，结合岩土材料工程特性和经验来判断力学参数选取的合理性无可厚非，但前提是这些参数的估值大小应在力学的概念范围内可控，若非，则需另辟蹊径，寻找能规避经验参数取值因人而异的合适方法。

上述 1~3 条对桩端动/静阻力占比、类比法和弹性支撑法的大篇幅讲述，目的是为尝试在波动力学框架下的解决思路提供铺垫，也就是下文按先简后繁的顺序所介绍的延时法。

4. 端承型桩的 $t_{\text{b,u}}$ 延时法

通过对图 7-19 模型分析可知，桩端支撑基岩的阻抗和刚度越大，其有效压缩深度 $L_{\text{b,ef}}$ 就越小，基岩固定端的压力波反射就越强。图 7-21 给出的算例即是对图 7-19 纯端承

---

❶ 当动载作用时间短、桩端基岩阻抗和支撑刚度很大时，桩端的动阻力发挥快、幅值相对高，而与位移有关的静阻力发挥滞后、幅值相对低，动阻力达到最大值后迅速卸载，虽然静阻力随位移增加仍有缓慢增加趋势，但桩端的动阻力与静阻力之和 $R_{\text{b,T}}$ 总体呈下降趋势。不仅如此，桩端可能出现速度为负的情况，这可由桩端遇硬层拒锤时观察到桩顶的强烈反弹（拍皮球）现象证实；如锤轻、桩短桩侧阻弱时，桩回弹对锤冲顶出现锤快、桩慢的锤和桩同时整体反弹；桩较长时，前期强端阻压力波的反射已造成锤与桩顶脱离接触，使后继到达桩顶的端阻反射压力波掉头变成了二次入射拉力波，传至桩底将加速桩端反弹。所以，这些造成桩端反弹的因素都将使桩端向下（正向）运动速度的有效持续时间变窄，甚至明显变窄。

桩模型的计算验证。设锤的质量 m_r 等于桩的质量 m_p，锤和桩的弹性模量、波速均相同，锤的阻抗 Z_r 与桩身截面阻抗 Z 之比等于 2；另设基岩阻抗 Z_b 与桩身阻抗 Z 之比也等于 2，且 $L/c = 2L_{b,ef}/c_b$，于是基岩与桩身的抗压刚度比值 $k_b/k_p = 4$。由图 7-21 可见：桩端基岩高阻抗引起的较强压力波反射以及紧随其后的桩底下伏基岩的固定端压力波增强反射，使得桩端的正向最大速度峰值提前出现且明显衰减，桩端正向速度脉冲时宽相比桩顶速度脉冲变窄，桩端最大位移也提前出现（比习惯认知提前了 L/c）。时间至 $4L/c$ 时，锤以更快的反弹速度脱离桩顶，所产生的下行卸载拉力波与上行的基岩压力波在 $5L/c$ 时刻的桩底位置相遇叠加，使桩端反弹跳离了桩底。此后，桩变成了一根整体保持向上运动状态、桩身运动速度处于交替变化的零应力自由杆。因为是无侧阻作用的纯端承桩，桩端的力（阻力）和速度值可直接利用桩顶实测的力和速度计算。

图 7-21 嵌岩端承桩模型算例

5. 考虑桩侧阻力的 $t_{b,u}$ 延时法

纯端承桩在工程中并不存在。有侧阻时，桩端 $x = L$ 处的力和速度值需采用式（5-15c）和式（5-15d），或等价的式（5-15f）和式（5-15g）分别计算，如果 $R_{skn,i,0 \to L} = R_{skn,r,L \to 0}$，还可更方便地由式（5-15b）和式（7-13）分别计算。

当 $R_{skn,i,0 \to L} \neq R_{skn,r,L \to 0}$ 时，桩端正向速度的时间宽度仍可用式（5-15d）或等价的式（5-15g）来计算。此时，只需将式中的变量 x 替换为定值 L，而式中的定值 t_1 变成变量 t，通过对桩端速度 $V_b(t)$ 由起升达到最大 $V_{b,max}$，再由 $V_{b,max}$ 下降直至到零的搜寻过程，找到比桩端最大速度延时出现的桩端最大位移时刻 $t_{b,u}$，即从 $t \geq t_1 - t_r$ 起搜寻满足下式的时间 $t = t_{b,u}$：

$$\lim_{t \to t_{b,u}} V_b\left(t + \frac{L}{c}\right) = \frac{1}{Z}\left[F_d(t) - F_u\left(t + \frac{2L}{c}\right) - \Delta R_{skn,c}\right] \to 0 \tag{7-14a}$$

上式中，$\Delta R_{skn,c}$ 为桩侧阻力发挥不对称性的估计值等于 $R_{skn,i,0 \to L} - R_{skn,r,L \to 0}$。其含义是如果仍沿用式（7-13）搜寻 $V_b(t)$ 从峰值降至零时的对应时刻 $t_{b,u}$，因为无法考虑侧阻 R_{skn} 中的 $R_{skn,i,0 \to L}$ 与 $R_{skn,r,L \to 0}$ 发挥不对称而引起的计算误差，则 $V_b(t \to t_{b,u})$ 的代数值不会趋于零。对于单桩承载力较高的端承型桩，$R_{skn,i,0 \to L}$ 大于 $R_{skn,r,L \to 0}$，将会造成 $V_b(t \to t_{b,u})$ 值偏高 $\Delta R_{skn,c}/Z$。

为便于上式试算迭代，当摩擦型桩或摩阻力对桩承载力贡献较高的长桩、超长桩在 t_2 桩底反射前未出现桩侧阻力提前卸载时，式（7-14a）中的 $\Delta R_{skn,c}$ 可改用下式近似估算：

$$\Delta R_{skn,c}=S_{ym} \cdot R_{skn} \tag{7-14b}$$

式中：R_{skn}——整个桩长范围的入射加反射全程侧阻力波（$R_{skn,i,0 \to L}+R_{skn,r,L \to 0}$）的实际值，可近似取桩底反射前曾出现的桩侧阻力最大值，即 $2F_u(t_1-t_r+2L/c)$；

S_{ym}——反映入射半程和反射半程打桩侧阻力发挥对称性的系数，桩未出现明显反弹情况下的取值范围一般在 0～0.5 之间。

式（7-14b）中，虽然不论是 S_{ym} 还是 R_{skn} 增大多能使 $t_{b,u}$ 减小，从而增大计算阻力 $R(t_{b,u})$，但两者是相互制约的：当荷载持续时间 t_d 相对于 L/c 较短、桩在 t_2 之前明显发生卸载时，R_{skn} 确实低估了真实的桩侧阻力，不对称性也增加了（S_{ym} 增大）；当 t_d 相对于 L/c 较长、t_2 前桩侧阻持续发挥且较充分时，R_{skn} 估值较高且接近真实，说明入射和反射两个半程的侧阻发挥性状相近，S_{ym} 估值降低趋于零。

下面对 S_{ym} 取值的两种特殊情况作具体说明：

（1）对于较高承载力的端承桩或侧阻力较强的摩擦桩，桩卸载反弹较强，反射半程中的桩侧静阻力可完全卸载，类似于数值建模计算的静阻力模型参数——卸载弹性限 $U_{NL}=0$ 的情况，再加上动阻力反向，可认为 $R_{skn,r,L \to 0} \approx 0$，即 $S_{ym} \approx 0.5$ 或 $\Delta R_{skn,c} \approx 0.5 R_{skn}$；当发生类似"拍皮球"的强烈反弹时，$R_{skn,r,L \to 0}$ 变为负值，极端情况就相当于 $U_{NL}=100\%$，S_{ym} 可趋近于 1。

（2）对于长持续 DLT 条件下打桩贯入度适中的桩，可认为 $R_{skn,i,0 \to L}=R_{skn,r,L \to 0}$，相当于 $S_{ym}=0$ 或 $\Delta R_{skn,c}=0$，亦即桩侧静阻力发挥的理想塑性状态；当桩侧土静阻力发挥所需变形较大（如加工硬化型的松散砂），类似于数值建模计算参数——加载弹性限 s_q（也称 Quake）值较大的情况，只要有足够的锤重，使 t_d 与 L/c 之比大到能保证反射半程的桩侧静阻力继续发挥，则 $R_{skn,i,0 \to L} < R_{skn,r,L \to 0}$，一定程度上 S_{ym} 可小于零 0，否则得出 $t_{b,u}>t_u$ 的结果。

还有，并非所有的波形都能清晰识别桩的全程侧阻 R_{skn}，例如桩顶荷载起升沿较缓、荷载持续时间 t_d 与 L/c 的比值较大，部分端阻反射与侧阻反射耦合，入射半程与反射半程的对称性只能根据工程经验结合设计、地基条件粗略估计。凑巧的是，图 7-18（a）的 11t 轻锤短持续动测曲线显示的打桩侧阻力 $R_{skn} \approx 960kN$，估算出 $\Delta R_{skn,c}/Z=0.4R_{skn}/Z \approx 0.08m/s$。则对于图 7-18（b）、（c）的后继 40t 重锤测试信号，可借此作为计算桩端速度从最大到"回零"的修正值。故式（7-14a）实际是搜寻桩端速度从起升到最大、再由最大首次降为最低值的历程耗时。

上述分析及案例讨论并未局限于纯端承桩。通常，桩端静阻力发挥所需的沉降大于桩侧静阻力发挥所需的变形，故凡是（不限于端承型桩）以桩端静阻力充分发挥作为桩承载力整体发挥标志的等截面桩，均可采用基于式（5-15d）搜索桩端延时 $t_{b,u}$ 的方式。可以想见，随着荷载持续延长，入射半程和反射半程侧阻发挥的不对称性趋于弱化，最理想的结局是两个半程时段的侧阻发挥性状不变（桩-土间相对变形＝恒速＋理想塑性），静阻力计算方法演变为 t_u 时刻的延时法。

最后还需强调，对于打桩阻力较低或很低的桩，溜桩表现为桩端反射引起的桩顶正向速度时宽大于初始入射速度波的时宽，溜桩现象的强弱也在第 7.1 节提供了模型验证。发生严重溜桩时，有限记录时长的速度波形的大部分甚至全时程不归零，即无法标识明确的时间点 t_u，自然也就谈不上 $t_{b,u}$ 了。因此，$t_{b,u}$ 延时法适用的前提是 $t_{b,u} < t_u$。

6. 卸荷点法、t_u 延时法、端承桩的弹性支撑法及 $t_{b,u}$ 延时法四种方法的差异

作为汇总，对图 7-18 的三个波形，分别采用卸荷点法、t_u 延时法以及适用于端承桩的弹性支撑法和 $t_{b,u}$ 延时法计算的土阻力结果见表 7-3。表中所列 4 种方法的共同点是土阻力发挥值计算均与 t_u 时刻桩顶实测最大位移（或 $t_{b,u}$ 时刻导出的桩端最大位移）关联，而各自间存在的差异如下：

按 UPM、t_u 延时法、端承桩的弹性支撑法和 $t_{b,u}$ 延时法分别计算土阻力的比较　表 7-3

对应图号	UPM 计算静阻力(kN)	t_u 延时法计算静阻力(kN)	$(t_{b,u}-t_1)/$ (t_u-t_1)	弹性支撑法计算桩端 $R_{b,s}/$ $t_{b,u}$ 延时法计算静阻力(kN)	t_u 时刻桩顶加速度 $a_{s\text{-}max}$(m/s²)	桩质量 m_p(t)
图 7-18(a)	不适用	1700	3.6/8.2	3800/5930	—	—
图 7-18(b)	8070～11500	6850	8.8/10.2	6200/7960	−165	30.4
图 7-18(c)	8100～11560	7150	8.6/11.7	8430/8570	−170	30.4

注：用于 UPM 计算的经验修正系数 η 分别按 0.66 和 0.94 取值。

(1) 卸荷点法。假定卸荷点时刻桩的运动状态接近刚体，以该时刻桩顶卸载加速度作为整桩的加速度，通过消除整桩惯性效应实现土阻力的修正补偿；与土性有关的经验修正系数 η 本身概念模糊，选取有不确定性；在短持续（包括持续时间得到改善的适宜持续）动载试验波形分析时，由于桩身还存在明显的波传播现象，卸载加速度过大将导致高估土阻力。

(2) 端承桩弹性支撑法。采用了三个假设和一个估计：

【假设一】　既然端承桩的端阻起控制作用，可不计桩侧阻影响，假设端阻发挥与桩端位移的关联性要比其与桩顶位移的关联性更直接；

【假设二】　假设桩端与桩顶的速度脉冲时宽相同，桩端持力层越"软"，假设越真实；

【假设三】　桩端持力层的支撑刚度大于桩身竖向抗压刚度，假设桩-土系统的抗压刚度可近似按支撑在刚性地基上的无侧阻桩身抗压刚度取值；计算的土阻力发挥值为弹性阶段的静阻力；

【估计】桩侧阻力的实际大小、入射与反射半程发挥的对称性，一般只能凭经验及设计、地基条件粗略估计。

(3) 端承桩 $t_{b,u}$ 延时法。采用端承桩弹性支撑法的【假设一】和最后的【估计】。

(4) t_u 延时法。属于纯理论方法，对其应用未设置任何前置条件。其波动力学含义是：对应于桩顶最大位移（也是桩顶最大输入能量）时刻 t_u，实测桩顶力 $F(t_u)$ 被分属两个时程的"涉前"反射波 $F_u(t_u)=0.5F(t_u)$ 和"涉后"入射波 $F_d(t_u)=0.5F(t_u)$ 的

两个分量平分。卸荷点法则不同：桩顶出现最大位移时，通过去除桩的整体惯性效应使桩顶力 $F(t_u)$ 得到补偿，按静力平衡将其等效为桩周岩土阻力，不涉及时间过程。如前述，两种方法在落锤（配重）很重、桩顶荷载作用时间很长时，所得单桩承载力将趋同于静载承载力。正因为从"涉后"起点 t_u 后，桩周静阻力自上而下卸载、动阻力改变方向，因而 t_u 延时法所得的桩承载力值应为目前已知的各种计算方法的最低值，是不能突破的底线。

7.3.4 延时法的拓展应用

1. 从端承型桩的 $t_{b,u}$ 延时法拓展至摩擦型桩

采用 t_u 时刻延时法计算的 $R(t_u)$ 值，代表了从桩顶自上而下桩身开始陆续卸载反弹、土的静阻力开始下降、土的动阻力反向的打桩阻力值。以该值作为桩的承载力比目前列入标准的各种承载力计算分析方法结果更为安全，因为此时可能出现整个桩的运动位移在信号采样时段内不收敛。既然 t_u 延时法寻找的是沿桩身卸载程度不同的打桩阻力低限值 $R(t_u)$，于是在寻找卸载阻力的总原则下，适当将 t_u 左移至 $t_{b,u}$ 后，部分桩段侧阻处于继续加载状态，桩侧阻总体卸载幅度小于 t_u 延时法，在 $t_{b,u} \sim t_{b,u} + 2L/c$ 时程恰好碰上桩底达到最大位移时的静阻力最大发挥值（不仅是桩端静阻力，可能还包括部分桩侧静阻力），以期达到对 t_u 延时法低估承载力的提高修正。或更直白的理解就是寻找桩身整体运动速度的绝对值最小、位移相对最大时的打桩阻力，并以此作为桩的承载力。

与第 7.3.3 节关于端承型桩 $t_{b,u}$ 延时法的思路相仿，试图找到桩周（桩侧＋桩端）静阻力发挥到最大时的波传播轨迹。与静载作用不同，动载作用下桩顶与桩端位移不会同步达到最大，为了找到 DLT 的最大桩周静阻力，需要在桩顶位移达到最大时刻 t_u 后再延长一定时间，找到桩端出现最大位移时的桩端静阻力。理论上讲，仍然可以利用式（5-15d），以 t_1 为变量寻找 $x=L$ 时桩端出现最大位移的时刻 $t_{b,u}$。不过，通常在以 $t_{b,u}$ 为起点的波传播轨迹上，入射半程和反射半程的打桩侧阻力既不为零、也不对称（相等）。设想恰好在 $t_{b,u} + x/c$ 时刻，桩身 x 深度处的静阻力发挥恰与该处的最大位移同步，这意味着 x 以上桩段的侧阻将产生不同程度的卸载，而 x 以下部位的侧阻还在随位移的增加而改变。显然这个 $t_{b,u}$ 是不合适的，因为在 $t_{b,u} + 2L/c$ 全程漏掉了桩端位移最大时的端阻信息。可以想到，$t_{b,u}$ 的不确定性直接受 $t_{b,u} + 2L/c$ 行程侧阻发挥不对称性的影响，在轻锤加长桩情况下加剧。

端承型桩的整体最大静阻力发挥程度一定是以 $x=L$ 的桩端静阻力是否充分发挥为标志，但对于第 5.4 节图 5-10（a）与表 5-3 共同描述的长摩擦桩，由于 DLT 试验的锤重匹配不足，桩身提前回弹的范围较大，在桩下部静阻力（包括桩端静阻力）明显发挥的波传播轨迹上，桩中上部的侧阻力在入射半程、反射半程已分别出现陆续卸载和明显卸载。可能按指定位置 $x=L$ 搜寻到的速度延时 $t_{b,u}$ 并不与桩的整体承载力最大值相对应，因此除了在 $x=L$ 条件下通过改变 t 搜寻 $t_{b,u}$ 外，还牵扯到式（7-14a）在不同 $t_{b,u}$ 起点时 $\Delta R_{skn,c}$ 如何估值的复杂问题。不难理解，若用 x' 代表桩的下部某一位置，目视观察判定的 $\Delta R_{skn,c} = R_{skn,i,0 \to L} - R_{skn,r,L \to 0}$ 可能是 $R_{skn,i,0 \to x'} - R_{skn,r,x' \to 0}$ 的表象。

对此，最好在动力载荷试验的实施准备阶段，通过细致了解以下信息或许能获得锤重偏轻的提示，进而引起对锤重偏轻问题的重视，直至彻底纠正：

（1）既往类似场地岩土工程条件下的试桩经验；

（2）锤-桩阻抗匹配条件改变，如既往经验出自于同条件下的薄壁管桩，现在换成了实心桩；

（3）动力试桩的桩顶标高与实际工程桩的桩顶标高差异很大，试桩上部存在尚未挖除的填土、冻土、长期晾晒形成的硬壳层等；

（4）桩基承载力设计一般不计液化、震陷等土层的摩阻力或扣除湿陷、欠固结土层的负摩阻力，短时试桩这些影响非但不存在，而且还表现为正向摩阻力。

2. 对信号拟合多解性导致的承载力变异程度预示

信号拟合承载力的接受标准是视觉上的曲线吻合程度和经验上的岩土参数估值合理性，通过拟合（凑合）得到的波动方程数值解及从中分离出的静阻力 R_u，将因人和计算软件不同而异。因为不可能任何时候都用 SLT 和岩土工程经验复核来发现拟合承载力 R_u 的变异程度，只能在波动方程的凑合解上做文章。比如选择初次拟合计算的桩端最大位移时刻 $t_{b,u}$ 和承载力 R_u 作为比较基准，通过改变 R_u 并尽量按取得最佳拟合效果的初次拟合曲线的吻合程度进行二次拟合，检查 $\Delta R(t_{b,u})/R_u$ 和 $\Delta R_u/R_u$ 的相对变化。如果改变 R_u 后的拟合质量仍良好如初，则还原信号拟合的本意可知：两次拟合的数值解所模拟的桩身波动力学现象应该基本相同，$t_{b,u}$ 或打桩阻力 $R(t_{b,u})$ 应基本不变，这就是信号拟合的多解性表现。随着 $\Delta R_u/R_u$ 的改变，拟合质量有所变差，若 $\Delta R(t_{b,u})/R_u$ 也随之明显改变，说明拟合承载力对岩土参数的调节较敏感，进一步调节承载力的余地不大；反之，则表明拟合承载力的改变相对于岩土参数的调节不敏感，在此不敏感区域存在较大的计算承载力变异。最后，返回式（5-23）再行复核。

7.3.5 延时法与凯司法的主要区别

1. 计算承载力的基本思路不同

凯司法和延时法虽然都采用解析式（7-1）计算某时刻 t 的打桩总阻力，但凯司法习惯采用桩顶最大速度对应的时刻 t_1 计算总阻力 R，此时 $R(t_1)$ 中包含的桩周岩土动阻力已达到峰值，但位移相关的静阻力却未达到峰值。延时法认为，既然最终目标都是要获得桩周岩土的静阻力，那么面对抽象的动阻力，正如半个世纪以来土的阻尼系数取值规律只停留在数值建模计算层面，而无法得到试验验证一样，只能采取尽量回避的策略，即找寻桩身运动速度处于很低或较低水平时的打桩阻力作为静阻力。

2. 对桩端运动速度的关注点不同

凯司法和延时法的计算核心都围绕着桩端运动速度 $V_b(t)$ 的计算。由于凯司法假定最大动阻力产生于桩端，故需要计算 $t=t_1+L/c$ 时的峰值 $V_b(t)$。延时法关心的是桩端运动速度从峰值下降至零的时刻 t_u 或 $t_{b,u}$，因为那个时刻至少是桩端动阻力为零、桩端位移达到最大。

3. 桩端运动速度的计算条件不同

凯司法采用简化公式（7-13）估算的桩端速度 $V_b(t)$，是在隐含假定桩侧阻发挥对称的条件下得到的，即 $R_{skn,i,0 \to L} = R_{skn,r,L \to 0}$。而此条件对延时法来说，只在无侧阻的纯端承桩条件下成立。切记，侧阻发挥对称性 $\Delta R_{skn,c} = R_{skn,i,0 \to L} - R_{skn,r,L \to 0} \approx S_{ym} \times R_{skn}$ 的计算，仍是参照桩身静载传递机制的侧阻发挥模式近似估算（很难从全程侧阻 $R_{skn,i,0 \to L} + R_{skn,r,L \to 0}$ 中厘清动阻力的影响），且随着估计值 S_{ym} 或 R_{skn} 的增大，$t_{b,u}$ 减小、$R(t_{b,u})$ 增大，此时"限高"控制是否有效主要看参数 S_{ym} 取值的合理性。

当然，直接对桩侧正向动阻力"限高"或许更容易被理解：

$$t_{b,u} > t_u - L/c$$

$$\left| \int_{t_u}^{t_{b,u}+2L/c} V(t) \cdot dt \right|_{\text{负向}} \geqslant \left[\int_{t_{b,u}}^{t_u} V(t) \cdot dt \right]_{\text{正向}}$$

上两式确有合理的一面，因为限制了 $t_{b,u}$ 左移，但若左移过大使 $t_{b,u} \to t_u - L/c$ 时，将不合理的预示着桩顶和桩端位移同时达到最大。这深层次原因就是对桩侧动阻力发挥机理认知的肤浅。其实，"正向"动阻力发挥机制能用"与速度 N 次幂（$N > 0$）成正比"的数学表达，但同时兼容"负向"动阻力发挥规律且经过试验证实的数学表达，至今未见权威性的报道。

4. 动阻力计算及其土参数引用不同

凯司法假定 $R(t_1)$ 中的打桩动阻力全部集中于桩端，经前述步骤获得桩端最大运动速度后，还要根据桩的主要受力土层的物理指标，引入经验阻尼系数，以便计算出与桩端运动速度峰值和阻尼系数均成正比的桩端动阻力，再从 $R(t_1)$ 中将此桩端动阻力扣除得到打桩静阻力——承载力。显然，延时法不涉及动阻力的计算假定和土的经验参数引用。

7.3.6 $t_{b,u}$ 延时法应用示例

1. 波形识别——结合图 7-22 特例分析

由于 $t_{b,u}$ 延时法是一个试算过程，虽不直接涉及土性参数，但还是需要使用者先对波形特征进行大致辨识，以判别波形反映的桩承载性状是否与勘察设计、施工条件基本相符。

图 7-22 案例来自于广东省能力验证并兼顾桩端持力层遇水软化现象研究的静、动对比试验。试验桩为 PHC500AB（125），采用 6.2t 筒式柴油锤沉桩施工，测点下桩长 22.4m，收锤最后三阵贯入度 20cm/10 击。勘察钻孔揭示：①填土和流塑状淤泥质土厚 5.2m；②稍密—中密状砾砂层厚 5.1m；③可塑状花岗片麻岩残积土厚 5.7m；④全风化花岗片麻岩厚 6.5m，裂隙极发育，散体状结构，岩芯呈土状，遇水易软化、崩解，桩端接近该层的底板标高处；⑤强风化花岗片麻岩厚 6.9m，裂隙发育，岩芯呈硬土状，遇水易软化、崩解。试验桩的主要持力层为③～④层，可归类为可塑—硬塑状黏性土。

DLT 采用 8t 自由落锤，试验桩历经各次试验的形式和时间见表 7-4。由各次 DLT 复打波形和两次 SLT 试验结果可知，19～116d 试验期内，DLT 和 SLT 承载力几乎不随时间变化，也未发现桩端持力层出现遇水软化。因此采用 41d 的 DLT 拟合承载力和 29d 的 SLT 承载力（图 7-23）进行对比。显而易见，DLT 承载力比按陡降确定的 SLT 承载力高约 30%。

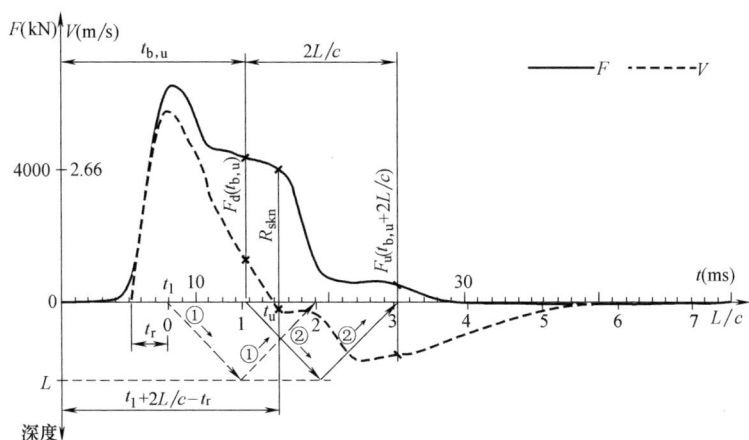

图 7-22　41d 实测波形及 $t_{b,u}$ 延时法计算图示

开展试验的时间、形式和结果　　　　　　　　　　　　　　表 7-4

试验次数	1	2	3	4	5	6	7
休止时间	0	19d	21d	29d	41d	110d	116d
试验形式	初打	DLT	DLT	SLT	DLT	DLT	SLT
承载力/ 桩顶位移/ 传递能量	1805kN /27mm /53kJ	3683kN /21mm /91kJ	3860kN /23mm /116kJ	3000kN/陡降 12.85mm 3187kN/缓变型曲线按 40mm 沉降取值	3888kN /23mm /115kJ	未计算 /22mm /116kJ	3000kN/陡降 13.36mm 3171kN/缓变型曲线按 40mm 沉降取值

注：DLT 承载力计算均采用自动信号拟合。

2. 确定 R_{skn}

严格地讲，式（7-14b）中的 $\Delta R_{skn,c} = R_{skn,i,0 \to L} - R_{skn,r,L \to 0} \approx S_{ym} R_{skn}$ 指的是 $t_{b,u}$ 至 $t_{b,u} + 2L/c$ 时段入射侧阻力波和反射侧阻力波的强度之差，即图 7-22 中的②行程。但在②行程的 $2L/c$ 时段内，$R_{skn,②}$ 中"发挥"的大部分静阻力并不是伴随着位移增加的正常加载，而是回弹卸载，动阻力则基于"与运动速度正相关"的惯性思维，被认定伴随着回弹改变了方向。所以，试图既方便、又准确地单独估算 $R_{skn,i,0 \to L}$ 和 $R_{skn,r,L \to 0}$ 显然有困难；更为麻烦的是，②行程将不同程度地包含端阻反射影响，使得识别侧阻加、卸载耦合本就困难的行程②又"掺入"了端阻反射的"干扰"。因此近似用行程①简单代替行程②，所得 $R_{skn,①}$ 较为真实，至少可以消除端阻反射的耦合"干扰"。可以推测，若桩侧土的加载、卸载的静刚度差别不大，这种代替是可以接受的，因为我们的最终目标是获得静阻力、至于抽象的动阻力，就像土的阻尼系数取值规律性不强一样，只能采取尽量回避的策略，即找寻桩身整体运动速度处于低值时的打桩阻力。当然，即便是针对①行程，由于细分 $R_{skn,i,0 \to L}$ 和 $R_{skn,r,L \to 0}$ 的难度随桩侧阻力提前卸载（锤较轻或桩较长）的严重而加剧，但按①行程近似估算总的打桩侧阻力 $R_{skn} = R_{skn,i,0 \to L} + R_{skn,r,L \to 0}$ 却相对容易，直白地讲就是分解不易、求和容易。

由图 7-22 可知，估算 R_{skn} 时刻紧邻 t_u 时刻，表明虚线①行程的侧阻基本未发生卸载。所以 $R_{skn} = 4248kN$ 属于较理想的估值。

3. 初步判断 $t_{b,u}$ 是否小于 t_u

对于此摩擦型桩，按适中值取打桩阻力发挥对称性系数，如预设 $S_{ym}=0.25$，按式（7-14a）粗估 $t=t_u$ 时的桩底速度 V_b：

$$V_b(t_u+L/c)=[F_d(t_u)-F_u(t_u+2L/c)-S_{ym}R_{skn}]/Z=0.117\text{m/s}$$

由于 $V_b(t_u+L/c)$ 仍明显大于零，预判 $t_{b,u}<t_u$ 的情况可能不存在，即便存在估计也较微弱。事实上，当预设 $S_{ym}=0.29$ 时，上式计算 $V_b(t_u+L/c)=0$。这意味着，S_{ym} 取值大于 0.29，延时法承载力计算值 $R(t_{b,u})$ 将超过 $R(t_u)$。

特别是整桩的打桩阻力偏低（如出现明显溜桩）时，$V_b(t_u+L/c)>0$，预示着 $t=t_u+L/c$ 时桩端位移并非达到最大值，也就预示着这个方法需要找寻的 $t_{b,u}<t_u$ 不存在；反之，$V_b(t_u+L/c)<0$，则预示着 $R(t_{b,u})$ 的情况存在，$t_{b,u}$ 延时法可以尝试使用。

4. 与信号拟合计算结果和静载试验结果的对比分析

（1）参考 $R(t_u)$ 计算结果及相应的 S_{ym} 取值，取 $S_{ym}=0.30$，$R(t_{b,u})=3020\text{kN}$，与图 7-23 按陡降判定的承载力值基本一致，且 S_{ym} 取值基本合理。按式（7-14a）试算 $t_{b,u}$，仅由 t_u 时刻向左偏移了 0.2ms，也与信号自动拟合给出的桩底速度波形略微收窄现象吻合。

（2）以信号自动拟合承载力（$=3891\text{kN}$）为参照，经试算需取 $S_{ym}=0.42$，$t_{b,u}$ 相对于 t_u 向左移动了 1.9ms，计算 $R(t_{b,u})=3868\text{kN}$ 与信号拟合承载力基本一致，但是比按陡降判定的静载极限承载力高约 30%，且 $S_{ym}=0.42$ 稍感不合理偏高；DLT 信号拟合模拟与 SLT 的荷载-沉降曲线对比见图 7-23，$E_{\max,s}/E_{tr}=0.95$ 对摩擦型桩亦属偏高。无独有偶，Alvarez 等[67] 和 Rausche 等[68] 在 2019 年报道了高塑性指数黏土中的桩出现 DLT 承载力比 SLT 承载力明显偏高的案例，提出在完成动测信号正常拟合后，应分别针对整桩完全处于或部分桩段处于高塑性黏土层中的两种情况，直接对整桩或部分高塑性黏土桩段的静阻力乘以 0.7 进行承载力折减。说明信号拟合程序所用动阻力模型（阻尼模型）不适合高塑性黏土速率效应的模拟。这也是盛行半个世纪的黏-弹-塑土模型遇到的严峻挑战。换一种思考并解释，高塑性黏土一般灵敏度较高，应变软化特性可能明显[27]，相对于 SLT 沉降，DLT 位移仍为具有速率效应的动位移。

图 7-23　DLT 模拟与 SLT 曲线对比

5. 关于 S_{ym} 取值的合理性

S_{ym} 的理想取值范围在 0~0.5 之间变动。基于对桩身静荷载传递机理的理解，S_{ym} 的低值对应于承载力较低的摩擦型桩，或承载力较高、t_d 与 L/c 的比值较大、①行程的 $0{\rightarrow}L$ 入射半程和 $L{\rightarrow}0$ 反射半程侧阻发挥状态差别不大的情况；高值对应于高承载力端承型桩，或 t_d 与 L/c 的比值较小、桩身先于 $t_2=t_1+2L/c$ 出现卸载反弹的摩擦型桩。必须强调，S_{ym} 估值的合理性与按①行程确定 R_{skn} 代数和的合理性是关联的。

如果是摩擦型桩，或者虽非摩擦型桩但桩较长、其摩阻力在试验时对桩的承载力贡献较大（如深厚欠固结土层设计考虑为负摩阻力，而动测表现是正摩阻力），当 t_2 桩底反射前出现桩侧阻力提前卸载时，用式（7-14b）估算式（7-14a）中的 $\Delta R_{skn,c}$ 将存在以下问题：

（1）用任一时刻 t 估算的全程侧阻 R_{skn}（$\approx R_{skn,i,0 \to L} + R_{skn,r,L \to 0}$）中的土阻力信息，因为提前卸载，都不可能包含真实的桩侧静阻力充分发挥的信息；

（2）采用调高 S_{ym} 进行承载力提高补偿明显不符合式（7-1）的机制，因为提前卸载，任一时刻 t 对应的行程都不可能同步出现 $R_{skn} = R_{skn,i,0 \to L} + R_{skn,r,L \to 0}$ 和 R_b 最大值。

下面结合两根长细比大于 100 的超长桩静动对比案例[64-65] 说明。有关试桩的规格、施工、勘察和试验资料见表 7-5，静载 Q-s 曲线见图 7-24，DLT 测试与分析见图 7-25 和图 7-26。

超长桩的规格、施工、勘察及试验资料 表 7-5

桩的规格和施工情况	地基条件	单桩静载试验结果	动载试验
9 号桩：PHC400（95）管桩，桩长 54m；采用 D50 柴油锤沉桩，总锤击数 305，收锤贯入度 28cm/10 击	①杂填土，松散，密实度不均，厚约 2.8m；②淤泥，流塑，层厚 36.3m，上部夹细砂透镜体，松散，层厚 1.6m；③砂质黏性土，可塑，层厚 12.4m；④全风化花岗岩，岩芯呈土柱状，下部呈块状，层厚 4.9m；⑤强风化花岗岩，未揭穿	最大加载 5200kN，对应沉降约 56.6mm，静载 Q-s 曲线无陡降，极限承载力不小于 5200kN	6.5t 自由落锤，$E_{tr} = 89$kJ，$D_{max} = 25$mm，信号拟合承载力 4694kN
4 号桩：PHC500（145）管桩，桩长 55m；采用 16t 液压锤沉桩，总锤击数 3880，收锤贯入度 2.5cm/10 击	①黏性素填土，松散，厚约 2.9m；②₁ 淤泥质土，流塑，层厚 12.9m，②₂ 粉细砂，稍密，层厚 13.9m；②₃ 中砂，中密-密实，层厚 16.5m；②₄ 圆砾，中密，层厚 8.1m；③₁ 强风化泥质粉砂岩，上部呈硬土状、下部呈块状；③₂ 中风化泥质粉砂岩，岩芯呈柱状，未揭穿	最大加载 4200kN，静载 Q-s 曲线为缓变型，极限承载力按沉降 40mm 取值为 4039kN	10t 自由落锤，$E_{tr} = 115$kJ，$D_{max} = 25$mm，信号拟合承载力 4017kN

由动测曲线可见，2 根桩均在 t_2 前表现出提前卸载，采用 $t_{b,u}$ 延时法计算承载力时，尽管 $R(t_{b,u})$ 包含了桩端位移最大时的端阻信息，但以 $t_{b,u}$ 为起点的全程侧阻发生了明显卸载，所以计算的 $R(t_{b,u})$ 不同程度的低于 SLT 承载力，且由于桩端持力层为全风化花岗岩的 9 号桩端承力占整桩承载力的比重显著高于 4 号桩，使得 4 号桩 $R(t_{b,u})$ 的偏低程度加剧。所以，桩侧阻力发生提前卸载且侧阻力相对总阻力占有一定比例时，$t_{b,u}$ 延时法不适用。显然，这一限制条件推动了延时法向 RLT 靠拢。

图 7-24 静载曲线

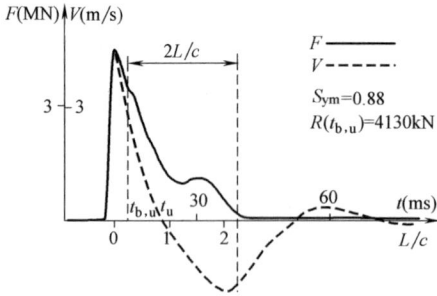

图 7-25　9 号桩动测曲线及 $R(t_{b,u})$ 计算

图 7-26　4 号桩动测曲线及 $R(t_{b,u})$ 计算

9 号、4 号试桩的 α_{rp} 分别为 0.5 和 0.43。可以预期，大幅提高锤重，提前卸载现象将减轻。所以，静力学中的长桩、短桩，在波动力学里因锤重变化只有相对长或短，即相对桩长等于桩长与波长之比。不过对于动载试验，也不能一味追求"短"，还要兼顾经济性，还要让"应力波"有一席之地。

7.4　短持续与长持续动载试验方法的相互融合

7.4.1　超长桩动载试验案例分析

长持续动载试桩的概念支撑与短持续高应变动测的"土阻力充分激发靠的是高能效引起的大变形"观点完全契合，其实际应用的可靠性更是毋庸置疑。但在实用性上，除了减少测试信号识别的困难和数据处理的繁复，也要注重理论的完备性和普及应用上的经济性，不宜对锤重（配重）选择采取"一刀切"。燃爆式快速载荷试验的加载测试能力已突破 100MN，但为之付出的代价可想而知。

1. 马来西亚槟城二桥 P25 静动法试桩[66]

试桩全长 120m，桩泥面下长约 113m，桩上段 35m 有钢护筒，直径 2.3m，下段长 85m，直径 2.0m。该试桩由中方施工并进行了自平衡法试桩，后又由两个国外机构分别进行了静动法的试验咨询和测试。加载设备能力按桩的工作荷载 25.5MN 配置，为 50MN 级。

地基条件（泥面下）：15m 深度范围依次为淤泥、淤泥质黏土和黏土；15～101m 范围为中密—密实中粗砂；101～109m 范围为强风化花岗岩；109m 以下为微风化花岗岩（桩端嵌入该岩层 4m）。

根据现场试验视频，配重顶升高度超过 2m，历时约 0.7s。图 7-27 为 P25 试桩桩顶实测的力、位移、速度和加速度曲线。力曲线虽尽显了静动法延长荷载持续时间的优势，但仍不满足现行 ISO 标准即式（7-2）的要求，除非桩身不同断面放置应变测量传感器，以便采用分段卸荷点法（SUPM）。根据文献 [66] 载明的情况，成桩后在桩身 7 个断面安装了伸缩变形量测传感器，但能否适用动态测试未见报道。经 SUPM 法给出的等效静阻力为 59.0MN，而 UPM 法为 50.2MN。根据实测信号，忽略配重预压荷载影响，桩顶最大力值 $F(t_1) \approx 65$MN，卸荷点 t_u 时刻：$F(t_u) \approx 49.5$MN，$a_{s\text{-max}} \approx -30$m/s^2。取整桩质

量 $m_p=1010t$，按式（7-3）计算的 $R_{ic}(t=t_u)\approx80MN$，计算的静阻力 $R_s=\eta\times R_{ic}(t=t_u)$ 应该在 52.8～75.2MN 之间。在本例静阻力计算过程中，未见作者采用经验修正系数 η，毕竟试桩信号分析完成于 2014 年，而本书介绍的计算方法是 2016 年 ISO 22477-10 标准[55] 推荐的。当然，单桩承载力（静阻力）的分析判断往往不会固定采用一种模式，分

析者的工程经验干预作用也不能忽视；也要考虑国外单桩承载力安全系数取值可能高于中国的情况。本案例单桩承载力安全系数取为 3（工作荷载的 3 倍），但验证性检测只需做到工作荷载的 2 倍。而我国现行的建工类标准采用的安全系数为 2，验证性检测也需做到工作荷载的 2 倍。因此，即使单桩极限承载力是唯一的，但执行不同的验收检验标准可能结论截然不同。另外对本例超长桩，过高的 $R_{ic}(t=t_u)$ 值显然不合理，因为 t_u 时刻虽然桩顶速度为零、加速度为负，但此刻桩顶以下部分的桩身运动速度仍大于零，桩身中下部的加速度值与桩顶差异明显。所以，套搬 ISO 22477-10 的 UPM 法，存在不合理的惯性效应补偿导致高估静阻力的风险。

由图 7-27 的位移曲线可知，桩顶最大位移仅为 32mm 的情况直接印证了桩的抗压刚度和岩土阻力均相对较高，那么从另一面则反映出该桩岩土阻力尚未充分激发。

图 7-27 P25 试桩测试曲线

2. 采用波动理论对 P25 试桩测试曲线进行判别

按照波动力学的原理对波形判断。如仿照低应变方法只观察速度波形，发觉这是典型的桩端嵌入坚硬基岩的速度响应；按高应变方法波形判读，该桩除强端阻反射外，还有较强的侧阻反射，计算总阻力 R 不小于 75MN；但按延时法公式（7-8a）计算静阻力，得到的是有违常理的低值，说明荷载有效持续时间偏窄或有效输入能量偏低。

较大的桩身截面阻抗和较强的桩周岩土阻力均会造成荷载脉冲持续时间的绝对变窄，这不仅对落锤式还是燃爆式快速载荷试验，现象大体类同❶；不仅如此，桩超长时，还会出现荷载脉冲持续时间的相对变窄，因此 SUPM 法是 UPM 法超出适用范围时的兜底方法，即用分段刚体近似等效波传播引起的桩身受力和运动的不均匀。但是，这种近似需要

---

❶ 本书已对简化的落锤与桩-土系统相互作用机制进行了描述，认为 Statnamic 桩顶加载机制与导杆式柴油锤相像。因不了解 Statnamic 固体燃料燃爆性能与高温压燃爆炸的柴油有何差别，故难指明 Statnamic 桩顶燃爆加载并与桩-土系统相互作用的力学机制与落锤式的差别。但有个差别肯定存在：Statnamic 不会出现落锤式试验时桩强烈反弹对锤的明显冲顶现象。

试验前预知 t_d 不满足式（7-2）、而在桩身提前预埋应变传感器或预留安设位置，因此可操作性差。另外如第 7.2.3 节中第 1 条所述，可以借助行波理论计算近似替代桩身安设的应变传感器。如此一来，不管动力试验荷载作用时间是短持续还是长持续，最后还是回到了波动力学。

按式（7-2）或按与该式类似原则确定 UPM 法的适用性，相对比按配重（锤重）达到或超过预估承载力的某个比例（如 5%）的要求更具实用意义，但针对 P25 超长桩，想必有限增加配重（锤重）是徒劳的，不如客观面对现实，将测试成果按基本正常的短持续动载试验处理。图 7-27 中的信号分析在 t_u 时刻结束时，桩下部的侧阻反射还不充分、端阻力信息还未反射回桩顶是显而易见的。为避免概念不清可能导致的误用，对长持续动载试验在超范围使用时要提供一个可靠的兜底方法，那一定是波动力学方法。

3. 从能量角度分析 P25 试桩信号的有效性

利用 UPM 法和 SUPM 法计算的 P25 试桩模拟的等效静荷载-沉降曲线见图 7-28。其中 SUPM 法分别给出了双曲线型和直线型两条等效静荷载-沉降曲线，对前者曲线积分得到模拟静荷载克服桩-土支撑系统抗力所做的功约为 1250kJ。鉴于较明显的桩身波传播效应和桩周岩土动阻力将引起较大的额外能耗，对照图 7-9，若绘出 P25 试桩的桩顶动荷载-位移曲线包络，则额外能耗在曲线包络中的面积占比必定大于图 7-9 中的阴影能耗面积占比。因此，作为更能充分激发桩周岩土阻力的长持续动载试验，理应期望有效输入能量显著大于 1250kJ。下面进行输入能量与做功能耗比较：

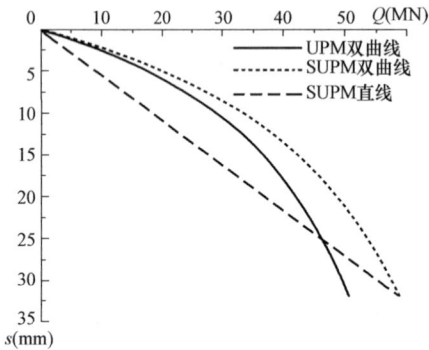

图 7-28　P25 试桩模拟等效
静荷载-沉降曲线

（1）首先按图 7-27 的桩顶力和速度曲线粗略计算燃爆加载传递给桩的能量为 1370kJ。

（2）对应桩顶最大位移 32mm，虽然动载试验的有效输入能量大于按模拟静载曲线计算的功耗，但两者比值（1370/1250）仅为 1.1，说明试验的有效能量输入有限，不仅 P25 试桩的承载潜能尚未充分发挥，就是按燃爆式试验的实际能量输入，SUPM 法计算的静阻力发挥值（59.0MN）已不属于保守估计。

（3）为了让读者对静动法的设备加载能力有一个量的直观，设想将燃爆加载装置的反力配重置换为落锤的锤重，即 250t；参照配重的顶升高度，锤的落距取为 2m。比较图 7-18 案例的 3 个信号可知，采用 11t 轻锤试桩设备的锤重/桩重比 $\alpha_{rp}=0.37$，锤击能量传递比 $C_r=34\%$，比用 40t 重锤低了近 50%。这对于 α_{rp} 仅为 0.25 的超长 P25 试桩，250t 锤击设备与 P25 试桩的桩-土系统匹配效果应该更差、承载力发挥程度应该更低。于是，按锤落距 2m，E_{tr} 为 1370kJ，反算得到 $C_r=28\%$ 应该符合实际。

4. P25 试桩案例映射出 RLT 方法的原理欠完备

由于采用 RLT 方法，P25 试桩的配重只按预估发挥静阻力的 5% 选取，未考虑锤（等效配重）与桩-土系统相互作用时桩的匹配效能，碰巧又是大直径超长桩，α_{rp} 低至 0.25，就连短持续 DLT 都嫌锤偏轻，使得基于 RLT 的静力学+刚体力学近似方法与实际桩身存在明显波传播效应有些格格不入；正是 120m 长的超长桩，使 RLT 对荷载持续时间 $t_d \geqslant 10L/c$ 的要求形同虚设，也暴露出原理上的不完备。因此，RLT 主张增大锤重以弥补 DLT 施加能量的不足值得提倡，但无差别化的桩身应力波现象的"淡化"处理方式也应纠正，除非 RLT 从试验设计到数据分析均采用波动理论。

其实，改善 RLT 适用性并非难事，只需将波动力学分析作为波传播效应表现明显信号的兜底处理方法即可。这就是 RLT 与 DLT 的原理融合。

7.4.2 短持续 DLT 向长持续 DLT 的过渡与衔接——结合试桩案例分析

1. 试桩场地条件及试验情况描述

以下案例中的 67 号和 50 号桩均为 PHC300(70) 预应力管桩，彼此相距 2.1m，测点下桩长 18m，波速 4200m/s，整桩质量 2450kg。采用 16t 液压锤沉桩，设计要求单桩极限承载力 1400kN。附近地质钻孔显示：新近回填素土，松散未压实，厚 2.8m；粉砂，松散，厚 5.6m；淤泥质土，流塑，厚 6.8m；强风化泥质粉砂岩，岩芯呈硬土状—碎块状，厚 7.9m。

67 号桩动载试验分别采用 5t 和 10t 锤各锤击 4 次，落距依次提高；50 号桩各锤击 5 次，除 5t 锤 1～3 次锤击落距依次提高、4～5 次锤击落距依次下降外，10t 锤的 5 次锤击落距也是依次提高。锤垫为 4 层胶合板，初始厚度约 6cm。图 7-29 和图 7-30 的选取信号均与锤的最大落距相对应，正如信号形态的表现，67 号桩试验中锤的回跳更强烈，其中 10t 锤的目视回跳高度超过 0.1m。由于锤击装置采用钳式脱钩器，锤脱钩瞬时已具有一定的初速度，按脱钩点量测的落距计算锤芯势能，将出现不同程度的偏低和离散，因此对所有测试信号统一按冲量 $I(t_u)$ 校正锤芯撞击初速度 V_0，并以此计算锤芯的撞击动能。表 7-6 列出了图 7-29 和图 7-30 所示波形的特征信息（锤芯撞击初速度、锤击能量输入及其传递比、最大位移）以及不同承载力计算方法（延时法、信号拟合法和卸荷点法）的计算结果比较。

2. 结合波形特征对不同承载力计算方法的计算成果进行分析评判

（1）10t 锤的力脉冲持续时间比 5t 锤宽，但两者的能量传递效果、即锤与桩-土系统的匹配效果差别不大；锤落距由低到高施打同一根桩，低落距锤击脉冲宽，图 7-30（b）的 50 号桩第 5 锤力脉冲宽度比落距低 65% 的第 1 锤力脉冲窄 20%。这其中既有桩周岩土阻力发挥程度的差异，也有初次锤击时的锤垫相对厚软、缓冲效果好（但能耗较大）以及锤垫经反复锤击变薄变硬、缓冲效果变差的原因。

（2）两根桩先 5t 锤、后 10t 锤施打，间隔时间 40min。图 7-29（b）和图 7-30（b）的重锤波形相较图 7-29（a）和图 7-30（a）轻锤波形，桩端阻力发挥均明显提高。大能量连续锤击也可能使桩侧阻力降低，信号自动拟合结果显示，50 号桩 10t 锤-5/5 拟合的侧阻力比前一锤次有所下降，但 67 号桩 10t 锤-4/4 信号拟合结果正好相反——桩侧静阻力增加 1 倍、端阻力下降 30%。可以理解，这对于具有多解性的信号拟合并非异常，毕竟试桩的桩长不长、锤很重、荷载持续时间较长，侧阻和端阻的区分精准到"米级"很困难，除非拟合在人为干预下进行。

图 7-29 67 号桩实测曲线

(a) 5t 锤，锤次 4；(b) 10t 锤，锤次 4；(c) 桩顶 F-D 曲线

图 7-30 50 号桩实测曲线

(a) 5t 锤，锤次 3；(b) 10t 锤，锤次 5；(c) 桩顶 F-D 曲线

(注：以上 2 根桩的 5t、10t 锤对比试验由顺德工程检测中心完成)

（3）按 67 号桩 10t 锤-4/4 信号，t_1 时刻的力和速度值已较该桩 5t 锤-4/4 信号有明显下降，说明重锤低击确实起效。但是，因基岩强端阻力波反射，t_2 以后测点位置的桩身压应力已达到 61.4MPa，相信桩端压应力还会更高。因此，从充分发挥桩端基岩阻力的角度讲，加大能量输入以增大桩端变形无可厚非，但还要一味追求降低桩端压应力放大，导致 DLT 一味增加锤重或 RLT 一味增加软垫缓冲，则非明智之举。

（4）表 7-6 中，当土的经验修正系数 $\eta = 0.66$ 时，UPM 法给出的承载力均明显低于相应的 t_u 延时法承载力，然而两种方法的计算时间点同为 t_u 时刻。静力学、刚体力学简化会引起 UPM 法阻力 R_{ic} 偏高，而 ISO 标准[55] 推荐的 η 取值范围粗放，修正合理性难料。

（5）$t_{b,u}$ 延时法与实测信号拟合法的计算原理共同点在于，都将与位移相关的静阻力作为承载力，本质差别是后者需要假定桩-土相互作用的模型及其参数，而 $t_{b,u}$ 延时法只需依据行波理论，经过试算找到与位移相关的桩周（桩侧＋桩端）土阻力发挥到最大时（也即桩端位移达到最大的时刻 $t_{b,u}$）的波传播轨迹。

67 号桩和 50 号桩波形特征信息以及不同承载力计算方法输出结果汇总　　表 7-6

对应图号	按 $I(t_u)$ 校核 V_0(m/s)	输入能量 E_{tr}(kJ)	能量传递比 C_r(%)	桩顶最大动位移(mm)	$t_u - t_{b,u}$ (ms)	对称性系数 S_{ym}	$R(t_u)/R(t_{b,u})$ 延时承载力 (kN)	信号拟合承载力 (kN)	η=0.66/0.94 时 UPM 承载力(kN)	t_u 时刻加速度 (m/s²)
图 7-29(a)	5.66	54.9	68.5	27.5	3.7	0.45	2388/2884	2730	2235/3184	−350
图 7-29(b)	4.10	57.0	67.9	29.4	0.6	0.35	2797/2890	2944	2308/3287	−213
图 7-30(a)	5.59	50.3	64.4	28.9	2.0	0.40	1233/1458	1759	1140/1624	−182
图 7-30(b)	3.72	45.0	64.9	29.5	1.2	0.25	1637/1745	1773	1347/1918	−126

3. 延时法和信号拟合法互为校核计算

试算开始前，需根据实测波形（或前面锤次的低能量波形）估算打桩侧阻力 R_{skn}，并以此作为试算时段范围内波传播轨迹上的全程桩侧阻力波的理想发挥值（所谓理想发挥值是指桩侧阻力波的入射半程和反射半程完全对称，即 $R_{skn,i,0 \to L} = R_{skn,r,L \to 0}$），再基于对信号的波传播现象理解，假定打桩侧阻力发挥对称性系数 S_{ym}。将估算的 R_{skn} 和假定的 S_{ym} 以式（7-14b）的形式代入式（7-14a），经试算迭代得到 $t_{b,u}$。最后以式（7-1）给出的打桩总阻力 $R(t_{b,u})$ 作为桩的承载力。

目前熟知的动测承载力分析计算方法均不能回避主观判断因素对计算成果的影响，$t_{b,u}$ 延时法也不例外，其承载力计算结果随 S_{ym} 或 R_{skn} 的增大而增大，且受 S_{ym} 的主观判断不确定性影响尤为显著。下面结合图 7-29 和图 7-30 对 R_{skn} 和 S_{ym} 的取值考量以及信号拟合多解性的问题说明如下：

（1）首先根据 67 号和 50 号桩采用 5t 锤、最低落距时的波形估算侧阻力 R_{skn} 分别为 620kN 和 500kN，取平均值 $R_{skn,avg}$=560kN。拟合桩周土阻力分布较为粗糙，67 号和 50 号桩的重锤、高落距信号自动拟合所得桩侧静阻力，比轻锤、低落距的 $R_{skn,avg}$ 分别高 2.92 倍和 1.69 倍。因两桩的桩长较短，出现侧阻和端阻分配比例的偏差尚可接受。

（2）根据 67 号桩和 50 号桩的信号形态判断，前者的打桩阻力和反弹现象均明显强于后者，因此对 67 号桩 5t 锤-4/4 和 50 号桩 5t 锤-3/5 信号，打桩侧阻力发挥对称性系数 S_{ym} 分别取为 0.45 和 0.40；又因为锤重由 5t 变为 10t，荷载持续时间变宽，桩身运动的非均匀性减弱，则 S_{ym} 取值分别降为 0.35 和 0.25，与信号拟合反算的 $\Delta R_{skn,c}$ 变化趋势接近。

（3）67 号桩信号拟合具有多解性，且以 10t 锤信号显著，即以初次拟合承载力为基准不断增大承载力值，组合调节各土参数实现拟合，但 $t_{b,u}$ 维持不变。5t、10t 锤信号初次拟合得到的 $E_{max,s}/E_{tr}$ 值为 0.86 和 0.95，已接近 1，故应采纳初次拟合的承载力。

4. 拟静力承载力简化分析

桩的非刺入缓变型变形特性是 SLT 或 DLT 的常见情形。上述两根管桩动测也不例外，而且还覆盖了 DLT 由短持续到长持续动载试桩（即 RLT）的两种试验类型。下面结合实测波形以及相应的图 7-29（c）和图 7-30（c）中的桩顶 F-D 曲线，提出以下拟静力承载力简化分析方法，并说明其与 RLT 试验设计与承载力分析思路的异同：

（1）根据相同材质的两等长自由杆撞击现象，能让被撞击杆像刚体一样以某一整体速度飞离的最低要求是撞击杆与被撞击杆的重量之比 α_{rp}=1。本例 α_{rp} 分别为 4 和 2，但 RLT 并未对试验设备能力提出相关要求，以至于在第 7.4.1 节案例中，将长 120m、质量约 1000t 的桩视为刚体进行承载力的惯性效应补偿。

（2）对应图 7-29（b）和图 7-30（b）的波形和锤次，67 号桩-10t-4/4 和 50 号桩-10t-

5/5 信号的荷载持续时间 t_d 分别为 $10L/c$ 和 $11L/c$（重锤、低落距的第 1 锤次 t_d 分别为 $10.8L/c$ 和 $13.7L/c$），锤重为单桩预估极限承载力的 7%，满足 RLT 实施条件和对信号的要求。不过，本书无需对拟静力简化分析方法预设试验实施时的锤重和实测力信号持续时间 t_d 的要求，只规定了拟静力简化方法作为选项使用时的入门条件，即除满足 $\alpha_{rp} \geqslant 1$ 外，尚应避免在土的动阻力和桩身波传播效应对拟静力分析的承载力影响显著的情况下使用。于是，绘制图 7-29（c）和图 7-30（c）的桩顶 F-D 曲线，再按以下入门条件判断该曲线与 D_{max} 交点的 F_{Rs} 值能否被确认为桩的承载力：

① $(F_{max} - F_{Rs})/F_{max} \leqslant 20\%$，避免用于惯性效应和速率效应显著的场合；

② $0.8F_{Rs}$ 荷载水平的持续时间不小于 $2L/c$，使高强度准静态荷载能短暂维持。

不满足入门条件之一时，承载力分析仍有波动力学分析作为兜底，这样也解决了 DLT 与 RLT 人为造成的不兼容问题，益于波动理论体系下的两种方法的融合与取长补短。

（3）观察图 7-29（c）和图 7-30（c）的 F-D 曲线形态，5t 锤曲线呈现的速率和波传播效应强于 10t 锤，且速率和波传播效应大体在桩顶荷载水平（0.6～0.8）F_{max} 以前表现相对明显。根据上述规则，67 号桩-5t-4/4、67 号桩-10t-4/4 和 50 号桩-10t-5/5 的 F-D 曲线满足拟静力分析的入门条件，所得 F_{Rs} 分别为 2528kN、2965kN 和 1726kN，与表 7-6 中的信号拟合承载力和延时法 $R(t_{b,u})$ 承载力有较好的一致性。此外，根据 67 号桩桩端基岩的强端阻反射特征以及上覆土层条件，可忽略桩侧阻力对桩竖向抗压刚度的贡献，将桩端视为固定端，计算 67 号桩的静力竖向抗压刚度 $k_p = 125$kN/mm 并绘于图 7-29（c），对照该桩的 F_{Rs} 取值和 F-D 曲线的卸载特征，可从侧面说明拟静力分析方法的合理性。

7.4.3　从基本共识出发的统一理论体系建立

不论是短持续还是长持续动载试验，"土阻力充分激发靠的是高能效引起的大变形"是它们的基本共识。长持续动载试验的普及无疑将有力促进短持续高应变动载试验"重锤低击"原则的落地，提高土阻力发挥信息的可视性和波动方程分析计算桩承载力的可靠性。

岩土工程是以经验为主的学科，大量的经验或半理论-半经验公式、方法被使用，这有点像传统中医。卸荷点法属于半理论-半经验方法。但从基本力学概念上讲，波动力学可以兼容静力学和刚体力学，但反过来却不行。反观式（7-7）与解析式（7-8a），式（7-7）中的几处近乎牵强的"修补"最终导致了更大的"补丁"——经验修正系数 η。这不禁使人回想起 20 世纪 80 年代中期，高应变法引入我国，因为已有国外经验借鉴，凯司法承载力计算公式被广泛使用。该公式推导的理论基础相对扎实，应用时几乎不附带限制条件，只需输入一个与土有关的经验系数——无量纲阻尼系数 J_c，可谓使用便捷。历经大约十年的工程应用和静动对比，发现凯司法承载力检测误差并非 ±20% 能控，误差过大的主因可归咎为方法的误用或 J_c 使用的随意。幸亏实际单桩承载力的安全储备以大于 2 的情形居多，能够抵消计算土阻力发挥值偏高引起的正误差。从 20 世纪 90 年代中期开始，凯司法作为计算承载力的主流方法逐步被信号拟合法取代。时至今日，凯司法承载力计算公式除了采用波动理论推导的概念基础尚存外，其适用场合已局限于"中小直径、长度适中的摩擦型桩"的狭窄范围。一个需要多学科专业知识支撑的基桩应力波测试与分析方法，当其变成了可以抛开力学与工程经验辨识就能直接得到结果的计算公式（方法），那么不论是凯司法，还是信号拟合法，出现本书第 1.1 节列举的离谱案例就不会是小概率事件。

因此，快速载荷试验数据分析不宜因追求简单、易理解、可操作而回避波动理论应用的抽象性和多解性；快速载荷试验的锤重（配重）选择当然要与预估的桩承载力挂钩，而接受由波动力学延伸出的广义阻抗匹配概念或许对提高快速载荷试验的性价比大有裨益。P25 试桩的桩长已达百米级，而动荷载的主波长仅为几百米，动荷载持续时间 t_d 更是远不满足自我标准之规定。故目前能为其兜底的方法恐怕还只有波动方程法。

基桩承载力动力检测技术生在"中医世家"（如众多的动力打桩公式），成长受"西医"环境熏陶。打桩阻力动态测量的本质是将桩作为测量载体，通过测量动荷载对载体的激励和响应，去发现对激励和响应产生直接影响的桩周岩土阻力，然后采用最适宜的方法量化已激发的岩土阻力。虽然桩周岩土是桩承载的载体，但因宏观上岩土材料具有极为复杂的变形、强度和渗流等物理力学性质，以及极强的变异、不连续性，使得只有实荷检验确定的桩承载力才是公认的"金标准"。不过，选择桩而非土作为测量载体也有优势：桩在维度上是一维杆，本构关系可用线弹性或黏-弹性，力学行为的数学模拟可用成熟的波动方程数值求解方法。

综上，笔者提出以下两点作为不赞成 ISO 22477-10：2016 推荐的 RLT 动测数据分析方法的理由：

（1）采用静力学＋刚体力学的近似简化方式，替代理论体系已完备的波动力学，感觉倒退的步幅大了些。

（2）采用与凯司法相似、仅与土性相关的单一经验修正系数，使静阻力估算值的调节比较盲目、不可控，有随意之嫌。如第 7.4.1 节中的 P25 试桩是穿过 80 多米深厚砂层的嵌岩桩，如果端阻未发挥，按砂土取 $\eta=0.94$，如果端阻发挥了，该如何取值？

鉴于短持续和长持续动载试验追求目标的一致性和试验时桩的力学表现相似性，长持续动载试验的理论基础应该、也完全可以统一在波动理论之下。参照我国短持续 DLT 的应用现状以及现行行业、地方标准规范对 DLT 适用场合的定位，看似快速载荷试验 RLT 的性价比是其推广道路上的最大障碍，其实不然，只要 DLT 和 RLT 同时存在，势必会使 RLT "以消除或尽量减少桩身应力波影响为出发点"的错误理念给人以错觉——桩身应力波传播现象的存在（自然包括采取的波动力学处理方式）应该在动载试验时尽量避免，把本应是"波动力学兼容静力学和刚体力学"的正确概念，变成了静力学＋刚体力学的近似简化方法与波动力学方法的对立。因此，本书第 7.4.2 节提出的拟静力承载力简化分析方法旨在澄清基本概念，实现 RLT 与 DLT 两种方法的原理兼容，并最终实现统一。

再次重申，提高单桩承载力动力检测的可靠性，关键是大能量、大变形，没有其他捷径。期望通过有志者们的不懈努力，使我国桩的动力载荷试验应用市场，不再是风行三十多年的高应变方法一枝独秀，而是短持续和长持续两种动力载荷试验方法能相互融合、彻底消除边界的新格局。

7.5　动力载荷试验理念更新及测试方法、仪器设备改进

7.5.1　动力载荷试验理念的改变

1. 增加有效能量输入是单桩承载力动力检测的第一要务

重锤改善了锤与桩-土系统的匹配条件，延长了荷载作用时间，低击则避免了桩身应

力过大。桩顶的激励与响应乘积对时间的积分才是有效传递的能量，因此一味地"轻击"不值得提倡。

从本书列举的很多实例不难发现，短持续 DLT 和长持续 RLT 不存在清晰的界限。"重锤低击"更像是短持续 DLT 的美好愿景，因为重锤低击无止境；而长持续 RLT 也非完美，可能觉得自己更接近重锤低击，故当锤与桩-土系统的匹配条件变差、超出预期时，同样会遭遇桩周岩土阻力不能充分发挥的结局。

一个浅显的道理：相同设计承载力的桩，短持续 DLT 按标准需要 5t 锤，RLT 按标准选择了 20t 锤，检测结论都是满足设计要求。换位思考，让业外人士客观评判两种方法的可信度，想必不会出现双赢的结果。

"轻锤高击"的观念仍大行其道，正如国际标准[54] 对 DLT 锤重选择的规定是"加载设备应能施加足够的冲击力和能量以便激发需要证实的桩承载力"。要求足够的能量导致大变形是对的，但要求"足够的冲击力"就有问题了，因为基于对桩-土相互作用机理（包括计算模型）的普遍认知，土阻力是因桩相对于桩周土的运动或变形而被动产生的，与冲击力幅值的大小无关，而且足够的冲击力可以通过轻锤高击轻易地实现。

2. 短持续与长持续动载试验相互融合需要遵守锤重选择的基本原则

仅按桩的设计承载力选配锤重是有局限性的。首先这个承载力只是静阻力，没有考虑变形速率对桩周不同类型岩土的动、静阻力发挥特性影响，二是也未考虑桩的长短、粗细。因此锤重选择是一个多种因素交错影响的复杂问题，很难依靠一套量化参数全面应对。下面针对锤重偏轻、导致预期承载力可能无法充分激发的情况，提出低限控制要求：

(1) 锤重低限值：不得小于预期桩承载力的 1%；

(2) 对于混凝土桩，锤重与桩重比不得低于 0.2；

(3) 以上两款要求，除高承载力端承型桩可取低值外，大直径桩、长桩应取高值。

为了实现短持续与长持续两种动载试验的融合，从重锤低击原则出发，不会设定锤重选择的上限。关键是解决好锤重超过低限值后的配置合理性，并兼顾经济性和现场可实施性。需要在以下两方面有所作为：

① 积累和借鉴相近岩土工程条件、相同桩型和施工工艺的基桩动力载荷试验经验；

② 借助波动方程分析降低锤重选择的盲目性。

3. 对超出适用范围使用的半理论-半经验公式需按波动理论修正

由 ISO 标准[55] 中的示例图 7-11 可知，被测桩的截面阻抗较小、桩长较短，燃爆荷载持续时间 t_d 远大于 $10L/c$。对于该理想案例，采用延时法理论公式（7-8a）计算的静阻力值几乎与半理论-半经验的 UPM 法公式（7-7）一致；而反观图 7-27 超长桩案例，延时法和 UPM 法均受限。为了弥补刚体力学公式（7-7）的缺陷，SUPM 近似法利用桩身埋设应变计进行补救，但这还牵扯到桩身动态内力测试技术及其测量可靠性等现实问题。所以，直接采用波动方程数值解也许是无奈，因为数值解受桩-土系统建模及其模型参数选取的主观不确定性影响，但毕竟还有边界条件拟合程度的制约，所以波动方程数值建模计算是兜底的方法。

7.5.2　锤垫或桩垫的力学性能的简化设计

锤垫或桩垫的使用将延缓荷载上升时间、降低激励与响应的幅值，冲击加速度响应降低带来的正面效果就是减弱了桩身的波传播效应。对于常规的短持续高应变试验，测量边界本身就在锤（桩）垫以下的桩身上，但当采用落锤安装加速度计的锤击力测量方式时，因须保证桩顶界面处牛顿第三定律成立，故一般采用轻替打、薄锤垫，如 $3\sim5\text{cm}$ 厚的叠合胶合板或木板。对于落锤式快速载荷试验，冲击荷载起升时间一般在 $10\sim30\text{ms}$ 之间的较宽范围变化，这不仅取决于锤垫的刚度大小，也受桩-土系统刚度、即打桩阻力发挥程度随桩体运动状态变化的影响。

由于 Statnamic 加载存在气垫缓冲作用，使其比落锤式 RLT 延长荷载起升（缓冲）时间相对容易。落锤式 RLT 为获得较好的冲击缓冲效果，锤垫设计需侧重刚度小、压缩行程大，但不能回避大变形条件下锤垫的强度、耐打性以及滞回能耗（第 6.5 节）。对此，可采用集缓冲、测力于一体的弹簧替打，或只有缓冲功能的无质量替打——弹簧锤垫。

关于无质量替打，第 6.2 节和第 6.5 节已进行了详细介绍，其计算原理同样适用于弹簧锤垫的性能计算，但必须说明，第 6.2 节和第 6.5 节侧重预制桩初打阶段的桩身危险应力控制，虽然缓冲垫的软硬厚薄对初始撞击力峰值的影响明显，但打桩侧阻力的影响一般很小；而 RLT 的应用场合是复打，尽可能激发桩的承载力而又不让桩身压应力超限是矛盾的焦点，加上式（7-2）形式上的要求，习惯性地造成了对强缓冲效果的追求。与 DLT 初打不同，RLT 信号荷载起升沿的长短已不仅仅由锤、缓冲垫和桩 3 个恒定的刚度（或阻抗）所决定，还受到桩周土支撑刚度随桩体运动而改变的影响。所幸的是，RLT 信号的强缓冲恰好是桩-土系统的组合抗压刚度明显大于缓冲垫刚度的表现。如此，弹簧替打指标的设计除可借助繁复的波动方程分析外，也可采用以下提出的弹簧替打简化设计原则进行近似计算：

（1）将竖向抗压刚度为 $k_{\mathrm{spr,eq}}$、工作长度（高度）为 L_{spr} 的柔性弹簧等效为计及工作长度范围内所有质量 m_{eq} 的弹性杆件，则沿弹簧轴向压缩方向的名义纵波波速 c_{spr} 可由公式（5-20）估算：

$$c_{\mathrm{spr}}=\sqrt{\frac{E_{\mathrm{spr}}}{\rho_{\mathrm{spr}}}}=L_{\mathrm{spr}}\sqrt{\frac{k_{\mathrm{spr,eq}}}{\rho_{\mathrm{spr}}A_{\mathrm{spr}}L_{\mathrm{spr}}}}$$

式中：ρ_{spr}、E_{spr}、A_{spr}——等效弹性杆件的质量密度、弹性模量和名义横截面积。

取弹簧细柔杆件的等效质量 $m_{\mathrm{eq}}=\rho_{\mathrm{spr}}\cdot A_{\mathrm{spr}}\cdot L_{\mathrm{spr}}$，上式变为：

$$\frac{L_{\mathrm{spr}}}{c_{\mathrm{spr}}}=\sqrt{\frac{m_{\mathrm{eq}}}{k_{\mathrm{spr,eq}}}}=t_{\mathrm{spr}} \tag{7-15}$$

式中：t_{spr}——弹簧单程压缩所需的时间，即弹簧替打的缓冲时间。

上式为定性表达式，其中的 $k_{\mathrm{spr,eq}}$ 代表整个等效弹性杆件的抗压刚度，除弹簧替打中的弹簧刚度 k_{spr} 可测定外，因为与桩周岩土特性有关的桩基设计、施工以及成桩后桩力学性能的复杂多样性，与 k_{spr} 串联共同工作的桩-土系统支撑刚度 $k_{\mathrm{p,s}}$ 无法预知。自然，等效质量 m_{eq} 不单是弹簧替打中的弹簧质量，还包含了工作长度范围内的桩体、桩帽及锤体质量。

（2）不同组合形式的实体弹簧力学性能计算方法各异，且 m_{eq} 无法直接测量。基于缓冲弹簧刚度 k_{spr} 一般明显低于桩-土系统组合支撑刚度 $k_{p,s}$，将桩顶简化为固定端 $k_{spr,eq} \rightarrow k_{spr}$。按刚体力学，当落锤与弹簧接触后，可认为落锤与弹簧构成了一个二阶单自由度的质量-弹簧系统。忽略替打中的弹簧质量 $m_{eq} \rightarrow m_r$，该系统的固有周期 T_n 由下式给出：

$$T_n = 2\pi \sqrt{\frac{m_r}{k_{spr}}}$$

式中：m_r——落锤的质量。

显然，T_n 可理解为落锤在桩顶达到最大正、负位移所需的时间：

$$T_n = 2L_{spr}/c_{spr}$$

代入上式，有：

$$\frac{L_{spr}}{c_{spr}} = \pi \sqrt{\frac{m_r}{k_{spr}}} = t_{spr} \tag{7-16}$$

习惯上一般按桩顶速度达到最大峰值计时，缓冲时间仅考虑正弦位移波的半个周期，则缓冲时间 t_{spr} 可近似按式（7-16）计算结果的 50% 取值，即：

$$t_{spr} \approx \frac{\pi}{2} \sqrt{\frac{m_r}{k_{spr}}}$$

（3）式（7-16）是刚体力学意义上的弹簧缓冲时间估算公式。毕竟桩顶弹簧支撑端不仅受到落锤冲击，也受到桩身中陆续上行的反射波双重影响，建议通过工程实践予以验证。

（4）需要强调，利用缓冲延长荷载起升沿时间可使动荷载总持续时间延长，但没有证据证明落锤冲击的动能传递效率或荷载冲量也同时提高。很明显，持续时间的延长换来的应是桩身运动加速度和受力幅值的下降。

（5）顺便指出，由于缓冲时间 t_{spr} 越长，弹簧 k_{spr} 越柔，弹簧高度也随之升高。对于集缓冲、测力于一体的替打，当其总高度受限时，可增大替打刚度，降低替打高度包括缓冲弹簧的压缩行程，结合铺垫木板、橡胶等桩垫或锤垫进行调整；相对于柱式结构形式的荷重传感器，可尝试圆形薄板式或轮辐式等结构形式的传感器测力，降低替打的高度。

7.5.3 采用绝对方式测量桩顶位移，避开激振干扰对相对测量参考点的影响

长持续动载试验的桩顶动位移测量与单桩静载试验桩顶沉降观测，两者除对位移计的静态性能和架设位移计的观测点（类似于单桩静载试验中的基准桩与基准梁组成的相对基准）稳定性有共性要求外，还附带了对位移计（系统）动态性能的要求。非接触式激光相对变形测量的精度虽然不低，但很难免除大能量冲击荷载源引起的，包括参考点（观测点）在内的场地振动影响。对燃爆式试验，ISO 标准规定动位移观测点与桩的最小参考距离，按地表土层剪切波速 c_s 与荷载持续时长 t_d 的乘积或 15m 两者中的大值确定。需要提醒注意，选 t_d 作为计算时长遗漏了信号未达到触发阈值前的预采样时长。倘若能接受这种"善意"的宽松，设想试验场地若非剪切波速很低的软弱土，观测点距试桩的参考距离变得更远；而对于落锤式试验，更是难上加难，因为计算时长应从落锤瞬间脱钩起算，即便锤落距只用 0.2m，也要再追加 200ms 时长！

如果初至剪切波以及紧随其后的表面波影响在桩顶位移测量过程中显现，有两个疑问需要正视：一是表面波携带的能量比体波大，干扰波造成的地表运动振幅随传播距离的衰减比体波慢；二是对于短持续激振，即使干扰波振幅较高，但其在频域上的振幅谱密度分布会落在频率相对高的窄频带上，而若是长持续激振，较强干扰的振幅谱密度将分布在频率相对低的宽频带上，这至少说明大能量、长持续的相对式桩顶位移信号测量误差不会小于低能量的短持续。不仅如此，为了严谨，位移测量仪器与架设支撑结构（如三脚架）组成的系统因振动造成的动力放大误差，恐怕还要通过实地、实物、实测才能知晓。综上所述，国外标准关于相对位移测量系统参考点的要求，尚有值得商榷和改进之处。

长、短持续 DLT 的桩顶加速度信号就是绝对测量得到的。由于常规的压电加速度传感器的有限低频响应，则采样时间越长，加速度经两次积分得到的位移随时间的漂移越明显。另外，用信号采样结束时刻的桩顶最终位移值一般不等于桩的永久贯入度，因为前者的测量时长是 10^{-1} 秒级的。对于 10^{-1} 秒级时长的信号分析，若需要用贯入度来衡量桩是否被打动，即间接校核所用土模型及其参数的合理性，建议斟酌以下细节：

① 静态测量的贯入度虽不受短暂振动干扰影响，但其记录时间大于信号分析时长；

② 激光相对位移测量精度虽然高，但在 RLT 信号采样整个时段受激振干扰程度未知，若无将采样结束时刻的最终位移替代贯入度的要求，可直接采取绝对式加速度测量。

7.5.4　改善加速度测量系统的超低频响应性能及其功能设置

RLT 的桩顶动位移测量未沿用高应变测桩——直接用桩顶加速度信号两次积分的绝对测量方式，而是独辟蹊径，采用非接触（如激光）的相对测量方式。究其原因，可能是出于对加速度测量系统低频性能的疑虑。在多数 DLT 应用场合，加速度响应测量属于高 g 值、宽频带的冲击测量，信号中的低频或几赫兹以下的超低频❶分量对整个时域波形的贡献十分有限，所以很少有人、似乎也没必要去关注加速度计的低频性能；还有，信号触发后的有效信号采样时长少则不足 100ms、多则接近 200ms，信号采样结束时桩的运动不一定完全停止。基于上述两点原因，实测位移曲线尾部的读数仅能作为桩的贯入度参考值。

与短持续 DLT 不同，RLT 更注重动荷载与位移响应的关联性，其荷载脉冲及桩顶响应的主频比短持续 DLT 降低了近一个数量级，低频成分增加，信号时长较高应变信号延长了 3～5 倍，恰使加速度两次时间积分后的低频趋势项放大。短持续动力载荷试验仪器的加速度低频响应性能能否兼容长持续动载试验测量的需要，不仅与加速度计自身的低频性能有关，也受配套仪器功能设置的影响：

① 为监测预制桩的连续锤击过程，需要信号输出在 1s 或更短的时间内复位，这相当于仪器的模拟信号输出端设置了 1Hz 或更高截止频率的高通滤波；

② 仪器自有的信号调节功能，如信号自动复位或基线平移、线性修正使信号尾部归零等，以消除所谓"不合理"的低频趋势项。

---

❶　工程振动测量的频段高低划分与具体工程对象以及所属工程领域有关，如对于天然地震波，10Hz 频率已经很高了，而对于桩的低应变完整性检测，100Hz 以下的频率算是低频了。目前用于低频振动测量的压电式加速度计的低频下限已达到 0.1Hz。

　　国家计量科学研究院利用低频振动台对美国 PDA 打桩分析仪自带的压电式加速度传感器和压阻式加速度传感器各自的超低频性能进行了测试，结果发现：频率为 0.25Hz 时，压阻式加速度计的输出衰减为 5%～10%，且稳定；相比之下，压电式加速度计的输出衰减已超过 30%，且不稳定。当频率增至 1.5Hz 时，压电式加速度计的输出衰减不超过 15%。如此，大体可以消除对压电加速度计超低频响应能力的担忧。

　　上述专门针对加速度计的低频响应测试结果，想必是同行愿意看到的。不仅证实了配有压阻式加速度计的高应变仪器完全可以兼容长持续动载试验的桩顶位移响应测试，同时也解决了相对式位移测量参考点要么无法避免地面振动干扰、要么参考距离过大的弊端，简化了测试仪器设备和现场实操。但也要注意，如果利用高应变仪器进行兼容测试，应有针对性地屏蔽或调整自动复位、基线修正等影响低频趋势项的功能。

7.6 结 束 语

　　本章的结尾也是本书的结束。本书除对低应变完整性检测的基本理论与方法进行了详尽讨论外，更多的篇幅是深入探讨桩的动力载荷试验，这其中最引人关注的肯定是桩的承载力检测。那么站在全书的角度，就是要回答如何通过动力载荷试验实测的打桩阻力，分离其中与桩身运动速度相关的桩周岩土动阻力，提取与位移相关的静阻力，由于没有区分 DLT 的动位移和 SLT 的静位移，绕开了依据土的经验系数对承载力修正的惯用模式，因此"静阻力"被默认为与单桩静载试验得到的承载力相当；再者，将桩顶的速度降为零、位移达到最大的状态扩展至整桩，只有将桩视为刚体才有可能。客观地讲，将达到上述状态的时间历程 t_u 与静载试验历时相比，还是称为"瞬时"更恰当。至于本章，在相信"波动力学可以兼容刚体力学和静力学、但反过来不行"的概念基础上，从锤与桩-土系统匹配、能量和支撑刚度等视角，对桩周岩土阻力的发挥性状进行了分析、计算。笔者认为，既然长持续动力载荷试验不可能无限提高锤重，自然不能奢望仅靠刚体力学和岩土工程经验系数修正的动测方法便可包打天下，所以需要长、短持续动载试验融合发展。由理论公式（7-8a），虽然从桩顶 t_u 时刻起的后继 $2L/c$ 行程中，很难碰巧出现桩身运动速度在由桩顶→桩端→桩顶的行程中渐次为零的理想状态，但向重锤低击原则方向延伸的动力载荷试验，桩身的波传播现象确实弱化了，桩周岩土静阻力发挥特征变得清晰了，与桩身运动速度相关的动阻力降低了。由于桩身截面阻抗属于速度型阻抗，则对于截面不均匀的灌注桩，阻抗变化的耦合影响减弱显而易见。注意动阻力和截面阻抗虽同属速度型阻抗，但阻抗反应机理的解释各异，如入射波传播至桩身 x 深度运动速度突降为零，既可解释为桩身 x 处截面阻抗瞬时剧增，也可说成入射波在 x 深度处遇到了 2 倍于其幅值的瞬时动阻力。不仅如此，动阻力本身缺乏动力学意义上的严格定义和科学验证，而基于凯司法阻尼模型的"土的动阻力与速度成正比"观点仍能大行其道，可能也是出于无奈。最后，作为概念上的闭合，请记住下面两句话：

　　① 当桩身波传播效应（或加速度）可以忽略时，波动力学问题转化为静力学问题；

　　② 当桩长短到与激励脉冲波长相比可以忽略时，波动力学问题变成刚体力学问题。

　　这两句话就是 DLT 与 RLT 能融为一体的概念支撑。

参 考 文 献

[1] 徐攸在，刘兴满. 桩的动测新技术［M］. 北京：中国建筑工业出版社，1989.

[2] Kolsky H. 固体中的应力波［M］. 王仁，译. 北京：科学出版社，1958.

[3] Whitaker T，Bullen F R. Pile Testing and Pile-driving Formulae［G］//Piles and Foundations，Institution of Civil Engineers，Thomas Telford Ltd.，1981.

[4] Isaacs D V. Reinforced Concrete Pile Formulae［J］. Transactions of the Institution of Engineers，Australia，1931，3（9）：305-323.

[5] Smith E A L. Pile-driving analysis by the wave equation［J］. Journal of the soil mechanics and foundations division，ASCE，1960，86（4）：35-61.

[6] Lowery L L，Edwards T C，Hirsch T J. Use of the Wave Equation to Predict Soil Resistance on a Pile During Driving［R］. Texas Transportation Institute，Research Report，1968.

[7] Goble G G，Rausche F. Pile Load Test by Impact Driving［R］. Highway Research Record No. 333，Pile Foundations，Highway Research Board，Washington，D. C.，1970.

[8] Rausche F，Moses F，Goble G G. Soil resistance predictions from pile dynamics［J］. Journal of the soil mechanics and foundations division，ASCE，1972，98（9）：917-937.

[9] Goble G G，Likins G，Rausche F. Bearing Capacity of Piles from Dynamic Measurements，Final Report［R］. Case Western Reserve University，Cleveland，Ohio，March，1975.

[10] Goble G G. The analysis of pile driving-A state-of-the-art［C］//Proceedings of the 1st International Conference on the Application of Stress-Wave Theory to Piles，Stockholm，1980：131-161.

[11] Rausche F，Goble G G，Likins G. Dynamic determination of pile capacity［J］. Journal of Geotechnical Engineering，ASCE，1985，111（3）：367-383.

[12] Pile Dynamics，Inc.，GRLWEAP Procedures and Models version 2010［R］. Renaissance Parkway，Cleveland，Ohio，2010.

[13] Goble Rausche Likins and Associates，Inc.，CAPWAP Manual［R］. Cleveland，Ohio，1986.

[14] Middendorp P，Van Weele A F. Application of characteristic stress wave method in offshore practice［C］//Proceedings of the 3rd International Conference on Numerical Methods in Offshore Piling. 1986，1：6-18.

[15] Likins G，Rausche F. Correlation of CAPWAP with static load tests［C］//Proceedings of the 7th International Conference on the Application of Stress-Wave Theory to Piles，Malaysia，2004：153-165.

[16] Paquet J. Etude vibratoire des pieux en béton，réponse harmonique et impulsionnelle. Application et contrôle［J］. Annales de l'Institut Technique du Bâtiment et des Travaux Publics，21st year，1968，245：789-803.

[17] Briard M. Controle des pieux par la methode des vibrations［J］. Annales de l'Institut Technique du Bâtiment et des Travaux Publics，23rd year，1970，270：105-107.

[18] Davis A G，Dunn C S. From theory to field experience with the non-destructive vibration testing of piles［J］. Proceedings of the Institution of Civil Engineers，1974，57（2）：571-593.

[19] Novak M. Dynamic stiffness and damping of piles［J］. Canadian Geotechnical Journal，1974，11（4）：574-598.

[20] Palmer D J，Levy J F. Concrete for Piling and Structural Integrity of Piles［G］//Piles and Foundations，Institution of Civil Engineers，Thomas Telford Ltd.，1981.

[21] Middendorp P，Van Brederode P. A field monitoring technique for the integrity testing of foundation piles [C]//Field measurements in geomechanics. International symposium，1984：493-502.

[22] Van Weele A F，Middendorp P，Reiding F J. Detection of pile defects with digital integrity testing equipment [C]//International conference on foundations and tunnels，1987：235-240.

[23] Starke W F，Janes M C. Accuracy and reliability of low strain integrity testing [C]//Proceedings of the 3rd International Conference on the Application of Stress-Wave Theory to Piles，1988：19-32.

[24] Rausche F，Likins G E，Hussein M. Pile integrity by low and high strain impacts [C]//Proceedings of the 3rd International Conference on the Application of Stress-Wave Theory to Piles，1988：44-55.

[25] 《桩基工程手册》编写委员会. 桩基工程手册 [M]. 北京：中国建筑工业出版社，1995.

[26] 刘金砺. 桩基工程检测技术 [M]. 北京：中国建材工业出版社，1993.

[27] 陈凡. FEIPWAPC桩的特征线波动分析程序 [J]. 岩土工程学报，1990，12 (5)：65-75.

[28] 徐天平，柯李文. PIT低应变试桩理论及试验研究 [J]. 岩石力学与工程学报，1996，15 (3)：103-109.

[29] Bermingham P. An innovative approach to load testing of high capacity piles [C]//Proceedings of International Conference on Piling and Deep Foundation. London England，1989.

[30] Middendorp P，Bermingham P，Kuiper B. Statnamic load testing of foundation piles [C]//Proceedings of the 4th International Conference on the Application of Stress-Wave Theory to Piles，1992.

[31] 陈凡. 桩基工程质量检测中一些尚待解决的问题 [C]//岩土工程青年专家学术论坛文集. 北京：中国建筑工业出版社，1998.

[32] 陈凡，王仁军. 尺寸效应对基桩低应变完整性检测的影响 [J]. 岩土工程学报，1998，20 (5)：92-96.

[33] 《数学手册》编写组. 数学手册 [M]. 北京：人民教育出版社，1979.

[34] 应怀樵. 波形和频谱分析与随机数据处理 [M]. 北京：中国铁道出版社，1985.

[35] Schellingerhout A J G，Revoort E. Pseudo static pile load tester [C]//Proceedings of the 5th International Conference on the Application of Stress-Wave Theory to Piles，Florida，1996：1031-1037.

[36] Jones I R. A Review of the Pressure Bar Technique for Measuring Transient Pressure [R]. AD264548，1961.

[37] 小理查特 F E，武兹 R D，小霍尔 J R. 土与基础的振动 [M]. 徐攸在，等译. 北京：中国建筑工业出版社，1976.

[38] 陈凡，王仁军. 低应变反射波法的测试、分析方法的完善 [R]. 中国建筑科学研究院研究报告，1996.

[39] 陈凡，罗文章. 预应力管桩低应变反射波法检测时的尺寸效应研究 [J]. 岩土工程学报，2004，26 (3)：353-356.

[40] 中华人民共和国建设部. 基桩动测仪测量系统：JJG（建设）0003—1996 [S]. 北京：中国标准出版社，1997.

[41] 中华人民共和国住房和城乡建设部. 基桩动测仪：JG/T 518—2017 [S]. 北京：中国标准出版社，2017.

[42] 谷口修. 振动工程大全：下册 [M]. 尹传家，译. 北京：机械工业出版社，1986.

[43] Thomson W T. Theory of Vibration with Applications [M]. 2nd ed. Prentice-Hall，Inc.，Englewood Cliffs，1981.

[44] 国家质量技术监督局. 基桩动态检测仪：JJG 930—98 [S]. 北京：中国计量出版社，1998.

［45］ Seitz J. Low strain integrity testing of bored piles ［C］//Proceedings of the 2nd International Conference on the Application of Stress-Wave Theory to Piles，Stockholm，1984：94-102.

［46］ 刘金砺. 高层建筑桩基工程技术 ［M］. 北京：中国建筑工业出版社，1998.

［47］ 李方柱. 低应变法检测混凝土预制模拟桩 ［J］. 岩土工程界，2003，6（4）：75-76＋80.

［48］ Paikowsky S，Chernauskas L. Soil inertia and the use of pseudo viscous damping parameters ［C］//Proceedings of the 5th International Conference on the Application of Stress-Wave Theory to Piles，Florida，1996：203-216.

［49］ 徐攸在，刘兴满. 桩的动测新技术 ［M］. 2 版. 北京：中国建筑工业出版社，2002.

［50］ Rausche F，Nagy M，Likins G. Mastering the art of pile testing ［C］//Proceedings of the 8th International Conference on the Application of Stress-Wave Theory to Piles，edited by JA Santos，2008：19-32.

［51］ 刘兴录. 桩基工程与动测技术 200 问 ［M］. 北京：中国建筑工业出版社，2000.

［52］ 席宁中. 桩端土强度对桩侧阻力影响的试验研究及理论分析 ［D］. 北京：中国建筑科学研究院，2002.

［53］ ASTM Committee D18 and Subcommittee D18.11. Standard Test Method for High-strain Dynamic Testing of Piles：D4945-17 ［S］. ASTM International，West Conshohocken，PA，2017.

［54］ International Organization for Standardization. Geotechnical investigation and testing—Testing of geotechnical structures—Part 4：Testing of piles：dynamic load testing：ISO 22477-4：2018 ［S］. Geneva，2018.

［55］ International Organization for Standardization. Geotechnical investigation and testing—Testing of geotechnical structures—Part 10：Testing of piles：rapid load testing：ISO 22477-10：2016 ［S］. Geneva，2016.

［56］ 陈凡，徐天平，陈久照，等. 基桩质量检测技术 ［M］. 2 版. 北京：中国建筑工业出版社，2014.

［57］ Wong K Y. Some Application Consideration in Stress Wave Analysis ［C］//Proceedings of the 7th International Conference on the Application of Stress-Wave Theory to Piles，Malaysia，2004：213-222.

［58］ Davisson M T. High Capacity Piles ［C］//Proc.，of Lecture Series on Innovation in Foundation Construction，ASCE，Illinois Section，Chicago，1972.

［59］ 中华人民共和国住房和城乡建设部. 建筑基桩检测技术规范：JGJ 106—2014 ［S］. 北京：中国建筑工业出版社，2014.

［60］ 中国建筑科学研究院. 基桩动测仪测量系统计量检定规程编制说明 ［R］. 北京：1997.

［61］ 陈凡，温振统，谢晓锋，等. 对基桩动力载荷试验的重新审视 ［J］. 岩土工程学报，2023，45（8）：1723-1732.

［62］ Matsumoto T. Development of a rapid pile load test method using a falling mass attached with spring and damper ［C］//Proceedings of the 7th International Conference on the Application of Stress-Wave Theory to Piles，Malaysia，2004：351-358.

［63］ ASTM Committee D18 and Subcommittee D18.11. Standard Test Method for Axial Compressive ForcePulse（Rapid）Testing of Deep Foundations：D7383-10 ［S］. ASTM International，West Conshohocken，PA，2010.

［64］ 黄良机，林奕禧，蔡健，等. 超长 PHC 管桩阻力分布的动静对比试验研究 ［C］//桩基工程学术年

会. 中国土木工程学会，2007.

［65］ 张健生，基于动静比对试验的圆砾持力层预应力管桩分析［J］. 广东土木与建筑，2024，31（6）：65-68.

［66］ 王湛，刘宇峰，娄学谦，等. 基于静动法的大直径超长桩承载力实测分析［J］. 地震工程学报，2014，36（4）：1113-1117.

［67］ Alvarez C，Sellountou E A，Rausche F. State of the art dynamic load testing of ACIP piles in the Americas［C］//10th International Conference on Stress Wave Theory and Testing Methods for Deep Foundations，ASTM STP1611. ASTM International，West Conshohocken，PA，2019：81-96.

［68］ Rausche F，Hannigan P，Alvarez C. Soil Damping and Rate-Dependent Soil Strength Changes Due to Impact and Rapid Loads on Deep Foundations［C］//10th International Conference on Stress Wave Theory and Testing Methods for Deep Foundations. ASTM International，West Conshohocken，PA，2019：48-67.